인간이 만든 재앙,
기후변화와
환경의 역습

인간이 만든 재앙,
기후변화와
환경의 역습

반기성 지음

프리스마

"지구온난화를 되돌릴 수 없는 시점에 접근하고 있다. 언젠가 지구는 460℃ 고온 속에 황산비가 내리는 금성처럼 변할 수 있다. 인류 멸망을 원치 않는다면 200년 안에 지구를 떠나라."

천체물리학자 스티븐 호킹^{Stephen Hawking} 박사가 올해(2018년) 3월 타계하기 전에 영국《데일리 메일^{Daily Mail}》에 남긴 묵시록적 유언이다.

현재 인류에 의해 진행되고 있는 지구온난화의 속도는 호킹 박사의 말처럼 지구 역사상 그 어느 때보다도 빠르다. 최근 133년 동안에 지구 평균기온은 0.85℃나 올라갔다. 마지막 빙하기 때보다 10배 정도 빠른 속도다. 인류가 지구의 기후를 바꾸고 있는 것이다.

지구온난화의 주범은 이산화탄소 등 온실가스다. 기후변화에 관한 정부 간 협의체인 IPCC^{Intergovernmental Panel on Climate Change}는 지구에 매장된 화석연료를 모두 사용할 경우 5,000억~13조 6,000억 톤의 이산화탄소가 발생할 것으로 추정한다. 이 경우라면 이산화탄소 농도는 최고 4,000ppm을 넘어서며, 지구 평균기온은 산업혁명 이전보다 최고 11.4℃ 상승한다. 이것이 의미하는 것은 무엇일까? 2015년 파리기후변화협정^{Paris Climate}

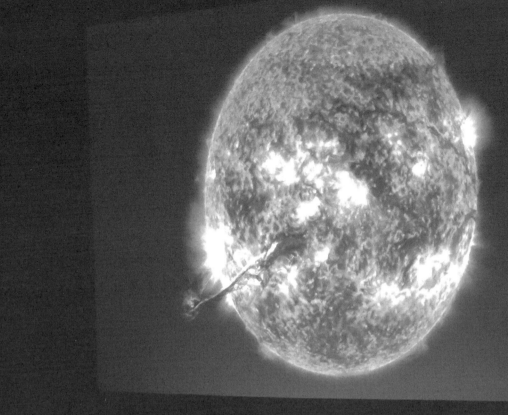

"지구온난화를 되돌릴 수 없는 시점에 접근하고 있다.
언젠가 지구는 460℃ 고온 속에 황산비가 내리는 금성처럼 변할 수 있다.
인류 멸망을 원치 않는다면 200년 안에 지구를 떠나라."

– 스티븐 호킹이 세상을 떠나기 전, 영국 《데일리 메일》에 남긴 마지막 말 –

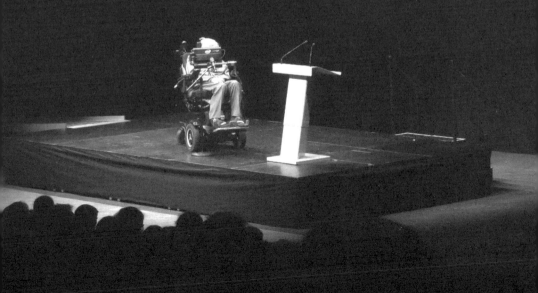

Change Accord에서 지구 기온 상승을 2℃ 이내로 억제하기로 합의했다. 지구 평균기온이 2℃ 이상 상승하면 매우 위험한 상황이 올 것으로 보기 때문이다. 지구에 인류가 나타나 살아온 긴 기간 동안 2℃ 이상 상승한 적이 없다. 기후학자들은 지구 평균기온이 2℃만 상승해도 기후이탈climate departure이 발생할 것이라고 예상한다. 평균기온이 4℃ 이상 상승하는 경우는 대재앙catastrophic으로 본다. 평균기온이 11℃나 올라가는 지구는 어떤 모습일지 상상조차 할 수 없다. 아마도 아무도 알아볼 수조차 없는 unrecognizable 세상이 아닐까?

지구온난화로 인한 기후변화의 가장 대표적인 현상은 기온 상승이다. 2018년 여름은 강렬한 태양이 대한민국을 집어삼켰다. 114년 만에 한반도를 덮친 최악의 폭염은 더위에 관한 모든 기상관측기록을 뛰어넘었다. 열대지역에서나 나타나는 최고기온 41℃를 기록한 곳이 여섯 곳이나 되었고, 폭염 최장 지속 일수와 열대야 최장 지속 일수도 역대 기록을 뛰어넘었다. 온열질환으로 4,000여 명이 쓰러졌다. 한마디로 극한의 폭염이었다. 우리나라만이 아니었다. 유럽을 비롯해 미국, 캐나다 등에서도 최악의 폭염과 그로 인한 대형 산불이 발생하는가 하면, 중동과 북아프리카에도 극심한 가뭄과 폭염이 강타했고, 일본 역시 열돔 현상에 의한 기록적인 폭염이 전 열도를 뜨겁게 달궜다.

뉴욕 주립대의 나심 탈레브Nassim Nicholas Taleb 교수는 블랙 스완Black Swan이라는 용어를 사용해 기후변화를 설명한다. 블랙 스완은 검은 백조다. 백조는 흰색으로 검은 백조는 없다. 그런데 단 한 번 18세기에 검은 백조가 나타난 적이 있다. 그 누구도 상상할 수 없는 일이었다. 탈레브 교수는 블랙 스완이라는 용어를 기후변화에 사용했다. 확률은 매우 낮지만, 기후변화가 블랙 스완 같은 현상으로 나타날 것이라고 말이다. 인류가 경험해보지도, 보지도 못했던 최악의 기상현상이 앞으로 발생할 것이라는 거다. 필자는 40년간 기상예보관 생활을 하면서 2018년 여름과 같은 폭염은 처음 경험했다. 필자에게는 블랙 스완과도 같은 기상현상이었다. 그런데 기상청과 국립재난안전연구원은 한반도 폭염이 점점 강해질 것으로 내다보고 있다. 2050년에는 폭염 일수가 최대 50일, 폭염 연속 일수가 무려 20.3일 이상 발생할 것이라는 거다. 최근 10년간의 기록에 비해 폭염 일수와 폭염 연속 일수가 4배 이상이나 많다. 도대체 어떻게 살아야 할까?

기후변화의 대표적인 징후로 기온 상승을 들 수 있다. 기온이 상승하면 폭염으로 인한 온열질환 사망자가 발생한다. 2003년 유럽을 강타한 폭염으로 7만여 명이 죽고, 2010년 러시아 폭염 때도 5만여 명이 사망했다. 그리고 기온이 상승하면 변종 바이러스들이 활개를 친다. 2015년 우리나라를 멘붕에 빠뜨린 메르스나 지카바이러스, 에볼라 바이러스 등은 다 변종 바이러스다. 기후변화가 새로운 변종 바이러스들을 만들어내다 보니 백신도 치료약도 없다. 뎅기열, 살인진드기 등 최근 유행하는 질병들도 다 기후변화로 인해 유행하고 있다.

또한 기온이 상승하면 사막화가 진행되고 가뭄현상이 빈발하여 식량 생산이 감소한다. 이집트 문명, 마야 문명, 앙코르와트 문명 등 찬란한 문명이 사라진 것은 사막화와 가뭄으로 인한 식량생산의 감소 때문이었다. 2010년 재스민 혁명Jasmin Revolution(2010년 12월 북아프리카 튀니지에서 발생한 민주화 혁명)이나 2016년 시리아난민사태의 배경도 가뭄으로 인한 식량생산 감소 때문이었다. 앞으로 식량생산은 급격히 줄어들 것이라는 우울한 전망이다.

기온이 상승하면 빙하가 많이 녹아 해수면이 상승한다. 2018년에 세계기상기구WMO, World Meteorological Organization는 지난 25년 동안 해수면 상승

속도가 가속화되고 있다고 밝혔다. 해수면 상승은 저지대 국가들에게는 생존이 걸린 문제다.

기후변화의 또 다른 징후는 강수 패턴의 변화를 들 수 있다. 2018년 8월 28일 저녁부터 29일 새벽까지 서울에 시간당 70mm의 비가 쏟아지는 등 수도권을 중심으로 물폭탄이 떨어졌다. 퇴근길 도로가 잠길 정도로 장대비가 쏟아지자, 시민들은 폭우를 예상하지 못한 기상청을 격렬하게 비난했다. 기상청 예보국장이 언론사 기상담당 기자들에게 보낸 "당황스러움을 넘어 상상하지 못한 현상"이라는 문자 메시지는 논란을 더 가중시켰다. 그러나 우리나라 최고 예보관이라고 자부하는 필자도 강수 패턴의 변화에 당황스러울 때가 많다. 이제 우리나라의 폭염과 강수 패턴은 아열대 기후에 접어들었음을 보여준다. 앞으로는 우리가 상상할 수 없는 아열대성 호우가 쏟아질 가능성이 높다. 기온 상승은 해수온도 상승을 부른다. 그럴 경우 태풍이 강력해진다. 일본에서 연구해보니 30개 태풍 가운데 현재 기후에서는 3개가 슈퍼 태풍으로 발달한 반면, 미래 기후에서는 12개가 슈퍼 태풍으로 발달하는 것으로 나타났다. 이젠 우리나라에도 슈퍼 태풍이 북상할 가능성이 커진다는 것이다.

기후변화는 지진도 부른다. 기후변화로 인해 비가 내리는 양상이 과거와 확연히 달라지고 있다. 이런 기후변화는 지하수의 형성에도 영향을 미친다. 예를 들어 지하수가 늘어나면 지진이 증가하는 경향이 있는데, 이는 증가한 지하수가 지각판에 압력을 가하기 때문이다. 기후변화로 빙하가 녹으면서 해수면이 상승하는 것도 지진 발생에 영향을 준다. 지하수의 압력으로 지진이 만들어지듯 바닷물의 체적이 커지면서 해저 땅 밑 지각판에 압력을 가한다. 이 압력으로 인해 판의 변형이 생기면서 지진이 발생하는 것이다.

기후변화는 생물종의 멸종 가능성을 높인다. 서울대 산학협력단에서 발표한 '생물자원 조사·연구 최종보고서'에서는 기후변화, 오존층 파괴, 사막화, 산림화 등 지구적 규모의 환경 변화가 인류 역사상 가장 빠른 생물 다양성의 감소를 일으키고 있다고 한다. 1970년에서 2000년 사이에 척추동물의 풍부도가 40%가 감소한 것으로 나타났고, 앞으로 생물종의 멸종 속도가 현재보다 10배 이상 빨라질 것으로 예측하고 있다. 북극곰만 사라질까? 아니다. 우리 주변의 동식물과 해양생물도 사라지고 있다. 과연 인류 혼자 지구에서 살아갈 수 있을까?

　기후변화뿐만 아니라 인간의 환경파괴는 지구를 더 병들게 하고 있다. 세계자연기금WWF, World Wide Fund for Nature은 매년 사라지는 산림 면적이 남한 면적보다 넓은 11만~15만 km²로 추산한다. 이미 40%에 가까운 산림이 파괴된 지구환경은 지구위험한계선을 넘었다고 전문가들은 보고 있다. 심각한 것은 지구의 허파라고 불리는 아마존의 열대우림이 벌목과 화재로 많이 줄어들고 있는 것이다. 2017년 한 해 동안 파괴된 아마존 열대림의 면적은 1만 6,900km²로 남한 전체 임야 면적의 4분의 1에 해당하는 넓이다.

　기후변화와 환경파괴로 인해 세계의 많은 어린이들이 물 부족 및 오염으로 죽어가고 있다. 우리나라도 물 부족 국가인데도 물을 펑펑 쓰면서 살고 있다. 또 대기오염은 날로 심각해지고 있다. 매년 늘어나는 오존 주의보와 높아지는 미세먼지 농도에 어떻게 대처해야만 하는가? 여기에다가 침대에서 발생한 라돈 등도 심각한 문제가 될 것이다. 무분별한 플라스틱 쓰레기 버리기로 인해 전 지구는 끙끙 앓고 있다. 죽은 대형 조류 알바트로스의 사진을 보고 놀랐다. 죽은 알바트로스의 몸에서 일회용 라이터, 플라스틱 뚜껑 등 온갖 플라스틱 쓰레기가 나온 것이다. "해산물을 먹는 사람은 매년 1만 1,000개의 미세 플라스틱 조각을 삼키고 있다"는 벨기에 헨트 대학교Universiteit Gent 연구팀의 발표는 더 충격적이다. 우리나라에서도 조개 등에서 미세 플라스틱이 발견되었다고 한다. 아무런 의식 없이 버리는 플라스틱이 부메랑이 되어 우리의 생명을 위협하고 있다.

지구는 지구인의 것이니 지구인이 지키고 보존해야 한다. 이를 위해 필자는 암담한 미래에 대응하라고 말하고 싶다. 먼저 기후변화에 대응하기 위해 재생에너지의 적극적인 전환이 필요하다. 또 최신 기술이기는 하나 우주태양광발전과 핵융합에너지에 투자했으면 좋겠다. 환경친화적인 바이오매스나 미세조류를 활용한 에너지나 식량기술에도 관심을 가져야 한다.

2018년 다보스 포럼Davos Forum에서는 향후 10년간 경제 분야에 미칠 상위 10대 글로벌 리스크를 발표했다. 영향력 부문 1위로 '극심한 자연재해'를 꼽았다. 전 세계가 기후변화로 인한 자연재해로 엄청난 리스크가 발생할 것이라는 것이다. 유엔의 IPCC(기후변화에 관한 정부 간 협의체)는 해결 방안으로 인공지능AI, 빅데이터Big Data 및 사물 인터넷IoT 기술을 제시했다. 4차 산업혁명만이 기후변화에 성공적으로 대응할 수 있다는 말이다. 이젠 기후변화와 환경파괴에 대응하는 방법으로 4차 산업혁명 기술의 적극적 활용이 필요하다. 이에 더해 블록체인Block Chain을 활용한다면 금상첨화가 될 것이다. 기후·환경 문제는 에너지 사용자들의 능동적인 참여가 필요한 전 지구적 문제이기 때문이다. 또 기후변화에 대응하고 환경을 보존할 기술, 예를 들어 이산화탄소와 미세먼지를 줄이는 신기술, 지구공학기술도 적극적으로 투자하고 개발해야 한다. 마지막으로 기후변화와 환경파괴를 남의 이야기가 아닌 우리 이야기로 받아들이고 행동해야 할 때라고 말하고 싶다.

이젠 내가 무엇을 할 수 있는가라고 생각하지 말자. 생활 속에서 물이나 전기 등 자원 소비를 줄여나가자. 플라스틱과 종이컵 사용을 자제하는 등 환경을 보존하는 운동에도 동참해보자. 우리의 작은 노력이 환경을 바꾸고 기후변화를 저지하는 시작이 되었으면 좋겠다.

서울대, 연세대, 고려대 등의 최고위경영자 과정, 정부와 지자체 공무원들과 기업들을 대상으로 한 특강에서 필자는 기후변화에 대한 예방과 적응이 시급하다고 말한다. 그리고 환경에도 관심이 많다 보니 대학 특강, 환경단체 강의, 환경세미나 발표, 방송 출연 등에서도 환경의 중요성을 강조한다. 그러나 우리나라를 이끌고 가는 리더들이 아직까지도 기후변화와 환경에 대한 생각이 많이 부족하다는 생각을 한다. 그래서 그들에게 도움이 될 만한 기후변화와 환경 이야기를 담은 책을 쓰게 되었다. 지구온난화로 인한 기후변화와 인간의 환경파괴는 지금 부메랑이 되어 전 세계 곳곳에서 인간을 역습하고 있다. 우리는 최악의 폭염, 가뭄, 대형 산불, 변종 바이러스 및 전염병 창궐, 슈퍼 태풍, 해수면 상승, 잦은 지진, 극심한 한파, 살인적인 미세먼지, 가속화되는 생물종의 멸종 속도, 미세 플라스틱 공포 등과 마주하고 있다. 이것들은 모두 인간이 만든 재앙임을 인식하고 이를 해결하기 위한 방안을 적극적으로 모색하는 것에서부터 문제를 해결해가야 한다. 이 책이 기후변화에 대한 경각심을 갖고 환경 보존의 필요성을 절실하게 인식하는 데 도움이 되었으면 한다.

졸고를 출판해주신 김세영 프리스마 사장님과 항상 최고의 책으로 만들어주는 이보라 편집장님께 진심으로 감사드린다. 기도로 힘이 되어주는 아내 심상미와 매사를 인도해주시는 하나님께 고마울 뿐이다.

2018년 11월

반기성

| **차례** |

제1부
지구를 병들게 하는
이산화탄소

제1장
글로벌 위어딩을 부르는
이산화탄소

"우리는 전환점을 넘어섰지만 돌아오지 못할 지점을 넘어서진 않았다."

미 항공우주국NASA, National Aeronautics & Space Administration 수석 기후학자 제임스 핸슨James Henson 박사의 말이다. 인류는 정말 넘지 말아야 할 루비콘Rubicon 강을 넘은 것은 아닐까? 요즘에는 지구온난화Global Warming라는 말 대신 '글로벌 위어딩Global Weirding'[1]이라는 단어를 많이 사용한다. 지구온난화가 진행되면 진행될수록 날씨가 단순히 따뜻해지는 것이 아니라, 더 극단적이고 변덕스럽고 예상하기 어려운 섬뜩한 기상현상들이 나타난다. 그렇다 보니 지구온난화로 표현하기에는 부적절해 글로벌 위어딩이라는 표현을 사용한다는 것이다. 그만큼 지구온난화 문제가 심각하다는 뜻이리라. 그렇다면 지구온난화를 가져오는 것은 무엇일까? 바로 이산화탄소를 비롯한 온실가스다.

---

1 극단적인 기상현상이 늘어나면서 단순히 '따뜻해진다'라는 뜻의 온난화라는 단어 대신 '기괴하고 섬뜩해진다'라는 뜻을 가진 위어딩을 사용하는 것이다.

● 이산화탄소가 지구를 뜨겁게 한다는 선지자들

아직 과학적으로 이산화탄소가 지구의 기온을 상승시킨다는 이론이 정립되지 않았을 때다. 일본의 한 소설에서 이 문제를 다룬다. 미야자와 겐지宮沢賢治가 쓴 『구스코 부도리의 전기グスコーブドリの伝記』다. 소설이 쓰여진 1930년대에 일본은 추위와 가뭄으로 인해 많은 사람들이 굶어 죽었다. 5월인데도 열흘씩이나 진눈깨비가 내렸다. 6월 초가 되어도 볏모가 노랗기만 하고 나무도 싹이 나지 않았다. 소설의 주인공인 부도리는 구보 박사의 집을 찾아간다.

"선생님, 공기층 안에 탄산 가스가 늘어나면 따뜻해집니까?"

"당연하지. 지구가 생긴 뒤로 지금까지 기온은 대기 중에 있는 이산화탄소의 양으로 정해졌다고 볼 수 있다네."

"선생님, 혹시 칼보나드 화산섬이 지금 폭발한다면 추위를 없애줄 만큼의 이산화탄소를 내뿜을까요?"

"화산이 폭발하면 이산화탄소가 지구 전체를 감싸게 되네. 그리고 이산화탄소는 지표에서 올라오는 열의 방출을 막아 지구 전체 온도를 평균 5도 이상 높일 거야."

구보 박사와 부도리는 화약으로 화산을 인공적으로 폭발시키는 데 성공한다. 가뭄과 추위에 시달리던 마을 사람들은 해와 달이 구릿빛으로 바뀌는 것을 본다. 날씨는 점점 따뜻해졌고, 결국 그해는 거의 평년작의 농사를 지을 수가 있었다.

내가 이 소설을 보면서 놀란 것은 작가의 과학적 식견과 미래에 대한 통찰력이다. 과학자가 아닌 작가는 어떻게 화산을 폭발시켜 이산화탄소를 분출시킨다는 사고를 했을까? 그는 스웨덴의 물리화학자 스반테 아레니우스Svante Arrhenius, 1859-1927의 이론에 영향을 받았다고 한다. 아레니우스는 화산 폭발로 지구 기온이 상승할 것으로 예측했다.

지구 표면의 대기가 온실 같은 작용을 한다는 생각을 최초로 한 사람은 프랑스 수학자 장 밥티스트 푸리에Jean-Baptiste J. Fourier, 1768-1830였다. "왜 지구는 태양으로부터 햇빛을 계속 받는데 더 이상 더워지지 않는 것일까?" 원칙대로라면 태양으로부터 들어오는 에너지와 지구에서 밖으로 나가는 에너지의 양이 같아야 한다. 그가 계산해보니 에너지의 양이 같을 경우 지구의 평균온도는 영하 15℃였다. 그는 지구로부터 복사되는 열에너지가 모두 우주로 나가는 것이 아니라는 결론을 내렸다. 지구를 둘러싼 대기가 온실의 유리처럼 작용해 에너지의 일부를 붙잡아둔다는 이론이었다. 즉, 푸리에가 온실효과의 기본 아이디어를 제안한 것이다.

온실효과 개념이 세계적으로 통일된 개념으로 사용된 것은 로마 클럽Club of Rome[2]의 1972년 '인간, 자원, 환경 문제에 관한 미래예측 보고서'에서부터다. 인간에 의한 지구온난화AGW, Anthropogenic Global Warming가 세계적 이슈로 거론된 건 1970년대부터라는 이야기다. 보고서에서는 인구의 폭발적인 증가, 천연자원의 고갈과 함께 이산화탄소, 메탄 등의 온실가스로 인한 지구 온도 상승을 예상했고, 이로 인해 앞으로 인류는 큰 어려움에 직면하고 생존이 어려워질 것이라고 전망했다.

현재 인류가 현재진행형으로 만드는 지구온난화의 속도는 지구 역사상 가장 빠르다. 마지막 빙하 최대기LGM, Last Glacial Maximum인 뷔름 빙기Würm glaciation에서 빙하가 녹아내려 현재의 지구 모습을 갖출 때까지 걸린 시간

---

2 1968년 이탈리아 사업가 아우렐리오 페체이(Aurelio Peccei)의 제창으로 지구의 유한성이라는 문제의식을 가진 유럽의 경영자, 과학자, 교육자 등이 로마에 모여 회의를 가진 데서 붙여진 명칭이다. 천연자원의 고갈, 환경오염 등 인류의 위기 타개를 모색·경고·조언하는 것을 목적으로 했다.

이 6000~8000년이었다. 이 기간 동안 100년에 0.06~0.08℃씩 기온이 상승하는 온난화 현상이 나타났었다. 그런데 최근 133년 동안에 지구 평균기온은 0.85℃나 올라갔다. 마지막 빙하기 때보다 10배 정도 빠른 속도다. 그러다 보니 인류가 지구의 기후를 바꾸는 것이라는 주장이 나오고 있다. 크뤼첸$^{Paul Crutzen}$(대기화학 분야의 세계적 석학이자 1995년 노벨화학상 수상자)은 인류가 살고 있는 이 시대를 지질학적으로 '인류세$^{Anthropocene, 人類世}$'라고 부르자고 말한다. 지질시대 구분은 지질학적으로나 생물학적으로 큰 변동이 있을 때 혹은 생물의 멸종을 기준으로 구분한다. 그런데 현재는 인류가 지구 시스템과 생태계에 미치는 영향이 지질학적 구분 때보다 엄청나다는 것이다. 그래서 이제는 '인류세'라고 불러야 한다는 것이다.[3] 과거에는 자연적으로 온난화와 빙하기가 나타났지만, 지금은 인류가 자연을 제치고 엄청난 변화를 가져오고 있다고 보는 것이다.

● 이산화탄소는 왜 지독한 폭염을 가져오는 것일까?

2016년은 지구관측사상 가장 무더운 해였다. 그런데 2017년에도 전 세계는 폭염에 시달렸고, 2018년에도 살인적인 폭염으로 최악의 피해가 잇따랐다. 2018년 초 미 항공우주국^{NASA}은 2017년 지구 온도가 평년

---

3 2017년 2월 호주국립대학교(ANU) 연구팀은 '인류세 보고서(Anthropocene Review)'를 통해 인류가 기후변화에 주는 강력한 영향을 분석해 발표했다. 이들은 "지난 7000년간 기후변화를 일으키는 요인은 주로 태양에너지와 지구 궤도의 미묘한 변화 등 천문학적인 요소 혹은 대지의 화산들이었다. 이때의 기준 속도는 '100년에 0.001℃씩 낮아지는 것'이었다. 그러나 지난 45년 사이에 인간이 배출한 온실가스량이 매우 많아서 자연적 요소들은 온실가스에 비해 상대적으로 영향이 작았다. 지구 온도 상승 속도가 빨라져 이제 기준 속도는 '100년에 1.7℃ 상승'으로 변했다"고 주장한다.

2016년은 지구관측사상 가장 무더운 해였다. 그런데 2017년에도 전 세계는 폭염에 시달렸고, 2018년에도 살
인적인 폭염으로 최악의 피해가 잇따랐다. 이처럼 지구를 달구는 강력한 힘은 무엇일까? 대표적인 것이 바로
온실가스로 그중에서도 주범은 이산화탄소다. 공기 중에 배출된 이산화탄소는 바람과 기류에 실려 전 세계
로 퍼져나간다. 이런 이산화탄소의 확산성은 국지적인 노력으로는 큰 효과를 보기 어렵게 만든다. 그래서 국
제적인 협력이 매우 필요하다. 그런데 인간이 배출한 이산화탄소는 쉽게 사라지지 않고 계속 축적되면서 대
기 중 농도를 끌어올린다. 이러한 이산화탄소의 확산성과 축적성으로 인해 당연히 이산화탄소의 온난화 효
과는 계속 가중될 수밖에 없다.

(1951~1980년)보다 0.9℃ 높아 역대 2위를 기록했다고 발표했다.[4] 많은
사람들이 전해보다 기온이 낮아진 것에 위로를 받는다. 그러나 자세히 살
펴볼 필요가 있다. 2016년은 슈퍼 엘니뇨Super El Niño가 극성을 부리면서
바닷물이 뜨거워졌고 지구 대기에도 영향을 주어 기온을 높였다. 1965
년부터 지금까지 지구 최고기온을 갈아치운 해 중에 엘니뇨가 있었던 해
는 12번 있었다. 그러니까 엘니뇨는 지구 기온을 높이는 악당 역할을 한
다. 그런데 2017년에는 바닷물의 수온을 낮추는 라니냐La Niña가 발생했
다. 그럼에도 지구 기온은 역대 2위를 기록했다. 2018년에도 엘니뇨보다

---

4 https://climate.nasa.gov/vital-signs/global-temperature/

는 라니냐의 영향 잔재가 있었다. 이젠 엘니뇨가 영향을 주지 않아도 지구 기온은 상승할 수 있다는 것이다. 그렇다면 도대체 지구를 달구는 강력한 또 다른 힘은 무엇일까? 대표적인 것이 바로 온실가스로 그중에서도 가장 중요한 것이 이산화탄소다.

이산화탄소는 어떤 성질을 가지고 있을까? 지구온난화에 영향을 주는 이산화탄소의 성질 중 가장 특징적인 것은 확산성이다. 공기 중에 배출된 이산화탄소는 바람과 기류에 실려 전 세계로 퍼져나간다. 사람이 한 번 호흡을 할 때마다 5×10^{20}만큼의 이산화탄소 분자를 내보낸다. 이산화탄소 분자가 전 세계로 골고루 퍼져 다음해 봄 지구의 어느 곳에서 자라는 식물이 광합성을 위해 호흡하는 공기 가운데 수십 개씩 들어 있을 수 있다. 이산화탄소의 이런 확산 능력은 정말 놀라울 뿐이다.

그러다 보니 이산화탄소는 어느 곳에 배출되더라도 전 세계에 비슷한 효과를 준다. 미세먼지의 경우는 배출한 나라와 그 이웃나라에만 영향을 준다. 즉, 대기오염물질은 시간이 지나면 자외선에 분해되거나 다른 물질과 반응하거나 가라앉거나 비에 세정되어 사라진다. 그러나 이산화탄소는 그렇지 않다. 베이징北京에서 배출되었건, 서울에서 배출되었건, 아프리카에서 배출되었건 간에 지구 기온을 끌어올리는 효과 면에서는 같다는 것이다. 즉, 지구상 어느 나라가 배출한 이산화탄소이든 간에 세계 모든 국가에 고르게 영향을 미치는 것이다. 여기에다가 이산화탄소는 수명이 긴 데다가 반응성이 없는 물질이다. 그렇다 보니 지구 전체로 퍼져 오랫동안 영향을 미친다.

이런 이산화탄소의 성질은 국지적인 노력으로는 큰 효과를 보기 어렵게 만든다. 특정 지역에 영향을 주는 대기오염이나 수질오염은 지역적인 노력으로 극복이 가능하다. 그러나 이산화탄소의 문제는 한 나라의 노력만으로는 해결이 안 된다. 다른 나라가 이산화탄소 배출을 늘리면 무용지물이 되기 때문이다. 경제학적으로 이산화탄소가 극히 이기적인 특성—내가 이산화탄소를 줄이지 않더라도 다른 나라나 기업이 줄여주면 해결되기 때문—을 지니는 것도 이 때문이다. 국가나 기업이 이산화탄소를 줄이는 노력은 당장에는 희생이 따른다. 그렇다 보니 우리나라에 할당된 고통은 피하고 다른 나라의 노력으로 해결되기를 바라는 생각을 하는 것이다. 그래서 국제적인 협력이 매우 필요하다. 이산화탄소가 일으키는 온난화는 본질적으로 '국제성', '세계성'을 띠는 글로벌 현상이다. 모든 나라가 같이 협력해야 해결할 수 있기에 교토의정서Kyoto protocol부터 파리기후변화협정까지 길고도 험한 과정을 걸어온 것이다. 그러나 이에 반대하는 사람도 있다. 대표적인 예가 미국의 트럼프Donald Trump 대통령이다. 2017년 5월 미국《뉴욕 타임스The New York Times》의 1면 뉴스 제목은 "트럼프 대통령은 아직도 지구온난화가 거짓말이라고 생각하는가. 그렇게 생각하는 사람은 아무도 없다"였다. 자기는 희생하지 않고 다른 나라만 희생하기를 기대하는 지극히 이기적인 발상을 하고 있는 나라가 미국이다.

이산화탄소의 '확산성'은 기후변화의 '가해자'와 '피해자'를 분리시키는 '공간적 비대칭성'을 가져온다. 배출한 나라(가해자)와 배출하지 않은 나라(피해자)가 똑같은 피해를 입는다는 것이다. 그리고 이산화탄소의 또 하나의 특성인 축적성은 '시간적 비대칭성'을 가져온다. 이산화탄소를 배출하는 시점과 그로 인해 피해가 나타나는 시점이 시간적으로 분리된다는 점이다. 원인과 결과 사이에 시간 지체 현상이 나타나는 것이다. 과거에 선진국들이 배출한 이산화탄소의 피해를 현재 가난한 나라들이 받고 있는 것이 좋은 예다.

축적성에 대해 시카고 대학 데이비드 아처David Archer 교수는 다음과 같은 연구 결과를 발표했다.

"인간이 궁극적으로 1조~2조 톤의 이산화탄소(탄소 중량 기준)를 배출할 경우 29%는 1000년이나 지나도 대기 중에 남아 있고 14%는 1만 년이 넘어도 남게 된다."[5] 아처 교수는 10만 년의 세월이 지나도 인간이 배출한 이산화탄소의 7%는 대기 중에 남아 있게 된다고 한다. 그러니까 지금 열심히 이산화탄소를 줄이더라도 상당한 기간 동안은 배출된 이산화탄소의 영향을 계속 받을 수밖에 없는 것이다.

이산화탄소의 축적성에 관한 다른 연구도 비슷하다. 독일과 스위스 과학자들의 모델에 따르면, 배출 이산화탄소의 35~55%는 100년 이후까지, 28~48%는 200년 이후까지, 15%는 1000년 이후까지 남아 있게 된다는 것이다. 이런 오랜 수명 때문에 인간이 배출한 이산화탄소는 계속 쌓여가면서 대기 중 농도를 끌어올린다. 당연히 이산화탄소의 온난화 효과는 계속 가중될 수밖에 없다. 그러니 속히 이산화탄소 저감 노력을 하지 않는다면 지구는 계속 대책 없이 쌓여가는 이산화탄소 쓰레기장이 될 것이고 그로 인해 엄청난 피해가 발생할 것이다.

---

5 David Archer, Michael Eby et al., "Atmospheric Lifetime of Fossil Fuel Carbon Dioxide", The University of Chicago, 2009.

제2장
이산화탄소가 가진
더러운 성질

● 온실효과란 무엇인가

최근 몇 십 년 동안 지구 기후의 변화를 알아내는 과학이 엄청나게 발전했다. 수천만 년 이상에 걸쳐 발생했던 지구의 기온과 강수량 변화는 대륙 이동이나 산맥의 융기와 침식 등 판구조론에 따른 지표면의 변동에 원인이 있었다. 그러나 수만 년에 걸친 지구 온도나 강수량의 변화나 빙상의 변화는 지축의 기울기 등 지구 궤도상의 변화와 연관되었다.[6] 사이사이 수백 년이나 수십 년 정도의 기후변화는 대규모 화산 분화나 태양 활동의 작은 변화와 연관이 있었다. 이런 이론 외에 최근 들어 지구 기온 상승은 지구에 들어오는 에너지와 나가는 에너지로 결정된다는 이론이 거론되고 있다. 에너지는 전자기파가 운반하는데 지구의 표면 온도는 태

---

6 1842년, 천문학자 조세프 아데마르(Joseph Adhémar)는 지구 궤도의 변화가 지구 표면에 도달하는 태양 복사에너지 양에 영향을 끼치고, 그것은 다시 빙상의 등장과 퇴각을 비롯해 기후에 영향을 준다고 주장했고, 이 이론은 과학자들에게 지지를 받게 되었다.

양에서 들어오는 전자기파를 흡수해서 상승한다. 반면에 지구에서 외기로 나가는 전자기파로 인해 기온이 하강한다. 이때 드나드는 에너지가 어떤 온도에서 균형이 잡히면 그것이 지구의 온도가 된다.

물체가 고온일수록 높은 열에너지와 짧은 파장을 가지고 있다. 지구에 들어오는 태양의 가시광선의 파장은 태양 표면의 온도 약 6,000K(절대온도를 나타내는 단위 켈빈Kelvin)에 대응한다. 반면에 지구에서 복사하는 적외선의 파장은 지구 표면의 온도 약 300K에 대응한다. 지구에서 복사하는 광선의 에너지가 작고 파장도 길다는 뜻이다. 태양에서 들어오는 가시광선은 대기에서 흡수되지 않고 거의 지표면에 도달한다. 그러나 지표면에서 복사되는 적외선은 대기 중의 이산화탄소나 수증기에 상당히 많은 양이 흡수된다. 대기가 적외선을 흡수하기 때문에 지구의 온도는 상승한다. 이 효과를 온실효과라고 부른다. 비닐이나 유리창으로 둘러싸인 온실의 내부는 따뜻하다. 비닐이나 유리는 가시광선을 잘 투과시킨다. 따라서 태양의 가시광선은 온실 안으로 들어와 기온을 높인다. 높아진 온실 안의 낮은 에너지는 유리를 통과하지 못한다. 따라서 방출된 적외선이 온실 내부에 갇히면서 기온이 상승하는 것이다. 예를 들어보자. 금성 표면의 압력은 90기압, 온도는 무려 480℃에 이른다. 이렇게 압력이 높고 기온이 높은 이유는 이산화탄소를 주성분으로 하는 농도가 높은 대기 때문이다. 지구와 크기가 비슷한 금성도 대기를 유지하는 힘은 비슷하다. 그러나 지구는 바다의 효과로 이산화탄소가 대량으로 사라져 대기가 금성보다 훨씬 엷다. 대기의 농도가 높은 금성의 경우 외부 공간으로 나가는 복사에너지를 다량으로 붙잡는다. 그러기에 금성 표면 기온이 높아지는 것이다.

만약 지구에서 우주로 빠져나가는 에너지를 붙잡는 온실가스가 없다면, 지구는 평균기온이 영하 15℃ 정도로 매우 추운 행성이 된다. 그러나 현재 지구 평균기온이 영하 15℃가 아니라 영상 14.5℃ 정도로 유지되는 것은 온실가스 때문이다. 온실효과는 이렇게 지구의 태초부터 있었던 것이다. 문제는 이런 온실가스가 인간의 활동에 의해 급격히 증가하면서 심각한 기온 상승을 가져온다는 데 있다.

지구온난화의 문제는 1차적으로는 온실가스 증가가 지구 밖으로 방출되는 열을 붙잡아 기온 상승을 유도한다는 데 있다. 그러나 지구온난화로 기온 상승이 시작되면 2차적으로는 대기 중의 수증기나 지구를 덮고 있는 눈과 얼음, 빙하 등의 변화가 지구온난화를 이끌어갈 수 있다고 과학자들은 본다. 실험 결과를 분석한 결과 온난화 초기에는 온실가스가 지구 밖으로 나가는 열을 붙잡아 지구 기온을 올린다. 그러나 수십 년이 지난 뒤부터는 오히려 온난화로 대기 중에 수증기가 늘어나거나 눈, 빙하가 녹아 태양에너지를 더 많이 흡수했다. 이것이 기온 상승을 주도하는 것으로 나타난다는 것이다.

● 정말 이산화탄소는 증가하고 있는가

인류는 이산화탄소를 얼마나 배출하는 것일까? 이산화탄소 배출량은 아래 공식으로 표현할 수 있다.

이산화탄소 배출량 = 인구(P) × 풍요도(A) × 기술(T)

이 공식은 『인구폭탄The Population Bomb』을 쓴 파울 에를리히Paul Ehrlich, 1854-1915가 만들어낸 '환경 충격 공식'에 나온 것이다. 인구 팽창이 가져올 비극을 강조하기 위해 만들어졌다. 그러나 지금은 이산화탄소 배출로 인한 지구의 비극을 표현하는 공식으로 더 많이 사용된다. 이 공식을 보면 이산화탄소 배출량과 관계가 있는 것은 인구, 풍요도, 에너지 효율을 가져오는 기술이다. 즉, 이산화탄소 배출을 줄이기 위해서는 인구를 줄여야하고, 소비 수준을 낮추어야 한다. 그리고 에너지 효율을 높이는 이노베이션이 필요하며 탄소 사용을 줄이는 에너지를 사용해야만 한다.

2018년 8월 1일 발표된 미국 연례기후보고서[7]를 보자. 2017년 세계 온실가스 배출량은 현대 대기 관측 사상 최고치를 기록했다. 이산화탄소 배출량 비율은 1960년대 0.6ppm/yr에서 지난 10년간 2.3ppm/yr로 무려 4배나 상승했다. 배출되는 이산화탄소의 양이 급증하고 있는 것을 볼 수 있다. 보고서에서는 온실가스 배출량 증가로 지구가 뜨거워지고 있다면서 여러 사례를 들고 있다. 빙하 크기는 38년 연속 감소하고 있다. 해수면 높이는 6년 연속 최고치를 갱신하고 있다. 북극 지표면 온도는 1981~2010년 평균온도보다 1.6℃ 상승했다고 주장한다.

우리나라의 이산화탄소 배출량은 부끄러울 정도다. OECD[Organization for Economic Cooperation and Development](경제협력개발기구) 회원국 중 온실가스 배출 증가세 2위이고, 이산화탄소 배출량은 당당하게도(?) 1위다.[8] OECD 국가들의 일인당 평균인 9.2톤보다 2톤 이상 많이 배출하고 있다. 이산화탄소 배출량뿐만이 아니라 부끄러운 수치는 다 가지고 있다. 면적 대비 자원 소비량은 1위, 지구생태발자국[9] 3위로 국제사회에 부끄러운 민낯이

---

7 EPA, "State Of The Climate In 2017", United States Environmental Protection Agency, 2018.

8 2017년 6월 글로벌 에너지기업 브리티시페트롤리엄(BP)이 발표한 보고서에 따르면 우리나라의 이산화탄소 배출량은 총 6억 7,970만 톤이나 된다.

9 지구생태발자국 네트워크(Global Footprint Network)라는 국제 환경단체는 한 나라의 생활방식을 기준으로 그 나라처럼 살면 지구가 몇 개 필요한지를 계산해서 순위를 발표하고 있다.

드러나고 있다. 한마디로 너무 흥청망청 살고 있다는 거다.

"한 사람이 1톤의 이산화탄소를 배출할 때 북극의 얼음 면적은 $3m^2$씩 사라집니다."

2016년 독일 막스플랑크 기상학연구소Max-Planck-Institut für Meteorologie의 디르크 노츠Dirk Notz 교수 연구팀이 과학전문지《사이언스Science》에 발표한 연구 결과다. 북극의 빙하가 녹으면서 만들어내는 기상이변은 엄청나다.[10] 그렇다면 우리나라 사람들이 배출하는 이산화탄소가 얼마나 많은 북극 얼음을 녹이고 있을까? OECD 통계에 따르면 2015년 한국인은 1인당 11.3톤의 이산화탄소를 배출했다. 그러면 우리나라 사람 한 명이 북극 얼음을 해마다 $35m^2$씩 사라지게 하는 것이다.[11]

2018년 여름의 폭염은 최악이었다. 그런데 우리나라에서 114년 만에 폭염 최고 기록이 깨진 8월 1일은 '지구 용량 초과의 날Earth Overshoot Day'[12]이었다. 자원 수요를 모두 합친 생태발자국Ecological Footprint[13]을 날짜로 환산해 나타낸 것이다. 그런데 생태발자국의 60%가 탄소발자국이다. 우리나라 사람들이 부끄러워해야 하는 부분이 아닐 수 없다. 이산화탄소가 증가하면 지구는 신음하고 병들고 죽어갈 것이다.

"원유는 앞으로 약 50년, 석탄은 112년, 천연가스는 57년 동안 사용할 수 있는 양이 남아 있습니다."

---

10 MBC·CCTV,『AD 2100 기후의 반격』, 엠비씨씨앤아이, 2017.

11 https://data.oecd.org/air/air-and-ghg-emissions.htm

12 지구 용량 초과의 날이란, 그해 인류가 사용한 자연자원의 양이 지구가 1년 동안 회복할 수 있는 양을 초과한 날을 의미한다.

13 생태발자국이란 사람이 사는 동안 자연에 남긴 영향을 토지의 면적으로 환산한 수치다. 헥타르(ha) 또는 지구의 개수로 수치화하는데, 그 수치가 클수록 지구에 해를 많이 끼친다는 의미이기 때문에 인간이 자연에 남긴 피해 지수로 이해할 수 있다.

미국 에너지정보국EIA, Energy Information Administration의 예상이다. 화석연료를 사용하면서 배출되는 이산화탄소 등은 우리만의 문제가 아니라 우리 후손들의 문제이기도 하다. 온실가스가 수백 년, 심지어 수천 년까지 영향을 주기 때문이다.[14] 그렇다면 모든 화석연료를 사용하고 나면 지구는 얼마나 더 뜨거워질까?

● 지구는 끓어가는 솥뚜껑 안에 들어 있다

기후변화로 인한 지구의 기온 상승폭이 IPCC가 예상했던 것보다 더 클 것이라고 한다.

"세기말의 기후변화로 인한 기온 상승폭은 IPCC가 예측한 최악의 시나리오보다 약 15% 클 것이다."

스탠퍼드 대학 카네기과학연구소Carnegie Institution for Science 연구진이《네이처Nature》에 발표한 논문 내용이다. 이들이 위성을 이용한 예측 모델을 사용해보니 세기말 기온 상승폭이 약 0.5℃ 정도 증가한다는 것이다. 이들의 예측 시나리오는 최악의 상황을 의미하는 'RCP8.5 시나리오'[15]인 경우다.

---

14 IPCC(기후변화에 관한 정부 간 협의체)는 대기 중으로 배출된 온실가스 농도가 안정화되기까지는 100~300년, 온실가스로 인해 상승하는 기온이 멈추기까지는 적어도 수백 년이 걸릴 것으로 보고 있다.

15 RCP는 Representative Concentration Pathway의 약자로 대표 농도 경로를 일컫는다. RCP 시나리오는 온실가스 농도 값을 설정한 후 기후변화 시나리오를 산출하여 그 결과의 대책으로 사회·경제 분야별 온실가스 배출 저감정책을 결정한다. RCP 시나리오는 총 4종으로 구성된다.
· RCP2.6: 이산화탄소 농도는 420ppm으로 인간 활동에 의한 영향을 지구 스스로 회복하는 경우(실현 불가).
· RCP4.5: 이산화탄소 농도 540ppm으로, 온실가스 저감정책이 상당히 효과를 보는 경우.
· RCP6.0: 이산화탄소 농도 670ppm으로, 온실가스 저감정책이 어느 정도 실현되는 경우.
· RCP8.5: 이산화탄소 농도 940ppm으로, 현재 추세(저감 없이)로 온실가스가 배출되는 경우(BAU 시나리오).

IPCC는 화석연료를 모두 끌어내어 사용한 경우 5,000억~13조 6,000억 톤의 이산화탄소가 발생할 것으로 추정한다. 이 경우라면 이산화탄소 농도가 최고 4,000ppm을 넘어설 것으로 예상된다. 이 농도는 지금보다 거의 10배 많은 수준이다. 화석연료 사용이 끝나도 이미 배출된 이산화탄소로 인해 서기 1만 년까지는 2,000ppm 안팎의 농도가 될 것으로 본다. 그렇다면 지구 평균기온은 산업혁명 이전보다 최고 11.4℃ 상승할 것이다. 이 수치가 의미하는 것은 무엇일까? 2015년 파리기후변화협정에서 지구 기온 상승을 2℃ 이내로 억제하기로 합의했다. 1.5℃ 상승 억제는 권고사항으로 채택했다. 이것은 지구 평균기온이 2℃ 이상 상승하면 매우 위험한 상황이 올 것으로 보기 때문이다. 지구에 인류가 나타나 살아온 긴 기간 동안 2℃ 이상 상승하는 16.5℃의 환경은 만나본 적이 없다.[16] 기후학자들은 지구 평균기온이 2℃만 상승해도 기후이탈climate departure이 발생할 것으로 예상한다. 평균기온이 4℃ 이상 상승하는 경우는 대재앙catastrophic으로 본다. 기온이 11℃나 올라가는 지구는 어떤 모습일지 상상조차 할 수가 없다. 아마도 아무도 알아볼 수조차 없는 unrecognizable 세상이 아닐까?

필자는 이런 기후변화는 아무도 모르게 다가온다고 생각한다. 영화 〈투모로우The Day After Tomorrow〉는 기후변화의 티핑 포인트tipping point[17]를 잘

---

16 미 항공우주국(NASA)의 연구 결과에 따르면, 지금까지 인류가 살아온 기간 동안 지구의 평균기온이 16.5℃를 넘어선 적이 없다(Hansen and Sato, 2012). 기온이 오르락내리락하기는 했지만 기원전 258만 년 전에 시작된 신생대 4기 플라이스토세(Pleistocene)부터 현재까지 지구 평균기온(Global Surface Temperature)이 16.5℃를 넘어선 적이 없다는 것이다.

17 티핑 포인트란 어떤 일이 처음에는 아주 미미하게 진행되다가 어느 순간에 전체적인 균형이 깨지면서 예기치 못한 거대한 일이 한순간에 폭발적으로 일어나는 바로 그 시점을 말한다. 미국 작가 말콤 글래드웰(Malcolm Gladwell)이 쓴 책 제목으로도 유명하다. 일단 티핑 포인트가 지나면 일을 거꾸로 되돌리기는 쉽지 않다.

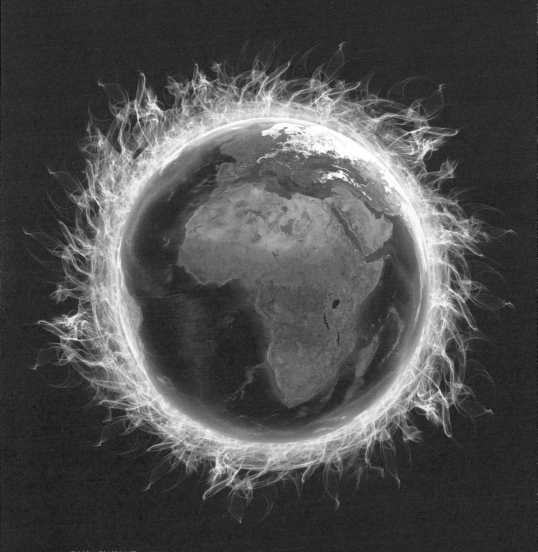

IPCC는 화석연료를 모두 끌어내어 사용한 경우 5,000억~13조 6,000억 톤의 이산화탄소가 발생할 것으로 추정한다. 이 경우라면 이산화탄소 농도가 최고 4,000ppm을 넘어설 것으로 예상된다. 이 농도는 지금보다 거의 10배 많은 수준이다. 화석연료 사용이 끝나도 이미 배출된 이산화탄소로 인해 서기 1만 년까지는 2,000ppm 안팎의 농도가 될 것으로 본다. 그렇다면 지구 평균기온은 산업혁명 이전보다 최고 11.4℃ 상승할 것이다. 이 수치가 의미하는 것은 무엇일까? 지구에 인류가 나타나 살아온 긴 기간 동안 지구 평균기온이 2℃ 이상 상승하는 16.5℃의 환경은 만나본 적이 없다. 기후학자들은 지구 평균기온이 2℃만 상승해도 '기후이탈'이 발생할 것으로 예상한다. 평균기온이 4℃ 이상 상승하는 경우는 대재앙으로 본다. 기온이 11℃나 올라가는 지구는 어떤 모습일지 상상조차 할 수가 없다. 아마도 아무도 알아볼 수조차 없는 세상이 아닐까?

보여주는 영화다. 지구온난화로 극지방이 급격하게 따뜻해지면서 빙하가 빠르게 녹자 해수의 염도가 낮아지면서 심해 해류 순환이 멈춘다. 그러자 북반구의 난류도 멈춰 선다. 해류가 멈추면서 급격한 빙하기가 덮친다. 한 명의 기후학자 외에는 아무도 예상 못한 현상이다. 이 현상은 영화에서만 아니라 실제로 1만 3000년 전에 있었던 현상으로 영거 드라이아스[Younger Dryas](소빙하기)라고 한다. 지구는 이때부터 3000년간 빙하기로 얼어붙었다. 따뜻했던 대기가 어느 순간에 얼어붙어버리는 소빙하기로 바뀌는 것은 정말 예측하기 어렵다. 예를 들어보자. 커다란 바위 위에 한 방울씩 똑똑 떨어지는 물방울, 바위에 비해서는 극히 보잘것없는 작은 물방울이지만 물방울이 하나씩 떨어질 때마다 바위에는 미세한 변화가 나타난다. 사람들은 이 작은 시그널을 무시한다. 그런데 어느 날 물방울 하나가 떨어지는 순간 거대한 바위가 쩍 갈라진다. 기후도 이와 비슷하게 아무도 예측하지 못하는 사이에 급격하게 변할 가능성이 높다. 이산화탄소를 줄이려는 노력이 정말 필요하다는 말이다.

제3장
온실가스 증가는 필연이다

● 온실가스의 증가를 가져오는 물질

온실효과를 일으키는 가스를 온실가스라고 부른다. 지구의 대기에는 수많은 종류의 기체들이 존재한다. 이 기체들 가운데 온실효과를 일으키는 6대 온실가스가 있다. 이산화탄소, 메탄, 아산화질소, 수소불화탄소, 과불화탄소, 육불화황 등이다.

각각의 기체는 지구온난화에 다른 방식으로 영향을 미친다. 지구온난화에 미치는 영향을 지수로 나타낸 것이 '온난화지수'다. 온난화지수가 높을수록 지구에 미치는 영향이 크다. 온실가스별 온난화지수는 이산화탄소 1을 기준으로 할 때 다음과 같다. 메탄 21, 아산화질소 310, 수소불화탄소 140~1만 1,700, 과불화탄소 6,500~9,200, 육불화황 2만 3,900 등이다. 그렇다면 육불화황의 경우 이산화탄소보다 무려 2만 3,900배나 온난화지수가 높다. 그럼에도 세계기상기구와 유엔환경계획UNEP, United Nations Environment Programme 등 국제 기상단체들은 이산화탄소가 지구온난화의 주범이라고 공식적으로 선언했다. 왜 그런 것일까? 이것은 이산화탄소의 양이 다른 온실가스보다 월등히 많아 가장 영향이 크기 때문이다. 유엔[UN]의 제5차 'IPCC(기후변화에 관한 정부 간 협의체) 보고서'에는 2010년 기준 전체 온실가스 배출량의 76%를 이산화탄소가 차지하는 것[18]으로 나와 있다. 그 다음으로 메탄이 16%, 아산화질소가 약 6%이며 나머지 기체들의 비중은 매우 미미하다.

전 세계 이산화탄소의 농도는 산업화 이래 120ppm 증가했는데, 이 가운데 절반이 1980년대 이후 증가했다. 국제에너지기구[IEA]에 따르면 대기 중 이산화탄소 농도가 산업혁명 이전 280ppm에서 2005년 379ppm으로 증가했고, 2014년 397ppm, 2015년 3월에는 400ppm을 넘었다. 그리고 2018년 6월에는 414ppm을 웃돌았다. 최근 10년 동안 매년 2ppm 이상 상승하고 있고 최근에 들어와 상승 속도가 증가하고 있다. IPCC 보고서는 특단의 대책이 없을 경우 이산화탄소 배출량이 2030년에는 2000년 대비 최고 110% 증가할 것이라고 전망했다.[19] 결국 이산화탄소가 온실가스에서 차지하는 비중이 대폭 증가하고 지구온난화는 더 심각해진다는 것이다.

많은 기후학자들은 지구온난화의 원인이 인간에게 있다고 주장한다. 온실가스의 증가가 바로 인류의 화석연료 사용과 토지 사용의 변화로 나타났다고 믿기 때문이다. 이 중 땅속에 있는 화석연료는 거대한 탄소 저장고라 할 수 있다. 화석연료가 연소되면 이산화탄소, 일산화탄소가 배출된다. 그러나 연소되지 않을 경우 탄소들이 땅속에 석탄, 석유의 형태로

---

18 The Core Writing Team, Rajendra K. Pachauri, Leo Meyer, "Climate Change 2014 Synthesis Report", IPCC, 2014

19 앞의 보고서.

저장된다. 따라서 IPCC도 지구온난화의 약 55%는 이산화탄소에 의한 것이며 인간의 과도한 화석연료 사용에 의한 것이라고 주장하는 것이다. 산업체, 자동차, 난방 등의 사용 증가가 이산화탄소의 배출량 증가를 가져오고 지구온난화가 진행되는 것이다.

화석연료를 소모하는 것 외에 이산화탄소가 증가하는 또 다른 요인이 있다. 첫째, 토지 이용의 증가로 인한 삼림 등 녹지가 좁아지는 문제다. 삼림은 광합성작용으로 이산화탄소를 줄여준다. 삼림의 면적이 좁아지면 이산화탄소의 양은 증가할 수밖에 없다. 이것은 인위적인 영향으로 생긴 변화이므로 인간의 탄소 배출로 본다. 다음으로 시멘트 생산이 있다. 시멘트가 만들어지면서 부산물로 이산화탄소가 나온다. 이는 일반적인 탄소의 산화 과정이기 때문에 화석연료 요소와 따로 분리하여 계산한다.

이산화탄소를 가장 많이 배출한 산업은 화석연료를 사용해온 석탄·철강·에너지·자동차 산업 등이었다. 온실가스를 줄이기 위해서는 석탄과 석유 같은 화석연료 산업을 줄이고 신재생에너지 체제로 가야 한다. 그러나 온실가스 배출의 범인이 화석연료만 있는 것은 아니다. 오히려 미래에 온실가스를 가장 많이 배출할 것으로 예상되는 분야가 농업 분야다. 미래에 배출될 온실가스 예상 배출량의 52%가 농업 분야에서 배출 것이라고 전문가들은 내다본다. 농업 중에서 육류와 유제품을 생산하는 데 쓰이는 온실가스가 농업 전체 배출량의 70%를 차지한다. 농업에 대한 변화가 시급하고 또 이런 변화에 누가 빠르게 적응해나가는가가 매우 중요하다.

● 온실가스 증가의 숨은 범인 메탄

다음으로 지구온난화를 부르는 중요한 기체가 메탄이다. 전문가들은 기온 상승으로 시베리아의 영구동토가 녹기 시작하면 큰 문제가 발생할 것이라고 본다. 영구동토가 녹으면 영구동토에 갇혀 있던 탄소가 공기 중으로 방출된다. 영구동토에는 엄청난 양의 썩은 동식물 사체 같은 유기물이 들어 있다. 기온 상승으로 영구동토가 녹으면 얼어 있던 유기물이 녹는다. 이 유기물이 분해되는 과정에서 메탄 등의 탄소가 공기 중으로 배출되는 것이다. 영구동토에는 1,700기가톤[Gt]의 탄소가 얼어 있는 유기물에 들어 있는 것으로 학계는 추정한다. 현재 대기 중에 있는 탄소 양의 2배, 적도지방 열대우림에 들어 있는 탄소 양의 3~7배에 해당하는 엄청난 양이다. 서서히 방출되는 경우도 문제지만 마치 폭탄이 터지는 것처럼 짧은 기간 에 온실가스가 대량으로 방출될 경우 급격한 기후변화를 가져올 것이다. 이런 예는 역사에서도 있었다.[20]

메탄의 경우 몬순[monsoon][21]과 연관이 있다고 미국의 기상학자 존 쿠츠바흐[John Kutzbach]는 지구 궤도 몬순 학설에서 주장한다. 강한 몬순 비가 열대 습지에 내리면 물로 뒤덮인 습지에서 식물이 죽고 산소가 모자란 고인 물에서 분해된다. 박테리아가 식물의 탄소를 메탄 등으로 바꾼다. 만들어진 메탄 가스는 습지에서 공기 중으로 이동해 약 10년가량 머물다가 다

---

20 독일과 영국, 프랑스 공동 연구팀은 남태평양 타이티 주변의 산호를 분석했다. 지금부터 1만 4,600년 전인 빙하기 말기 볼링–알러뢰드 온난기(Bølling-Allerød warm, BA)가 시작되는 때였다. 짧은 기간 동안 대기 중 온실가스가 갑자기 증가했다. 영구동토가 녹으면서 엄청난 양의 온실가스가 방출되었고, 급격한 기후변화가 생겼다.

21 일반적으로 여름과 겨울에 풍향이 거의 정반대가 되는 바람이 광범위한 지역에 걸쳐 불 때 이것을 몬순이라고 한다. 계절풍이라고도 한다.

른 가스로 산화된다. 지구온난화로 인해 더 강해지는 태양에너지가 강한 몬순 순환을 가져오고 이로 인해 더 많은 메탄이 배출된다는 것이다.[22] 더 많이 배출되는 메탄으로 인해 지구온난화는 더욱 심각해지게 된다. 존 쿠츠바흐는 태양에너지의 변화를 연구했다. 북반구 열대지방의 여름 태양복사에너지가 최고점을 기록한 것은 약 1만 1000년 전이었다. 최고점은 2만 2000년 주기로 되풀이되어왔다.[23] 그렇다면 지금은 태양에너지가 감소하는 시기로 여름 몬순의 강도가 당연히 약해져야만 한다. 그러나 실제는 그렇지 않았다. 왜 그럴까? 여러 학자들은 빙하 코어glacier core를 분석하고 산업시대 이전의 수세기 동안 동남아시아에서 급증한 인구가 만든 메탄 농도의 증가가 그 원인이었음을 밝혀냈다.

미국 버지니아 대학의 윌리엄 F. 러디먼William F. Ruddiman은 논에 물을 대기 위해 강물을 끌어들인 활동이 메탄 증가의 원인이라고 생각했다.[24] 동남아시아에 야생 벼를 심은 것은 7000년 전이었지만 약 5000년 전, 저지대에 물을 대기 위해 처음으로 관개 기법이 활용되었다는 것이다. 관개는 벼농사를 짓는 데 필요한 인공 습지를 만드는 것이었고, 이러한 습지에서 분해된 메탄이 배출되었다는 것이었다. 즉, 메탄의 발생은 자연적인 것이 아니라 인위적인 인간의 활동으로 인해 증가했다고 보는 것이다. 또 바이오매스biomass의 연소도 문제다. 삼림을 불태워 농지를 만들려는 인간

---

22 기상학적으로 여름 몬순의 기본 작용은 강한 태양 복사에너지 → 강력한 육지 가열 → 바다 공기의 유입 → 몬순 강우가 내리는 방식이다. 겨울 몬순은 태양 복사에너지가 약해지고, 육지는 냉각되고, 위의 공기는 조밀해져서 침강하고, 내려앉은 공기는 건조해진다. 차고 건조한 겨울 몬순이 만들어지는 것이다. 열대지역의 겨울이 건기인 것은 바로 이 때문이다.

23 1842년, 천문학자 조세프 아데마르(Joseph Adhémar)도 빙하의 변화를 연구하던 중에 지구 궤도의 변화가 지구 표면에 도달하는 태양 복사에너지 양에 영향을 끼친다는 것을 발견했다.

24 윌리엄 F. 러디먼, 김홍옥 역, 『인류는 어떻게 기후에 영향을 미치게 되었는가』, 에코리브르, 2017.

의 욕심이 메탄 가스를 대기 중에 더한 것이다. 지구 궤도에 따른 태양에
너지 감소에도 불구하고 메탄이 비정상적으로 증가한 것은 바로 인류의
농업, 가축 사육, 바이오매스 연소 등이 큰 역할을 했다는 것이다.

● 소 방귀도 문제다

이외에 잘 알려지지 않은 물질 중에 강력한 온실가스가 있다. 병원에서
사용하는 흡입마취가스가 강력한 온실가스라고 미국과 덴마크 공동연구
팀이 밝혔다.[25] 마취가스는 데스플루란Desflurane, 이소플루란isoflurane, 세보플
루란Sevoflurane 등이다. 이 연구팀은 흡입마취가스가 지구온난화에 영향을
미치는 기간을 100년으로 잡아 지구온난화지수를 계산했다. 계산해보니
데스플루란의 지구온난화지수는 1,620, 이소플루란은 510, 세보플루란
은 210이나 되었다. 연구팀은 평균적으로 1명을 마취하는 데 사용하는
마취가스가 미치는 영향을 계산했다. 그랬더니 이산화탄소 22kg이 지구
온난화에 미치는 영향과 같다는 것이다. 환자 1명을 마취할 때마다 이산
화탄소 22kg이 공기 중으로 배출되는 것과 같다는 것이다. 전 세계에서
사용되고 있는 흡입마취가스가 지구온난화에 미치는 영향은 어마어마하
다. 승용차 100만 대가 이산화탄소를 배출하면서 지속적으로 운행하는
것과 같다는 것이다.

『소 방귀에 세금을?』이라는 책[26]이 있다. 내용을 보면 소 방귀에 세금을

---

25 Hina Gadani and Arun Vyas, "Anesthetic gases and global warming: Potentials, prevention and future of anesthesia", National Center for Biotechnology Information (NCBI), 2011.

26 임태훈, 『소방귀에 세금을?: 지구온난화를 둘러싼 여러 이야기』, 탐, 2013.

물려 소 사육을 줄이자는 기발한 발상이 나온다. 지구온난화에 소 방귀가 엄청나게 기여(?)하고 있기 때문이란다. 미국과 독일, 호주, 오스트리아, 영국 등 국제공동연구팀이 최근 《네이처 클라이밋 체인지Nature Climate Change》 학회지에 연구 결과를 실었다. 소 같은 반추동물이 기후변화에 미치는 영향에 대한 보고서다.[27] 지구에서 메탄을 가장 많이 배출하는 것은 산업체나 석탄, 자동차가 아니다. 소나 양 같은 반추동물이다. 이들이 1년에 방귀나 트림으로 배출하는 메탄의 양은 이산화탄소로 환산하면 2.3기가톤Gt이나 된다. 지구온난화의 18%가 메탄 때문에 발생한다. 따라서 소 방귀의 위력은 정말 대단하다고 할 수 있다.

"수십만 명 숨 막히게 하는 벽돌 가마". 2017년 9월 20일자 한국과학기자협회 홈페이지에 실린 기사 제목이다. 그 내용을 살펴보자.

"방글라데시 같은 아시아 남부 국가에서는 지금도 건물을 짓는 데 사용하는 벽돌을 만들기 위해 전통적인 방법으로 가마에서 굽고 있다. 그런데 벽돌 가마에서 내뿜는 매연은 미국 전체에서 승용차가 내뿜는 배기가스와 맞먹을 정도로 대기를 오염시킨다. 예를 들어 방글라데시에서는 벽돌 가마 한 대가 1년 동안 일산화탄소를 4만 800kg이나 배출한다. 방글라데시의 연구자들은 오염된 대기 중에 있는 미세먼지가 세계보건기구가 권장하는 수준보다 평균 90배 이상 더 많다는 사실을 밝혔다. 그 결과 천식, 폐렴 등 호흡기질환이나 심혈관질환으로 사망하는 사람만 해마다 수만~수십만 명이다."

방글라데시가 이산화탄소 배출과 미세먼지 최악의 국가인 이유 중 하

---

27 William J. Ripple et al., "Ruminants, climate change and climate policy", *Nature Climate Change*, 2014.

지구에서 메탄을 가장 많이 배출하는 것은 산업체나 석탄, 자동차가 아니다. 소나 양 같은 반추동물이다. 이들이 1년에 방귀나 트림으로 배출하는 메탄의 양은 이산화탄소로 환산하면 2.3기가톤이나 된다. 지구온난화의 18%가 메탄 때문에 발생한다. 따라서 소 방귀의 위력은 정말 대단하다고 할 수 있다.

나가 벽돌 가마인 것이다.

아시아나 아프리카의 저개발국가에서 많이 사용하는 연료인 동물 배설물에서 이산화탄소가 많이 발생한다. 예를 들어보자. 유목민들이 키우는 야크 배설물의 80%가 땔감으로 사용된다. 그런데 야크 배설물을 땔감으로 사용하지 않고 자연에 그대로 둘 경우 초원 $1m^2$당 1년에 27.77g의 탄소를 잡아두는 역할을 한다. 엄청난 온실가스와 오염물질을 배출하기에 야크 배설물이 석탄보다도 더 더러운 연료라고들 한다. 가난한 나라들은 슬프다. 깨끗한 연료를 사용할 인프라도 돈도 없다. 그러니 이산화탄소와 미세먼지를 가장 많이 배출하는 연료를 사용할 수밖에 없는 것이다.

제4장
지구온난화를 증명하기 위한 노력들

● 지구온난화를 초래하는 것이 온실가스인가

"지난 3년 지구 기온은 계속 최고기록을 경신했다. 이것은 장기적인 온난화 추세의 한 부분이다. 카리브해 일대를 강타한 허리케인, 동아프리카 가뭄 등은 그 증거이며 화석 연료 사용과 산림 파괴 등 인간에 의한 온실가스 증가가 기후변화를 초래했다."

2017년 11월 독일의 본에서 열렸던 제23차 유엔기후변화협약UNFCCC, United Nations Framework Convention on Climate Change 당사국총회(COP23)에서 페테리 탈라스Petteri Taalas 세계기상기구WMO 사무총장이 한 말이다. 그는 "온난화 추세가 단기간에 바뀔 가능성은 거의 없다. 이런 추세가 앞으로 50년 동안 이어질 것으로 전망된다"는 우울한 전망을 전했다. 그는 지구온난화가 정말이며 인류가 배출하는 이산화탄소 등이 범인이라고 말한다.

그렇다면 사람들은 기후변화를 정말 지구에 가장 위협적인 존재로 보는 것일까? 미국 민간 연구기관 퓨리서치센터Pew Research Center가 2015년 말에 세계 40개국의 4만 5,000명을 대상으로 설문조사를 했다. 무엇이 지구에 가장 위협적인 존재인가를 물었다. '기후변화'라는 응답이 46%, '국제경제불안'(42%), 수니파 무장단체 이슬람국가^{IS} 문제(41%) 등의 순서였다. 기후변화가 지구에 가장 위협적인 존재라고 지구인들은 믿고 있는 것이다.

실제로 많은 언론과 보도, 그리고 지도자들은 지구온난화의 심각성을 강하게 표현한다. "지구온난화로 지구가 끓고 있다." 지구온난화로 인한 기온 상승으로 지구가 끓어오르면서 전 세계적인 기상이변을 표현한 사진이 2017년에 《네이처》에 실렸다. 2017년 11월 11일에는 프란치스코 교황$^{Pope Francis}$이 "지구온난화와 해수면 상승은 '근시안적 인간 활동'에서 비롯된 것이다"라며 비판했다. 교황은 독일 본^{Bonn}에서 열린 제23차 유엔 기후변화협약^{UNFCCC} 당사국총회에 참석한 세계 지도자들에게 온실가스 감축을 위해 조치를 취할 것을 촉구하기도 했다.

그런데 미국 대통령 도널드 트럼프$^{Donald Trump}$는 지구온난화는 가짜라고 말한다. "지구온난화는 중국이 미국의 경쟁력을 약화시키기 위해 벌이는 사기극이다." 미국 대통령 도널드 트럼프가 선거운동 기간 SNS를 통해 밝힌 이야기다. 그는 미국의 재계를 옹호하는 백인답게 지구온난화 회의론자에 속한다. 당선되자마자 환경보호청장, 에너지부 장관, 백악관 에너지수석 등 미 행정부의 주요 요직을 기후변화 회의론자들로 채웠다.

이들이 기후변화를 부정하는 근거로 내세우는 과학자들의 논리를 보자. "기후변화 종착역은 호모 사피엔스의 눈물". 2018년 9월 21일 《시사IN》의 기사 제목이다.[28] 이 기사에서는 지구온난화로 인한 기후변화를 부정하는 과학자들 이야기가 실렸다. 내용이 너무 좋아 중간 부분을 그대로

---

28 https://www.sisain.co.kr/?mod=news&act=articleView&idxno=32807

소개해보겠다.

"인간이 지구온난화를 일으킨다는 '사실'은 오랫동안 아주 강력하게 부정되었다. 일부 과학자들은 기후변화에 지속적으로 문제를 제기했다. 펜실베이니아 주립대학 대기과학과 교수 마이클 만Michael Mann과 《워싱턴 포스트The Washington Post》 시사만평가 톰 톨스Tom Toles가 함께 쓴 『누가 왜 기후변화를 부정하는가The Madhouse Effect』, 하버드 대학 과학사 교수인 나오미 오레스케스Naomi Oreskes 등이 쓴 『의혹을 팝니다Merchants of Doubt』에 이런 과학자들의 면면이 자세히 소개되었다. 기후변화 부정론자들의 반격은 지구온난화를 방지하기 위한 교토의정서가 채택된 1990년대부터 본격화했다. 먼저 깃발을 든 이는 프레더릭 사이츠Frederick Seitz라는 물리학자다. 그는 미국 최고의 과학기관으로 평가받는 국립과학원장을 지낸 인물이다. 그는 1998년 교토의정서를 저지하기 위한 청원운동에 자신의 이름을 걸었다. 사이츠는 국립과학원이 기후변화를 부정하는 자신의 논문을 받아들인 것처럼 행동했다. 하지만 소식을 접한 국립과학원이 그의 주장을 정면 반박했다. 청원운동도 엉터리였다. 한 학술지가 서명한 과학자들을 분석한 결과 상당수가 세상을 떠났고, 심지어 텔레비전 시리즈 주인공까지 끼워넣었다. 버지니아 대학 환경과학과 교수를 지낸 프레드 싱어Fred Singer는 로저 르벨Roger Revelle이라는 동료 과학자를 팔아먹었다. 르벨은 화석연료가 온실가스 농도를 높인다는 연구를 발표하는 등 기후과학에 핵심 근거를 제공한 학자다. 학창 시절 앨 고어Al Gore에게 환경운동의 영감을 준 인물이기도 하다. 르벨이 말년에 병마와 싸우는 틈을 타 싱어는 기후변화를 부정하는 논문의 공저자에 그의 이름을 올린다. 물론 르벨 자신은 이를 알지 못했다. 뒤를 이어 수많은 기후변화 부정론자들이 나타났다. 대표적 인물이 덴마크의 통계학자인 비외른 롬보르Bjorn Lomborg다. 그가 2001년에 펴낸『회의적 환경주의자The Skeptical Environmentalist』는 커다란 화제를 불러일으켰다. 그는 삼림 면적의 변화, 멸종위기종 통계 등을 통해 지구환경이 파괴되었다는 것이 사실이 아니라고 주장했다. 당시 그의 주장은 국내 언론에서도 크게 다룰 만큼 충격적이었지만, 이후 일부 수치만을 이용해 사실을 왜곡했다는 반박에 직면했다. 예컨대 삼림 면적 통계의 경우 수종이나 수령 등을 고려하지 않고 반영했다는 것이다. 수백, 수천 년 된 아마존 열대우림과 북반구 어느 지역을 동일하게 비교할 수는 없기 때문이다. 미국 최고의 베스트셀러 작가인 마이클 크라이튼Michael Crichton도 2004년『공포의 제국State of Fear』를 출간하면서 '전쟁'에 뛰어들었다. 그는 환경운동가들을 기후 재앙을 이용해 돈을 벌려는 탐욕스러운 '장사꾼'으로 묘사했다. 이 작품에서 환경운동가들은 기후 재앙이 일어나지 않자 인공 해저 폭발로 쓰나미를 일으키려 하는 등 악행을 서슴지 않는다. 마이클 만은『누가 왜 기후변화를 부정하는가』에서 "기후변화 부정론자들은 화석연료 업계에서 후원금을 받은 수많은 기관 또는 어용단체들과 제휴를 맺고 그들로부터 돈을 받는다. 기후변화 논쟁에서 누가 어떤 역할을 맡았는지 기록해두는 것이 중요하다"라고 말했다. 기후변화 예측이 100% 완벽하지 않다고 해서 이를 근거로 그 위협을 통째로 부정하는 이들을 역사가 잊지 않도록 해야 한다는 지적이다."

기후변화를 부정하는 과학자들의 주장은 과학적인 타당성이 결여되어 있음이 많은 연구에 의해 밝혀지고 있다.

● 지구온난화가 수많은 재앙을 만들어낸다

미 국립해양대기청NOAA, National Oceanic and Atmospheric Administration과 미 항공우주

국^{NASA}은 지구 온도가 기상관측을 시작한 이래 2016년에 가장 뜨거웠다고 발표했다. 급격한 기온 상승이 남극과 북극의 빙하를 급속히 녹이고 있다는 것이다.[29] 이들은 컴퓨터 시뮬레이션에서 빙하가 사라지는 속도를 보여주어 많은 과학자들에게 충격을 안겨주었다. 그럼에도 회의론자들은 기후학자들이 지구온난화를 부풀려 과대포장하고 있다고 말한다. 기후학자들이 사용하는 기후 예측 컴퓨터 모델링은 오류가 있다는 것이다. 수많은 상수들을 어떻게 적용하고 해석하느냐는 것이다. 그러나 기후학자들은 "기후 예측이 어려운 것은 맞지만 컴퓨터 시뮬레이션이 꾸준히 개발되면서 현실에 가깝게 기후를 예측하고 있다"고 주장한다.

지구의 이산화탄소 농도가 지속적으로 증가한다고 주장하는 단체 중에 IPCC가 있다. IPCC는 이산화탄소의 지속적인 증가로 지구온난화가 심각하게 진행되고 있다고 말한다. 지구온난화로 인한 기후변화가 인류에 엄청난 영향을 준다는 것이다. IPCC는 5~7년 단위로 평가 보고서를 펴내고 있다. 새롭게 축적된 연구 결과를 토대로 보고서를 업데이트하는 것이다. 자기들의 견해가 고정된 것이 아니니 새로운 과학 증거에 따라 수정하겠다는 것이다. 지금까지 5차 보고서가 발표되었다. 각각의 보고서의 주된 내용을 보자. 1990년 1차 보고서는 "(20세기의) 관찰된 기온 상승의 상당 부분은 자연적 변동에서 비롯된 것일 수 있다"고 보았다. 1995년 2차 보고서는 "증거들을 종합 판단할 때 인간이 기후에 영향을 미친다는 것을 어느 정도 분간할 수 있다"고 인간의 역할을 지적했다. 2001년 3차 보고서는 "지난 50년간 관찰된 온난화의 대부분은 인간 활

---

29 http://www.caltech.edu/news/computer-model-shows-breakup-iceberg-logjams-54269

동에 기인한다는 것에 관한 새롭고 더 강력한 증거들이 있다"라면서 인간 활동에 대한 확신이 강해지고 있다. 2007년 4차 보고서는 "1900년대 중반 이래 지구 평균기온 증가의 대부분은 인간에 의한 온실가스 농도 상승에 기인할 가능성이 매우 높다"고 했다. 마지막으로 2013년 5차 보고서는 "인간이 배출해온 온실가스가 1900년대 중반 이래 관찰된 기온 상승의 주된 원인인 것이 거의 틀림없다"고 언급했다. 이처럼 IPCC는 '인간에 의한 온난화'에 대해 강력한 확신을 가지는 쪽으로 변해왔다. 즉, 지구온난화의 대부분은 인간 활동에 기인한다는 것이다.

"지구온난화는 단순히 빙하나 나비에 대한 이야기가 아니다. '사람'에 대한 이야기다."

2014년 IPCC 최종 보고서 저자 중 한 명인 버지니아 버케트[Virginia Berkett]의 말이다. 당시 IPCC가 밝힌 주요 내용을 보자.

"지구온난화로 해수면이 상승해 거주지를 떠나야 하는 사람이 늘어난다. 식량 생산이 감소하면서 빈곤이 심화되어 분쟁 위험성이 고조되고 있다. 기후변화가 인간의 안전보장에 영향을 미치고 있다. 20세기 말보다 기온이 3℃ 이상 올라가면 남극과 그린란드 빙하가 녹아 향후 1000년에 걸쳐 평균 해수면이 7m가량 높아질 것이다. 특히 2100년까지 약 1m가량 해수면이 상승해 수억 명의 남아시아 인구가 거주지를 잃을 수 있다. 특히 기온이 2℃ 상승하면 열대와 온대 지역에서 밀, 쌀, 옥수수 생산이 최대 25%가량 감소한다. 이로 인해 2050년까지 식량 가격이 3~84%까지 상승할 것이다. 기후변화에 따른 지하수 감소로 수자원 확보 경쟁이 격화될 것이다. 기후변화는 먼 미래의 이야기가 아니며, 이미 미국 서부의 설산에서 눈이 녹기 시작해 해당 지역의 물 공급을 위협하고 있다. 기후 난민의 증가, 식량 안보, 수자원 확보 경쟁 등으로 각국의 안보 정책에 영향이 초래되어 세계가 불안정해질 수 있다. 이전까지 발표되었던 4번의 보고서와 달리 이번 IPCC 보고서에서는 기후변화가 국제 안보를 악화시킨다는 주장이 처음으로 실렸다."[30]

"미국의 파리기후변화협정 탈퇴로 2100년까지 지구 온도가 0.5℃ 가까이 더 상승할 것이다."

이것은 2017년 11월 독일 본에서 열린 유엔기후변화협약UNFCCC 당사국총회(COP23)에서 '기후변화행동추적자CAT, Climate Action Tracker' 연구진의 발표 내용이다. 이들은 전 세계의 모든 나라가 파리기후변화협정을 준수하면 지구 온도는 산업화 이전 대비 2.8℃ 상승할 것으로 예상했다. 물론 이들의 예측은 파리기후변화협정의 억제 목표보다 높다. 파리기후변화협정은 세계 평균기온을 산업화 이전 대비 2℃ 이상, 가능하면 1.5℃ 이상 상승하지 않도록 했기 때문이다. 그런데 미국의 파리기후변화협정 탈퇴로 온도가 3.2℃까지 상승할 것이라는 거다. 미국의 버락 오바마Barack Obama 전 대통령은 온실가스 배출량을 2025년까지 2005년 대비 26~28% 감축하겠다고 2015년에 발표했다. 2017년에는 2050년까지 배출량을 80% 줄이겠다고 선언했다. 그러나 트럼프 대통령은 미국 경제에 나쁘다는 이유로 2017년 6월 파리기후변화협정 탈퇴를 선언한 것이다. 미국의 탈퇴에 안토니우 구테흐스Antonio Guterres 유엔 사무총장은 "기후변화의 재앙적인 손실이 곧 닥친다. 최전선이 무너지면 전체 군대를 잃는다"면서 미국의 시급한 대응 노력을 촉구하고 나섰을 정도다.

미국이 파리기후변화협정을 탈퇴하고 이기적인 자국중심주의 정책을

---

30 http://m.khan.co.kr/view.html?artid=201403312007131&code=970100&utm_campaign=share_btn_click&utm_source=kakaotalk&utm_medium=social_share&utm_content=mkhan_view#csidxf75662994d3dbf8bc411890bc925e50

▲ 파리기후변화협정은 2020년 만료되는 교토의정서를 대체하기 위해 2015년 11월 파리에서 열린 제21차 유엔기후변화협약 당사국총회(COP21)에서 195개국의 합의로 마련되어 발효되었다.

▼ 그러나 2017년 6월 1일 도널드 트럼프 미 대통령은 파리기후변화협정을 탈퇴할 것이라고 선언했다. 이날 백악관 로즈가든에서 그는 "오늘부터 미국은 비구속적인 파리기후변화협정의 모든 이행을 중지할 것"이라고 밝히면서 이 협정이 "다른 나라에 불공정한 이익을 주며 미국인들의 일자리를 파괴하고 있다"고 주장했다.

취할 경우 더 강한 피해를 당할 수밖에 없다. 기후변화의 최전선인 미국부터 더 큰 피해를 입게 되기 때문이다.

"기후변화로 강력한 폭풍과 홍수, 산불, 가뭄 등이 더 빈번하게 발생하고 있다. 이에 따라 미 납세자들은 매년 수십억 달러를 추가로 부담하고 있다. 기후변화로 인한 대가는 앞으로 더욱 늘어날 것이다."

2017년 10월 23일 미국 회계감사원GAO, Government Accountability Office이 밝힌 자료 내용이다.[31] 회계감사원은 지난 10년간 자연재난을 지원하기 위해 미 연방정부가 350억 달러 이상을 지출했다고 주장했다. 이 보고서에는 미 역사상 최대 피해를 기록한 것으로 확실시되는 2017년 10월의 3개 허리케인 재난 지원액은 포함되지 않았다. 그러나 회계감사원은 지구온난화로 인한 기후변화로 미 연방정부의 재난 지원 규모가 천문학적으로 늘어날 것으로 예측했다. 2050년이면 재난 지원액이 지금보다 10배 이상 늘어나 매년 350억 달러에 달할 것이라는 거다. 그럼에도 당장 눈앞의 이익만 추구하는 트럼프 미 대통령의 바보 같은 사고가 전 지구를 재난으로 이끌고 있다는 것이 안타깝다.

● 지구온난화를 증명하는 킬링 커브

이산화탄소가 증가하고 있다는 것은 지구관측소의 데이터로도 알 수 있다. 최초로 지구의 이산화탄소 농도를 관측한 사람은 화학자 찰스 D. 킬링Charles David Keeling이다. 킬링은 "남극의 이산화탄소 농도가 증가하고 있다"(1960년), "하와이 마우나 로아Mauna Loa의 이산화탄소 농도는 겨울엔

---

31 https://www.gao.gov/products/GAO-17-720

올라갔다가 여름엔 떨어진다"(1961년)는 당시에는 획기적인 발표를 했다. 그가 발표하기 전까지 사람들은 이산화탄소를 바다가 빨아들여 제거해주고 있다고 믿었다. 바다에 녹아 있던 탄소의 양이 대기 중 양의 50배나 되고 이산화탄소는 물에 아주 잘 녹기 때문이다. 그랬기 때문에 "이산화탄소가 온난화를 야기할 수 있다"는 아레니우스 등의 연구는 무시되었다. 그런데 로저 르벨이 해양의 이산화탄소 흡수 능력이 기대만큼 크지 않을 수 있다는 논문을 발표했다. 바닷물은 한 번 빨아들인 이산화탄소를 다시 뱉어낸다.[32] 르벨은 이 과정을 통해 인간이 배출한 이산화탄소의 20~40%는 대기 중에 축적된다고 주장했다. 그는 자신의 연구를 증명하기 위해 킬링에게 이산화탄소 농도 관측을 부탁한 것이다.

이산화탄소를 관측하여 킬링은 이산화탄소가 지속적으로 증가하고 있음을 증명했다. 그의 관측 결과는 '킬링 커브Keeling Curve'로 불린다. 이산화탄소 농도가 우상향 곡선을 그리는 킬링 커브는 세계 과학계에서 가장 유명한 그래프가 되었고, 지구온난화의 상징으로서 미국 국립과학아카데미NAS, National Academy of Sciences 건물 벽에 새겨졌다. 그의 연구 업적으로 인간이 화석연료를 태워 쏟아내는 이산화탄소가 대기 중에 쌓여가고 있다는 것이 증명된 것이다. 1972년 국제회의 '로마 클럽The Club of Rome'에서 "지구의 온도가 상승하고 있다"는 결과가 다시 한 번 발표되었다. 1985년 세계기상기구와 유엔환경계획은 "이산화탄소 증가에 의한 온실효과가 온난화의 원인"이라고 주장했다. 그러면서 1988년 IPCC(기후변화에 관한 정부 간 협의체)가 구성되고 이산화탄소 감축에 대한 세계적인 논의가 시작되었다. 지구온난화 문제가 더 이상 연구 영역이 아니라 경제적ㆍ

---

32 이 현상을 '르벨 효과'라고 부른다.

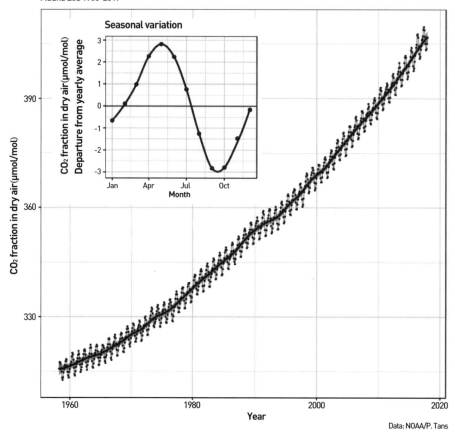

Monthly mean CO₂ concentration

Mauna Loa 1958-2017

〈하와이 마우나 로아 관측소에서 관측한 대기 중 이산화탄소 농도를 나타낸 킬링 커브〉

정치적·사회적인 부분으로 확장되기 시작했다는 말이다.

현재 이산화탄소의 대표적인 관측소는 하와이에 있는 마우나 로아 관측소^{Mauna Loa Observatory}다. 이 관측소의 킬링 커브를 보면 4~5월 최고 농도를 기록했다가 9~10월 최저 농도로 떨어진다.[33] 즉, 계절 변화를 거듭하

---

33 https://www.esrl.noaa.gov/gmd/ccgg/trends/full.html

면서 꾸준히 연간 2ppm 정도씩 상승하고 있다. 계절별 최고와 최저 농도 사이에는 5~7ppm 정도의 격차가 있다. 식물들이 여름철에는 광합성 작용으로 이산화탄소를 빨아들여 대기 중 농도가 떨어지고 겨울에는 이산화탄소를 내뿜기 때문이다. 그래서 킬링 커브는 톱니를 그리면서 오른쪽 위로 올라가는 형태다.

　마우나 로아 관측소의 이산화탄소 농도는 꾸준히 증가해왔다. 1958년 314ppm으로 측정되었던 이산화탄소 농도는 2015년에 400ppm을 돌파했다. 우리나라의 이산화탄소 증가도 상당하다. 기상청 안면도 기후변화감시소 관측 결과 2016년 이산화탄소 연평균 농도가 409.9ppm으로 2015년 대비 2.9ppm 증가한 것으로 관측되었다. 세계기상기구가 발표한 2016년 지구 이산화탄소 연평균 농도 증가분인 3.3ppm보다는 적었지만, 최근 10년 동안의 연평균 증가량(2.2ppm/yr)보다는 33% 이상 높은 수치다. 놀라운 것은 2018년 5월 관측치가 411.84ppm이었다는 것이다. 정말 너무 심각하지 않은가?

제5장
이산화탄소 증가는
진실이며 비극이다

● 이산화탄소 증가를 보여주는 증거들

이산화탄소가 증가하고 있다는 증거는 위성을 통해서도 볼 수 있다. 2017년 10월호 《사이언스》지에 우주에서 찍은 대기 중의 이산화탄소 분포도가 실렸다. 이 사진은 궤도 공전 탄소 관측 위성 OCO-2가 2015년 7월에 찍은 지구의 이산화탄소 분포다.

기후학자들은 도대체 지구에 얼마만큼의 이산화탄소가 있는지 궁금해해왔다. 지구 기후가 이산화탄소의 영향을 받는다는 것을 알기 위해서, 또 이산화탄소가 대기나 해양 등과 어떻게 상호작용하는지를 알기 위해서 관측치가 필요하다. 이산화탄소 농도는 전 세계에 설치된 147개의 지상 측정소에서 측정한 결과를 바탕으로 계산한다. 그러나 열대나 아시아 지역의 측정소는 매우 적다. 그러다 보니 전 지구의 이산화탄소 분포를 파악하기 힘들었다.

이를 해결하기 위해 NASA(미 항공우주국)는 2014년 7월 궤도 공전 탄

▲ NASA는 대기권 밖에서 전 세계의 이산화탄소 농도 변화를 측정하기 위해 2014년 7월 발사한 궤도 공전 탄소 관측 위성 OCO-2의 모습.

▼ OCO-2가 2015년 7월에 찍은 지구 이산화탄소 분포도가 실린 2017년 10월호《사이언스》표지.

소 관측 위성 OCO-2[34]를 발사했다. 대기권 밖에서 전 세계의 이산화탄소 농도 변화를 측정[35]하기 시작한 것이다. 다음은 OCO-2에서 관측된 자료를 분석한 NASA 제트추진연구팀이 발표한 자료다.

"첫째, 아프리카와 북아메리카, 동남아시아 지역에서 2011년보다 2015년에 더 많은 이산화탄소가 배출되었다. 둘째, '엘리뇨'가 발생할 경우, 초기에는 열대 태평양 지역의 이산화탄소 농도가 감소했다가 후반기에 접어들면서 점차 증가한다. 셋째, 사람이 배출한 이산화탄소 양의 70%가 도시에서 집중적으로 발생했다."

인류의 활동으로 인한 이산화탄소의 증가가 기후변화를 가져온다는 논문은 무수히 많다. 그중 최근에 가장 각광받는 세 교수의 이론을 소개하겠다. 버지니아 대학의 환경과학과 교수 출신인 윌리엄 러디먼William F. Ruddiman 교수의 이론이다. 그가 학계에서 주목을 받은 것은 '농업에 기인한 온난화 가설' 때문이다. 2005년에는 자신의 주장을 정리한 『쟁기, 전염병, 그리고 석유: 인간은 어떻게 기후를 조종해왔나Plows, Plagues, and Petroleum: How Humans Took Control of Climate』라는 책으로 최고 과학서적에 수여되는 파이 베타 카파Phi Beta Kappa 상을 수상했다. 그의 이론을 가장 잘 알아볼 수 있는 것은 2003년 《네이처 클라이밋 체인지》 학술지에 실린 논문이다. 그의 이론을 보자.

"첫째, 인류가 지구 대기 조성을 바꾸기 시작한 것은 200년 전 산업

---

34 지구 표면 위 약 705km 높이에서 돌고 있는 무게 500kg의 '궤도 공전 탄소 관측' 위성으로 대기 속 이산화탄소 농도와 분포도를 촬영한다.

35 OCO-2 위성은 지상 관측소와 달리 대기 속 이산화탄소 양을 직접 측정하지 않는다. 대기 중의 이산화탄소 분자에 반사되는 태양빛을 계산한 값(X_{CO_2})과 식물에서 광합성 후 나오는 태양빛 값(SIF)을 통해 간접적으로 농도를 계산한다.

혁명 때부터가 아니다. 이미 수천 년 전 농사를 시작하면서부터다. 인류는 8000년 전부터 화전 방식 농법으로 지구의 숲을 대규모로 파괴했다. 5000년 전쯤 본격화된 벼농사는 아시아 일대에 광범위한 인위적 습지를 만들었다. 둘째, 이러한 숲의 파괴와 논 습지의 확산은 온실가스의 상당한 배출을 야기했다. 이로 인해 지난 수천 년간 지구 기온은 대략 0.8℃ 정도 상승했다. 고위도 극지방의 경우 기온 상승치는 평균치보다 훨씬 더 큰 2℃ 정도였다. 이것이 지구 궤도 주기에 따라 시작되어야 할 빙기의 돌입을 막았다. 셋째, 지난 2000년 사이 몇 번 일시적으로 이산화탄소 농도가 5~10ppm 떨어지곤 했다. 이것은 태양 활동이 아닌 페스트 같은 전염병이 대대적으로 퍼져 사람들이 많이 죽었기 때문이었다. 사람들이 거주지를 방치하고 떠나자 농경지가 숲지로 변했다. 숲은 대기 중 이산화탄소를 빨아들여 고정시키면서 농도를 낮춘 것이다."

전염병이 휩쓸면 인구가 대폭 줄어든다. 살아남은 사람들도 흩어진다. 따라서 사람들이 가장 많이 살았던 농촌지역은 버려진다. 황폐화된 농경지가 숲으로 변하는 데는 50년이면 충분하다. 숲이 복원되면 나무들이 이산화탄소를 빨아들이면서 대기 중의 이산화탄소 농도를 떨어뜨린다. 그 후 전염병이 사라지고 사람들이 다시 경작지로 모여들면 이산화탄소 농도는 원위치로 올라간다. 역사상 이산화탄소 농도가 하락한 경우가 세 번 있었다. 첫 번째가 서기 200~600년경이다. 이 기간 중 페스트와 천연두의 유행으로 유럽과 중동 인구의 3분의 1이 사망했다. 중국에서도 1,500만 명 이상이 죽었을 것으로 추정된다. 남극에서 채취한 빙하 코어 분석으로 이 시기에 이산화탄소 농도가 281ppm에서 276ppm으로 떨어졌다는 것을 알 수 있었다. 이것은 100억 톤 정도의 탄소가 새로 만들어진 숲에 의해 흡수되었기 때문이다.

두 번째가 1347~1352년 페스트 대유행기다. 당시에도 유럽 인구 7,500만 명 중 2,500만 명 정도가 죽었고 중국 인구의 절반인 6,500만 명이 죽었다. 여기에다가 1200~1400년에 몽골족의 대대적인 세계정복 전쟁이 있었다. 이 때 죽은 사람이 2,500만~5,000만 명 정도 된다고 본다. 유럽과 중국의 인구 감소가 겹치면서 서기 1200~1400년 사이에 이산화탄소 농도는 적어도 5ppm 이상 떨어졌다.

마지막 시기가 1500~1700년의 미주 대륙 정복 시기다. 유럽인들이 전파시킨 천연두 등 병균에 의한 집단 떼죽음이 일어났다. 당시 5,500만 ~6,000만 명이 살았던 미주 대륙은 1700년까지 인구의 85~90%가 죽었다. 중국에서도 1600년대 청나라의 명나라 정복전쟁에서 2,000만 명 정도가 죽었다. 이 시기 빙하 코어 분석에서는 당시 이산화탄소 농도가 10ppm쯤 떨어진 걸로 나온다.

● 지구온난화는 진실이며 지구에 닥칠 비극이다

러디만 교수의 가설이 등장하던 때 그 유명한 용어인 '인류세'라는 조어가 만들어졌다. 이 용어를 처음으로 사용한 사람은 노벨화학상을 수상한 파울 크뤼첸[Paul J. Crutzen] 교수다. 그는 2000년에 발표한 에세이에서 "1700년대 후반 산업혁명이 시작된 이후의 지질학적 시대를 '인류세'로 부르자"고 제안했다.[36] 인간이 온실가스를 엄청나게 대기 중으로 뿜어내어 지구의 대기 조성에 미친 영향이 '너무나 뚜렷'하다는 것이다. 2006년에는

---

36 Paul J. Crutzen and Eugene F. Stoermer, "The 'Anthropocene'", International Geosphere
–Biosphere Programme(IGBP), 2000.

"온실가스 배출을 줄이려는 이제까지의 노력이 거둔 성과가 너무 미미하다. 따라서 지구온난화가 통제 불능한 상황으로 치달을 경우에 대비해야한다. 즉, 과감한 위기 대응 계획의 출구 전략을 검토해야 하는 단계에 이르렀다"는 주장을 하기도 했다.

세 번째로 지구온난화가 인류의 역할이라고 주장하는 교수가 포츠담 기후영향연구소[PIK, Potsdam-Institut für Klimafolgenforschung]의 가노폴스키[A. Ganopolski] 박사다. 2016년 1월 14일자 《네이처》지의 인터넷판에 논문을 실었다. 제목은 "과거·미래의 빙기 도래를 가능케 하는 태양 입사량-이산화탄소의 임계점"이다.[37] 주요 내용을 보자.

"첫째, 현재의 북반구 여름철 고위도 태양 입사량이 거의 최저 수준이다. 둘째, 이럴 경우 빙하기로 가야 하는데 아직 빙기로 들어가는 조짐조차 보이지 않고 있다. 셋째, 어떤 이유로 산업혁명 직전까지 이미 온실가스 농도가 상당 수준 높아져 있었기 때문에 이런 현상이 발생한다. 넷째, 따라서 산업혁명 이후의 온실가스 배출이 없었더라도 지구의 다음번 빙기는 5만 년 뒤에나 찾아오게 되어 있었다. 다섯째, 산업혁명 이후 진행된 온실가스 배출로 앞으로 10만 년은 빙기가 도래하지 않을 것이다."

가노폴스키 교수는 인류가 산업혁명 이후 화석연료를 태우면서 배출한 이산화탄소의 누적량이 '탄소 중량 기준'으로 5,000억 톤, 1조 톤, 1조 5,000억 톤에 달했을 경우의 세 가지 시나리오를 상정했다. 산업혁명 이후 지금까지 인류가 배출한 이산화탄소의 양은 탄소 중량 기준으로 5,450억 톤이다. 따라서 5,000억 톤 시나리오는 인류가 지금부터는 더

---

37 A. Ganopolski, R. Winkelmann and H. J. Schellnhuber, "Critical insolation$-CO_2$ relation for diagnosing past and future glacial inception", *Nature*, 2016.

이상 화석연료를 사용하지 않는 상황이다. 1조 톤과 1조 5,000억 톤은 얼마만큼 절제하느냐의 상태로 가능성 높은 시나리오다. 산업혁명 후 배출된 5,450억 톤 중 2,400억 톤이 공기 중에 남았다. 이로 인해 이산화탄소 농도가 280ppm에서 400ppm으로 상승했다. 만약 1조 톤이 배출되는 경우 대기 중 농도는 대략 500ppm대 초반, 1조 5,000억 톤이 배출되면 600ppm 언저리가 될 것으로 추정했다. 정말 심각하지 않은가?

● 기후변화에 대비하는 것이 지혜다

기후변화는 단순한 문제가 아니다. 인류의 역사에서 지금까지 한 번도 없었던 특이한 문제다.[38] 즉, 인류의 역사에서 세계대전 같은 엄청난 사건에서도 당사국에 속하지 않으면 아무런 피해가 없었다. 복잡한 정치, 민감한 문화, 어려운 사회 문제도 해당 나라나 지역을 벗어나면 나와는 아무 상관도 없었다. 그러나 기후변화는 아니다. 가장 강한 강대국부터 약소국까지, 부자부터 가난한 사람까지 모두 이해 당사자가 되고 영향을 받는다. 어느 문화나 문명권에 속해 있든 삶을 사는 것만으로 기후 문제에 자기도 모르게 참여하고 있는 것이다. 인류가 만들어낸 기후변화 문제에 대한 책임은 살아 있는 모든 생명이 함께 짊어져야 하는 것이다.

기후변화에 대비하기 위해서는 지금부터 시작해야 한다. 내일 시작하면 그만큼 더 큰 위험을 각오해야 한다. 독일 킬 대학Kiel University 라이프니츠 해양과학연구소Leibniz Institute of Marine Sciences의 모입 라티프Mojib Latif 교수는 기후변화 대응을 거대 유조선의 항로 변경에 비유한다. 모터보트라면 눈

---

38 MBC·CCTV, 『AD 2100 기후의 반격』, 엠비씨씨앤아이, 2017.

앞 장애물이 나타날 때마다 순간적으로 방향을 바꾸는 것이 가능하다. 그러나 유조선은 항로를 바꾼다는 것이 매우 어렵다. 미래에 무엇이 나타날 것이라는 예측이 전제가 된다. 유조선처럼 지구 시스템은 반응 속도가 매우 느리다. 그래서 기후변화에 대한 대응도 먼 미래를 내다보면서 미리 대비해야 하는 것이다.

수학자이자 철학자인 블레즈 파스칼Blaise Pascal, 1623-1662은 하나님을 믿는 일이 훨씬 더 이익이라고 말한다. 파스칼은 하나님의 존재를 놓고 어느 한쪽 선택을 할 경우의 득실을 따져보라고 말한다. 만일 하나님이 존재한다는 쪽에 내기를 걸었다고 하자. 파스칼은 이 내기에서 이기게 되면 당신은 모든 것을 딴다고 말한다. 그런데 내기에 지게 될 경우에는 아무것도 잃지 않는다고 말한다. 무슨 이야기인가 하면 하나님을 믿기로 했는데 실제로는 하나님이 없다고 해도 "당신은 신자가 되고, 교양 있고 겸손하고 감사할 줄 아는 사람 좋은 친구가 될 것"이라는 거다. 반대로 하나님의 존재하지 않는 쪽에 내기를 걸었을 경우는 전혀 다르다. 하나님이 존재하지 않는다고 해서 별로 얻는 것은 없지만 반대로 하나님이 실제로 존재할 경우는 엄청난 손해다. 따라서 하나님의 존재에 대한 증명이 이뤄지지 않았다고 해도 하나님이 있다고 믿고 행동하는 것이 훨씬 더 지혜롭다는 것이다.

지구온난화의 경우가 이와 비슷하다. 온난화가 사실이 아닌데도 사실일 걸로 믿고 대책을 세웠을 때의 손실은 매우 적다. 그러나 온난화가 사실인데도 사실이 아니라고 여기고 대응을 하지 않았다가 재앙을 만나는 경우 이 손실은 엄청나다. 그래서 기후변화 대응 노력들은 꼭 기후변화가 발생하지 않더라도 인류에 큰 도움이 되는 것이다. 스마트 그리드smart grid(전기의 생산, 운반, 소비 과정에 정보통신기술을 접목하여 공급자와 소비자가 서로 상호작용함으로써 효율성을 높인 지능형 전력망 시스템), 신재생에너지, 수소자동차 등의 기술은 미리 대응하는 기술이면서 인류의 삶에 획기적인 도움이 되는 것들이다. 기후변화에 대한 투자는 에너지 안보, 공해방지, 화석연료 고갈 대비를 위해서라도 어차피 필요한 일이다. 앞으로 수십 년 기후변화를 방지하기 위한 투자를 해나가는 것이 지혜롭다.

제2부
기록적인 기온 상승이
가져오는 재앙

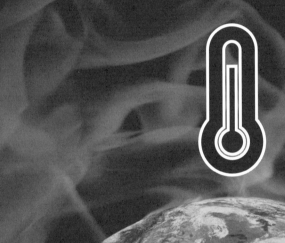

제1장
살인적인 폭염이 다가온다

● 전 세계를 집어삼킨 2018년의 폭염

2018년 여름은 강렬한 태양빛이 대한민국을 삼켰다. 114년 만에 더위에 관한 모든 기상관측기록을 뛰어넘었다. 최고기온 41℃를 기록한 곳이 여섯 곳이나 되었다. 열대지방에서나 있을 법한 일이 벌어진 것이다. 폭염 지속 일수와 열대야 지속 일수도 최장 기록을 세웠다. 온열질환으로 4,000여 명이 쓰러졌다. 한마디로 견디기 힘든 살인적인 폭염이었다.

2018년 시작과 동시에 남반구의 호주로부터 기쁜 소식이 날아왔다. 우리나라 테니스의 희망인 정현 선수가 메이저대회인 호주 오픈에서 4강에 올라간 것이다. 세계 정상인 조코비치를 꺾고 올라간 것이라 기쁨이 더했다. 그런데 이때 호주는 79년 만의 폭염이 닥쳐오면서 호주 오픈은 '프라이팬 오픈'이라는 닉네임을 얻었다. 정현 선수도 무려 39℃의 극심한 폭염 가운데 경기를 치렀다. 47℃가 넘으면서 박쥐 수천 마리가 떼죽음을 당했고, 선수 안전을 위해 경기가 중단되기도 했다. 그때 든 생각은 2018년에는 엄청난 폭염이 지구촌에 닥칠 것이라는 것이었다.

2018년의 기온 통계는 아직 나오지 않아서 얼마만큼 더웠는지에 대한 비교는 어렵다. 그러나 미국과 캐나다, 유럽의 최악의 폭염과 대형 산불, 중동과 북아프리카를 강타한 극심한 가뭄과 폭염, 일본과 한반도를 달군 열돔 현상에 의한 기록적인 폭염은 사상 최악이 아니었을까 싶을 정도로 대단했다.

이상폭염이 계속되면서 기상전문가인 필자는 TV방송 출연과 폭염에 관한 특강 요청을 많이 받았다. TV방송 진행자들과 특강을 들은 사람들로부터 가장 많이 받은 질문은 "지구온난화로 전 지구 평균기온이 겨우 1℃ 상승했는데 왜 이렇게 난리가 나는 겁니까?"였다. 사람들은 일상 속의 기온 1℃와 지구 평균기온 1℃의 차이를 잘 모른다. 일상의 기온 1℃ 변화는 그야말로 아무것도 아닐지 모르지만, 지구 평균기온 1℃ 변화는 그야말로 어마어마한 일들을 초래한다.

● 1℃ 상승이 우습다고?

IPCC 예측에 따른 지구 평균기온 1℃ 상승 시 나타나는 현상을 살펴보자.

"안데스 산맥의 빙하가 녹기 시작해서 인근 국가의 5,000만 명이 물 부족에 시달린다. 기온 상승으로 인해 매년 30만 명이 말라리아 등의 질병으로 더욱 많이 사망하게 된다. 영구 동토층이 녹아 러시아, 캐나다의 건물과 도로가 손상된다. 북극에 남아 있던 일부 얼음마저 완전히 사라지게 된다. 전 세계에 있는 대부분의 산호들이 죽거나 멸종하게 된다. 지구 생물의 약 10%가 평균기온 상승으로 인해 멸종 위기에 처하게 된다."

지구 역사에서 지구 평균기온이 1℃ 변화한 적이 있었다. 1815년 탐보라Tambora 화산이 폭발하면서 화산재가 성층권까지 올라갔다. 화산재는 3년 동안 북반구 상공에 머물면서 태양빛 차단효과인 우산효과를 가져왔다. 지구의 기온이 떨어지면서 북반구는 3년 동안 엄청난 재해를 입었다. 북반구는 여름이 사라져 미국 뉴욕은 여름인데도 눈이 내리고 추웠다. 식량 생산이 줄어들면서 영국, 프랑스 등 유럽 각국에는 폭동이 잇따랐다. 세계 최초의 금융공황이 발생했다. 발진티푸스 등 전염병이 창궐했다. 지구 평균기온이 겨우 1℃ 떨어졌는데 전 세계가 극심한 몸살을 앓은 것이다.

2015년 12월 체결된 파리기후변화협정은 지구 평균기온 2℃ 상승 억제를 목표로, 그리고 1.5℃ 상승 억제를 권고사항으로 의결했다. 그렇다면 지구 평균기온이 2℃ 상승하면 어떤 변화가 나타날까?

"남아프리카, 지중해 인근 국가들의 물 공급량이 20~30% 정도 감소한다. 열대지역(아프리카 5~10%) 농작물의 생산이 크게 감소하면서 5억 명이 굶주림에 시달리게 된다. 전 세계의 6,000만 명 이상이 말라리아에 노출된다. 지구의 심장이라 불리는 아마존이 사막화되기 시작한다. 그린란드와 남극의 서쪽에 위치한 빙산이 빠르게 녹기 시작한다."

독자들은 어느 정도 피해가 발생할지 이 정도의 말로는 상상이 되지 않을 것이다. 앞의 항목 하나하나가 큰 영향이 아닌 것 같아 보여도 엄청난 경제·사회·정치적 문제가 발생할 정도로 지구 평균기온 1~2℃ 상승은 정말 심각한 일들을 초래한다. 일단 그런 일이 발생하면 해결하기가 쉽지 않기 때문에 전 세계가 지구 평균기온 상승을 억제하기 위해 어떤 일을 해야 할지 진지하게 고민하고 행동해야 한다.

우리는 지구 기온이 천천히 상승했으면 하고 바란다. 그러나 예상보다 더 빨리 지구 기온이 상승하고 있다. 문제는 지구 기온 상승이 인류의 활동으로 인해 더욱더 빠르게 진행되고 있다는 것이다. 독일 포츠담기후영향연구소[PIK]와 덴마크 코펜하겐 대학, 호주국립대 연구진은 2018년 8월 국제학술지《미국국립과학원회보[PNAS, Proceedings of the National Academy of Sciences]》에 논문을 발표했다.[1] 지구 평균기온이 2℃ 이상 상승하면, 이산화탄소 배출량을 대폭 줄이더라도 인류가 '온실 지구'를 통제하는 것이 불가능하다는 것이다. 인류의 노력과는 상관없이 '핫 하우스[hot house][2] 상태의 지구가 된다는 것이다. 연구팀은 "2018년 전 세계적으로 발생하고 있는 폭염은 지구가 핫 하우스로 향할 수 있다는 위험을 알리는 신호다"라고 말한다.

2018년은 폭염으로 인한 대형 산불이 그 어느 해보다 많이 발생했다. 그러다 보니 이젠 이런 기상이변이 일상화되는 '온실 지구'가 초래될 수 있다는 연구 결과가 나오고 있다. 2018년 8월 8일《헤럴드경제》보도 내용이다.[3]

"미국 CNN방송은 '미국과 유럽이 기후변화로 인한 산불로 어려움을 겪고 있다'면서 '지구 평균기온이 2℃ 이상 상승하면, 온실가스 배출을 줄이더라도 고온 현상과 해수면 상승이 나타나는 '온난기[Warm Period]'에 진입할 것이라는 연구 결과가 나왔다'고 보도했다."

앞의 논문과 마찬가지로 지구 평균기온이 2℃ 이상 상승하면, 인류가 이산화탄소 배출량을 줄이더라도 온난기에 진입할 것이라는 거다.

---

1 Will Steffen, Johan Rockström et al., "Trajectories of the Earth System in the Anthropocene", *Proceedings of the National Academy of Sciences of the United States of America(PNAS)*, 2018.

2 핫 하우스는 기존의 '그린 하우스(green house: 온실)'와는 다른 개념이다. 온실가스로 지구 기온이 산업화 이전보다 2℃ 정도 상승하는 상황이 그린 하우스였다면 핫 하우스 상태는 4~5℃ 올라가는 단계다.

3 http://news.heraldcorp.com/view.php?ud=20180808000396

● 앞으로 5년간은 이상폭염이 닥칠 것이다

그런데 여기에서 한 술 더 뜬 논문도 나왔다. 2018년 8월 14일, 프랑스 국립과학연구센터와 영국 사우샘프턴 대학의 공동 연구진의 연구 논문이 학술지《네이처 커뮤니케이션스$^{Nature\ Communications}$》에 실렸다.[4] 이들은 2018년부터 2022년까지는 비정상적으로 더운 해가 될 것이라고 예상했다. 올해(2018년) 너무 더운 폭염이 시작되었기 때문만은 아닐 것이다. 2018년 8월 14일에 연구 논문을 발표하기까지 최소한 1~2년 이상 연구를 했을 터이니 그들이 이런 예상을 한 것이 그저 놀라울 따름이다. 그러면 2023년부터는 시원해지는 거냐고 묻지는 마라. 지구온난화로 인해 지구 기온 상승은 지속적으로 이루어지고 있다. 다만 이들은 2022년까지 우리가 상상하기 힘든 이상폭염이 전 세계를 강타할 것이라고 내다본 것뿐이다.

필자가 상상하기 힘든 폭염이라는 말을 사용하면 어느 정도인지 궁금할 것이다. 뉴욕 주립대의 나심 탈레브 교수는 블랙 스완이라는 용어를 사용해 기후변화를 설명한다. 블랙 스완은 검은 백조다. 백조는 흰색으로 검은 백조는 없다. 그런데 단 한 번 18세기에 검은 백조가 나타난 적이 있다. 그 누구도 상상할 수 없는 일이었다. 탈레브 교수는 블랙 스완이라는 용어를 기후변화에 사용했다. 확률은 매우 낮지만 기후변화가 블랙 스완 같은 현상으로 나타날 것이라고 말이다. 인류가 경험해보지도, 보지도 못한 최악의 기상현상이 발생할 것이라고 말이다.

---

4 Florian Sévellec and Sybren S. Drijfhout, "A novel probabilistic forecast system predicting anomalously warm 2018–2022 reinforcing the long-term global warming trend", *Nature Communications*, 2018.

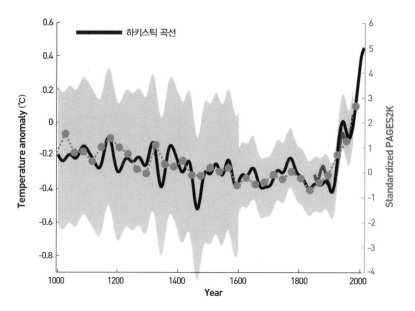

〈지난 1000년간 지구 기온 상승 추이를 나타낸 하키스틱 그래프〉

지난 1000년간의 지구 기온 상승 추이를 나타낸 '하키스틱 그래프'로 유명한 마이클 만 펜실베이니아 주립대 대기과학과 교수는 2018년 7월 27일 영국 《가디언》과의 인터뷰에서 "우리는 실시간으로 지구온난화가 불러온 충격을 목도하고 있으며, 올여름 전 세계를 덮친 폭염과 산불은 그 완벽한 예"라고 말했다.

NASA는 2016년은 지구관측사상 가장 무더운 해였다고 발표했다. 그런데 2017년에도 전 세계는 폭염에 시달렸다. 2018년 초 NASA는 2017년 지구 기온이 평년(1951~1980년)보다 0.9℃ 높아 역대 2위를 기록했다고 발표했다.

2018년 상상을 넘어선 폭염이 전 세계를 덮치자, 이젠 누구도 기후변화를 부정해서는 안 된다고 말한다. 지난 1000년간의 지구 기온 상승 추이를 나타낸 '하키스틱 그래프hockey stick graph [5]'을 만든 마이클 만 펜실베이니아 주립대 대기과학과 교수는 8월 17일 영국 《가디언The Guardian》과의 인터뷰에서 "우리는 실시간으로 지구온난화가 불러온 충격을 목도하고 있으며, 올여름 전 세계를 덮친 폭염과 산불은 그 완벽한 예"라고 말했다. 전 세계는 지구온난화로 인해 제어할 수 없는 폭염의 열차를 타고 있다는 거다.

그러나 일찍 포기하지는 말자. 지금이라도 이산화탄소 등 온실가스를 줄이려는 노력이 필요하다. NASA의 기후과학자인 제임스 한센James Hansen은 "우리는 젊은 세대가 감당하기 어려운 상황으로 몰고 있다"고 말한다. 한센 박사는 전 세계가 온실가스를 충분히 빠른 속도로 감축하지 않는다고 주장한다, 이로 인해 우리의 예상 이상으로 지구 기후가 심각하게 변해가고 있다고 말한다. 온실가스를 축하지 않는다면 금세기 말에는 정말 우리가 상상할 수 없는 블랙 스완과도 같은 재앙적인 기후변화가 있을 것이라고 말이다. 세계는 제어 안 되는 폭염의 급행열차를 타고 있다는 것을 우리 모두 깨달았으면 좋겠다.

---

5 기후학자인 마이클 만 등이 1999년 발표한 논문에 실린 그래프로, 그래프의 끝부분이 하키 스틱의 날과 같은 모양이라며 '하키 스틱 곡선(hockey stick curve)'으로 부르면서 널리 사용하게 되었다. 이 그래프는 지난 150여 년간 지구 평균기온이 급격하게 오르고 있음을 시각적으로 잘 보여준다. 그 급격한 변화 구간이 산업화 시기와 겹치기 때문에 지구온난화 현상이 인간에 의한 것이라는 점도 담고 있다.

제2장
살인적인 폭염이
사람들을 죽음으로 몰고 간다

2018년 여름은 가혹했다. 폭염 속 뜨겁게 달아오른 철근을 다루던 건설 노동자와 땡볕에서 잡초를 뽑던 농민, 그리고 고령자가 속절없이 쓰러졌고, 농작물과 가축의 피해가 속출했으며, 고수온에 산소 부족으로 바닷속 물고기는 물 위로 배를 드러낸 채 집단 폐사했다. 콘크리트가 머금은 열기로 열섬이 된 도시는 밤에도 쉽사리 기온이 떨어지지 않았다. 이런 열대야로 인해 숙면을 취하지 못하면서 피로를 호소하는 사람들이 급증했다. 특히 고령자와 어린이는 폭염에 취약하다. 폭염이 지속되면 온열질환자가 늘어난다. 2018년 한반도를 덮친 재난급 폭염으로 우리나라도 온열질환자가 급증했다.

● 폭염은 엄청난 사망자를 부른다

스위스 연구진은 지구온난화로 기온이 올라가면 올라갈수록 기록적인 폭염은 폭발적으로 늘어난다고 본다. 지구 평균기온이 1.5℃ 상승할 경우 기록적인 폭염의 횟수는 1880년대 중반에 비해 12배 정도나 급증한다. 기온이 2℃ 올라가면 기록적인 폭염의 횟수는 25배나 급증할 것으로 예상되었다. 지구 평균기온이 겨우 0.5℃ 더 올라갈 때 기록적인 폭염 발생 횟수는 배 이상 급격하게 증가한다는 것이다.

2018년 7월 영국 사우샘프턴 대학University of Southampton 연구팀은 지구온난화가 진행될 경우 21세기 중반에는 지구가 초기 에오세Eocene epoch 때와 같은 기후가 될 가능성이 크다고 주장했다. 에오세는 신생대 제3기를 5개로 구분할 때 그 두 번째에 해당하는 시기로서 지금으로부터 약 5000만년 전에 매우 더웠던 시기다. 당시 지구에는 북극 지역에도 야자나무와 악어가 서식했다. 신생대에서는 가장 고온인 시기로서 산림이 번성해 지금 캐내는 석탄이 많이 만들어진 시기이기도 하다.

폭염은 사람들을 죽음으로 몰고 간다. 2017년 7월 미국 하와이 대학University of Hawaii 카밀로 모라Camilo Mora 교수팀은 죽음에 이르는 폭염 노출에 관한 논문을 발표했다. 과학 학술지《네이처 클라이밋 체인지》에 실린 "치명적 열의 글로벌 위험Global risk of deadly heat"[6]이 바로 그것이다. 연구팀은 "현재 전 세계 인구 중 30%가 1년에 20일 이상 죽음에 이를 수 있는 폭염에 노출되어 있다. 온실가스 저감이 이루어지지 않을 경우 2100년에는 이 비율이 74%까지 상승할 것이다"라고 주장한다. 지구온난화를 방치할 경우 죽음에 이를 수 있는 폭염에 점점 더 많이 노출된다는 것이다.

2003년 유럽을 강타한 폭염으로 7만 5,000명이 사망했다. 2011년의 러시아 폭염으로 5만 명이 죽었다. 그리고 2016년 여름 폭염으로 중국,

---

6 Camilo Mora, Bénédicte Dousset et al., "Global risk of deadly heat", *Nature Climate Change*, 2017.

인도, 중동, 미국 등에서 사망자가 2만 명이 넘었다. 2018년 집계는 아직 나오지 않았지만 2016년보다 폭염으로 인한 사망자가 더 많을 것으로 예상된다. 각국의 폭염대책과 의료기술의 발전에도 폭염으로 인한 온열질환 사망자는 계속 증가하고 있는 것이다.

그럼 지구온난화로 인한 기후변화가 진행될 경우 앞으로 우리나라의 폭염 사망자는 얼마나 늘어날까? 국립재난안전연구원이 최근 우리나라 미래 폭염 사망자에 대한 연구 결과를 유명 저널에 발표했다(Kim et al., 2016). 지구온난화로 인한 기후변화가 진행되는 가운데 고령화가 급속하게 진행될 경우 미래에 폭염으로 인한 사망자가 어느 정도나 더 늘어날 것인지 전망한 연구다. 연구팀은 온실가스 저감 정책을 상당히 실현하는 경우(RCP4.5)와 온실가스 배출량을 줄이지 않고 지금처럼 계속해서 배출할 경우(RCP8.5) 각각에 대해 구분해 연구했다. 연구 결과, 2060년까지 온실가스 저감 정책을 상당히 실현하더라도(RCP 4.5) 폭염 최대 연속 일수는 현재보다 1.7배나 늘어난다. 저감 없이 온실가스를 지금처럼 계속해서 배출할 경우(RCP 8.5) 폭염 최대 연속 일수는 현재보다 2.5배나 길어진다는 것이다.

통계청 자료에 의하면, 매년 사망하는 온열질환자 수는 23명 정도다. 그런데 2050년대에는 온실가스를 상당히 감축하더라도 폭염으로 인한 사망자가 현재의 5배인 평균 115명, 온실가스를 그대로 배출할 경우는 현재의 7.2배인 평균 165명이 매년 폭염으로 사망한다는 것이다.

이 연구에서는 2050년경에는 250명 이상의 사망자가 발생할 것으로 보고 있다. 의료기술과 냉동기술이 발전하는 미래에 11배나 많은 사망자가 발생하는 폭염이라면 정말 엄청난 것 아닐까? 여기에 사람들의 생산성에 영향을 미치는 열대야도 늘어난다. 기상청은 10대 주요 도시 전국 연평균 열대야 수는 1994년 기준으로 이전 20년에 비해 이후 20년에 50%가량 증가했다고 밝혔다.

2018년 8월 7일《미국국립과학원회보》에 16명의 과학자가 공동발표한 논문이 실렸다. 제목은 "인류세 시대의 지구 시스템 궤도Trajectories of the Earth System in the Anthropocene"다.[7] 18개국 공동연구진은 2031~2080년 폭염 초과사망률이 지역별로 최고 20배에 이를 것이라는 전망을 내놨다.

그리고 2018년 8월 초 미국 매사추세츠공과대MIT, Massachusetts Institute of Technology 기후과학과 교수 연구팀은 "50년 후 중국에서 인구밀도가 가장 높은 '베이징, 허베이, 텐진, 네이멍구 자치구(이하 화북평원)'에 사람이 생존할 수 없는 치명적인 폭염이 닥칠 것"이라는 비극적인 연구 결과를 발표했다.[8] 이들은 지구온난화의 주범인 온실가스가 앞으로 크게 감소하지 않으면 기후변화로 인한 문제가 속출할 것이라고 경고했다. 중국의 수도인 베이징을 포함한 화북평원의 인구는 약 4억 명이다. 연구팀은 4억 명에 이르는 사람이 치명적 폭염으로 생명에 지장을 받게 될 것이라고 보았다. 지금의 폭염은 그야말로 맛보기에 지나지 않다는 것이다.

임은순 홍콩 과기대 교수와 제레미 S. 팔Jeremy S. Pal 미국 로욜라 메리마운트 대학Loyola Marymount University 교수, 엘파티 A. B. 엘타히르Elfatih A. B. Eltahir 미국 매사추세츠공과대학 교수는 2017년 학술지《사이언스 어드밴스Science Advances》에 "기후변화에 적극 대응해 온실가스를 줄이지 못하면 인도,

7 Will Steffen, Johan Rockström et al., "Trajectories of the Earth System in the Anthropocene", *Proceedings of the National Academy of Sciences of the United States of America(PNAS)*, 2018.

8 Suchul Kang and Elfatih A. B. Eltahir, "North China Plain threatened by deadly heat waves due to climate change and irrigation", *Nature Communications*, 2018.

파키스탄, 방글라데시 등 15억 명 이상이 사는 남아시아 지역에 사람이 살 수 없을 정도의 습한 폭염이 발생할 것"이라는 논문을 발표했다.[9] 인간이 온도뿐만 아니라 습도에도 민감하기 때문에 연구팀은 온도와 습도의 영향을 동시에 고려한 습구온도wet-bulb temperature(Tw)[10]를 기준을 삼았다. 습구온도가 31℃만 넘어도 인체에 위험하다. 연구팀은 인도, 파키스탄 등 남아시아는 인도 몬순과 관개농업의 영향으로 기후변화에 따른 습구온도가 세기말 치명적인 수준까지 상승할 것으로 예측했다. 그런데 실제로 2015년에 페르시아 만 지역에서 습구온도 31℃를 넘은 적이 있고 그해 인도에서는 열사병 등으로 3,500명이 사망했다는 것이다. 연구팀은 인류가 온실가스를 현재 증가 수준으로 계속 배출하면 세기말에 남아시아 인구의 최대 4%가 35℃가 넘는 습구온도를 겪게 된다고 예측하고, 이 경우 남아시아 인구 30%는 연중 하루 최고 습구온도 평균이 31℃인 환경에서 살게 된다고 덧붙였다.

이들은 각국이 만약 2015년 파리기후변화협정에서 합의한 것처럼 장래 기온 상승을 2℃ 이하로 억제하게 되면 연중 하루 최고 습구온도가 31℃인 환경에서 살게 될 남아시아 인구는 2%로 줄어들 것으로 전망했다.

논문의 저자 중 한 명인 엘파티 A. B. 엘타히르Elfatih A. B. Eltahir 미국 매사추세츠공과대학 교수는 BBC 방송과의 인터뷰에서 "인도를 보면 기후변화는 추상적 개념에 그치는 것이 아니라 가장 취약한 사람들에게 치명적인 영향을 미친다"면서 "하지만 이는 피할 수 있고 막을 수 있다"고 말했다.

---

9 Eun-Soon Im, Jeremy S. Pal, Elfatih A. B. Eltahir, "Deadly heatwaves projected in the densely populated agricultural regions of South Asia", *Science Advances*, 2017.

10 습구온도란 온도계 측정부를 물에 축인 헝겊으로 감싸 측정한 온도다.

● 우리나라의 기온 상승은 엄청나다

2018년 여름 극심한 폭염과 집중호우가 한반도를 강타했다. TV방송에 출연하면 사회자들이 우리나라가 아열대기후로 변해가기 때문이 아니냐고 묻는다. 그렇다. 우리나라는 빨리 아열대기후로 변해가고 있다. 예전에는 쾨펜^{Wladimir Peter Köppen}의 기후 구분을 많이 사용했지만, 지금은 미국의 지리학자 글렌 트레와다^{Glenn T. Trewartha}의 구분법을 사용한다. 트레와다의 기후 구분에서 아열대기후는 평균기온이 10℃가 넘는 달이 1년 중 8개월을 넘을 경우로 정의한다. 그렇다면 우리나라의 제주와 남부 지역은 이미 아열대기후구에 속한다. 11월에도 평균기온이 10℃를 넘어서면서 8개월 기준을 넘어섰기 때문이다.

2018년 7월에 권원태 기후변화학회 명예회장은 《동아일보》와의 인터뷰에서 "폭염이 계속되는 가운데 앞으로 초·늦여름인 5월이나 9월에도 40℃를 넘는 '폭염 폭탄'이 빈번히 한반도를 강타할 것이다"라고 경고했다. 권 박사는 "지구온난화로 한반도의 여름은 앞으로 5월 초부터 시작될 것"이라며 "현재 수준으로 온실가스를 배출한다면 폭염이 5, 9월에도 자주 발생할 수 있다"고 예측했다. 이미 우리나라는 폭염 일수가 급격히 증가하고 있다. 기상청과 국립재난안전연구원 연구[11]에 따르면 한반도 폭염은 점점 강해질 것으로 본다. 2050년에는 폭염 일수가 최대 50일, 폭염 연속 일수가 무려 20.3일 이상 발생할 것이라는 거다. 최근 10년간 연평균 폭염 일수가 10일, 폭염 연속 일수는 5일 내외였던 것에 비하면 4배 이상 많은 수치다.

---

11 기상청·국립재난안전연구원, '한반도 폭염일수 변화에 관한 연구', 기상청, 2017.

우리나라의 폭염에 관한 연구는 2018년 이전에도 지속적으로 이루어졌다. 기후변화 연구자 단체인 클라이밋 센트럴Climate Central이 세계기상기구와 공동으로 2017년 7월에 연구를 했다.[12] 지구온난화에 대한 경각심을 높이기 위해서다. 세계의 주요 도시가 미래에 얼마나 더 뜨거워질지 예측한 것이다. 서울은 어땠을까? 탄소 배출량을 줄이지 못할 경우 세기말에 서울(26.6℃)의 여름은 베트남의 항구도시 하이퐁Haiphong(32.4℃)과 비슷해진다고 보았다. 하이퐁의 위도는 북위 20.5도로 열대기후 지대에 속한다. 온실가스를 적정 감축할 경우에는 중국 충칭重慶(30.2℃)의 여름과 비슷해진다. 충칭은 북위 29.3도로 아열대기후 지역이다. 그러니까 온실가스 배출을 줄이지 못한다면 열대기후로 바뀌면서 연중 폭염이 일상화된다는 것이다. 심각한 기후변화에 대한 경고는 우리나라에도 해당되는데, 2050년에는 전국 76.5% 지역의 폭염 위험이 배로 증가한다고 한다.

2016년에도 한국환경정책평가연구원은 기후변화의 심각성에 대해 경고했었다. 이 연구는 기후변화 예산이 현 수준으로 유지된다면 우리나라 기후변화가 심각할 것이라는 거다. 연평균 9조 원인 기후변화 대응 예산이 그대로 유지될 때 2040년 기후변화를 관리하지 못하는 '장벽'에 도달한다고 보았다. 이산화탄소 배출이 현 추세로 유지된다고 가정한 온실가스 시나리오 RCP 8.5를 적용했었다. 이럴 경우 2050년대 전국의 75%, 37.8%가 각각 폭염, 폭우 위험이 배 이상 심화된다는 것이다.

이렇게 폭염이 심해지면 우리나라는 어떤 영향을 받을까? 경제적인 손실과 인명피해가 증가할 것이다. "우리나라 폭염으로 2030년대 GDP(국내총생산) 1조 원 손실 가능"《아주경제》의 2018년 7월 23일자 기사를

---

12 http://www.hani.co.kr/arti/society/environment/802873.html

2018년 7월에 권원태 기후변화학회 명예회장은 《동아일보》와의 인터뷰에서 "폭염이 계속되는 가운데 앞으로 초·늦여름인 5월이나 9월에도 40℃를 넘는 '폭염 폭탄'이 빈번히 한반도를 강타할 것이다"라고 경고했다. 권 박사는 "지구온난화로 한반도의 여름은 앞으로 5월 초부터 시작될 것"이라며 "현재 수준으로 온실가스를 배출한다면 폭염이 5, 9월에도 자주 발생할 수 있다"고 예측했다. 우리나라가 기후변화에 따른 폭염으로 인해 2030년대에는 매년 10억 달러(약 1조 1,100억 원) 정도의 GDP 손실을 낳을 수 있다는 연구 결과도 나왔다. 또 지구온난화를 막기 위한 온실가스 감축에 실패할 경우. 폭염에 따른 경제 손실이 천문학적으로 커질 것이라는 우려도 나온다. 기온 상승이 노동생산성과 농업 생산. 건강에 나쁜 영향을 미치기 때문이다.

보자.

"우리나라가 기후변화에 따른 폭염으로 인해 2030년대에는 매년 10억 달러(약 1조 1,100억 원) 정도의 GDP 손실을 낳을 수 있다는 연구 결과가 나왔다.

또 지구온난화를 막기 위한 온실가스 감축에 실패할 경우, 폭염에 따른 경제 손실이 천문학적으로 커질 것이라는 우려도 나온다. 기온 상승이 노동생산성과 농업 생산, 건강에 나쁜 영향을 미치기 때문이다. 유엔 산하기구인 '유엔대학교-글로벌보건국제연구소UNU-IIGH, United Nations University-International Institute for Global Health'에 따르면, 기후변화에 따른 폭염으로 인해 2030년대에는 전 세계에서 매년 2조 달러(약 2,220조 원)의 GDP 감소가 발생할 것으로 나타났다. 특히 한국은 약 1조 1,100억 원 정도의 GDP 손실을 볼 것으로 추산되었다."

폭염으로 지불해야 할 경제적 피해가 만만치 않다는 말이다.

우리나라는 반도이기 때문에 기후변화의 정도가 매우 심하다. 기온 상승도 전 세계 평균보다 1.5배 이상 높고, 해수면 상승, 해수 온도 상승도 세계 평균의 2배가 넘는다. 기온 상승은 바다의 해수면 상승, 해수 온도 상승에도 영향을 미친다. 따라서 폭염, 집중호우, 홍수, 가뭄 등의 기후변화가 수시로 발생할 가능성이 매우 높다. 2018년의 폭염은 일시적인 것이 아니라 앞으로는 '일상'이 될 수도 있다. 아니 더 심각한 폭염이 다가올 가능성이 높다. 따라서 온난화로 인한 급격한 기후변화에 따른 준비는 바로 지금부터 해야 하는 것이다.

제3장
기온 상승은 식량생산을 줄인다

필자가 학생들에게 영화 관람을 하고 리포트를 작성하라는 과제를 줄 때 제시하는 영화가 〈마션The Martian〉이다. 명장 리들리 스콧Ridley Scott이 감독했고 맷 데이먼Matt Damon이 주연한 영화다. 화성의 모래폭풍으로 혼자 남겨진 주인공의 생존과 귀환 이야기를 그렸다. 화성에서 혼자 살아남기 위해 필요한 것은 무엇일까? 원작 소설에서는 공기, 산소, 방사선 차단, 물, 식량, 에너지원, 그리고 반드시 살아야 할 이유 등 7가지였다. 이 중에서 기후변화로 우리가 겪는 물과 식량 문제에 대해 이야기해보자. 영화에서는 물 없이는 생존도 불가능하니 식수 문제를 해결하라고 한다. 그리고 여기에 덧붙여 살아남기 위해 삶을 연명할 열량이 필요하니 화성 땅에서 작물을 재배하라는 것이다. 다행히 지구 최고의 기술로 만든 물 환원기가 있었기에 물 문제는 해결되었다. 필자에게 가장 흥미로웠던 점은 화성에서 식물을 재배하는 모습이었다. 주인공은 시카고 대학교를 졸업한 식물학자로 화성 흙에서는 식량을 재배할 수 없다는 것을 알고 있다. 화성 흙에서는 물을 주더라도 박테리아의 활동도 없고 영양분도 없기에 식물이 자라지 않는다. 주인공은 자신과 동료 우주인의 배설물과 지구에서 갖고

간 약간의 흙에서 필요한 영양분과 박테리아를 얻는다. 그리고 감자 재배에 성공한다. 지구온난화로 인한 기후변화로 발생하는 정말 심각한 문제는 식량 감산이다. 멀지 않은 미래에 식량은 세계적인 문제가 될 것이다. 영화 〈마션〉을 보면서 화성에서 감자를 만들어내는 열정과 지식이 부러웠다. 기후변화시대에는 안정적인 식량 공급이 지구촌의 최우선 과제가 되어야만 한다.

● 2018년 폭염이 채소를 금값으로 만들었다

"삼겹살에 상추를 싸 먹어야 할 판입니다." 2018년 폭염과 집중호우로 채소 가격이 고공행진했다. 상추 가격이 삼겹살보다 훨씬 더 비싸 거꾸로 삼겹살에 상추를 싸 먹을 판이라는 말까지 나왔다. 시금치 가격이 평년 대비 4배나 되고 2018년 9월 10일에는 청상추 4kg이 12만 원까지 올랐다. 서민들은 상추 사 먹기가 엄두가 나지 않았다. 배추, 미나리 등 잎채소 가격도 덩달아 가격이 폭등했다. 이처럼 농업에서 기후변화와 날씨는 거의 절대적인 영향을 미친다.

우리나라만 폭염의 영향을 받았을까? 아니다. 2018년은 전 세계가 폭염, 가뭄 등 이상기후로 극심한 몸살을 앓았다. 그러다 보니 세계 많은 나라들이 식량 감산에 전전긍긍한다. 폭염과 가뭄에 직격탄을 맞은 밀 가격이 폭등했다. 2018년 8월 26일 시카고상품거래소CBOT, Chicago Board of Trade 의 밀 가격은 7월보다 무려 20% 이상 올랐다. 밀의 주생산지인 유럽과 호주의 기온 상승과 가뭄 때문이다. 미국 농무부는 2018년 8월 10일에 발표한 전망에서 밀의 2018 회계연도 세계 생산량 전망은 7억 2,900만 톤으로 전년 대비 4% 줄 것으로 예상했다. 폭염뿐만이 아니라 혹한도 기승을 부렸다. 2018년 초에는 이상한파로 아몬드 가격이 급등했다. 전 세계 아몬드 공급의 80%를 담당하고 있는 캘리포니아에 한파와 폭풍이 덮쳤기 때문이다. 아몬드 작황이 타격을 입으면서 아몬드 가격이 파운드당 2.80달러 수준으로 2년래 최고 수준으로 폭등했다.

"기후변화가 지난 30년간 인도 농부 6만여 명을 자살로 몰아넣었다." 2017년 미국 버클리 캘리포니아 연구팀의 충격적인 연구 결과 내용이다. 연구 결과는 《미국국립과학원회보PNAS》에 실렸다.[13] 연구팀은 인도 농업은 기후변화에 매우 취약하다고 말한다. 작물 성장기에 기온이 1℃ 상승할 때마다 평균 67명이 자살하더라는 것이다. 지난 30년간의 기후변화가 5만 9,300명의 자살과 관련 있다는 결론을 내렸다. 식량 생산이 줄어들면서 발생하는 참담한 비극이다.

기후변화는 작물재배의 패러다임에도 변화를 가지고 온다. 기후변화는 초콜릿의 원료인 카카오 열매의 생산량을 줄이고 있다. 카카오는 적도 인근의 열대우림에서 잘 자란다. 일년 내내 기온과 강우량, 습도가 일정하게 유지되어야 상품성이 높은 고급 카카오가 생산된다. 현재 전 세계 초콜릿 절반 이상이 이런 날씨를 보이는 서아프리카의 코트디부아르와 가나에서 생산된다. 그런데 기후변화로 인해 이 지역의 날씨가 건조해지고 더워지고 있다. 그러다 보니 카카오 재배 지역이 점점 높은 곳으로 옮겨가고 있다. 미 국립해양대기청NOAA은 카카오 재배가 가능한 지역이 2050년까지 해발 1,000피트(약 305m) 이상의 고지대로 올라갈 것으로 전망한다. 재배선의 변화만이 품질 높은 코코아 생산을 가능하게 하기 때문이다.

---

13 Tamma A. Carleton, "Crop-damaging temperatures increase suicide rates in India", *Proceedings of National Academy of Sciences(PNAS)*, 2017.

기후변화는 커피 매니아들에게도 경고한다.

"커피를 계속 마시고 싶으면 온실가스 배출을 줄여라. 금세기 말까지 기온이 상승하면 커피 생산 지역의 절반 정도에서 커피 재배가 불가능하게 되기 때문이다."

자연 식물연구소Nature Plants지에 실린 연구에서 나온 내용이다. 커피 수요는 2050년까지 지금보다 배 이상 늘어날 것이다. 그러나 커피를 재배할 수 있는 땅은 지금의 절반으로 줄어들 것이기 때문이다. 커피 재배량도 줄어들지만 기후변화가 커피 품질을 떨어뜨린다. 커피는 기온이 낮을수록 원두가 천천히 숙성되어 신맛부터 단맛까지 독특하고 다양한 풍미가 만들어진다. 그러나 기온이 올라가면 원두가 빠르게 숙성되어 커피 품질이 낮아진다. 질 좋은 커피를 만들기 위한 최적지로의 재배지 이동이 불가피하다.

기후변화로 바닷물 높이가 높아지면서 전통적인 쌀농사가 새우양식업으로 바뀌고 있다. 베트남 정부는 메콩 델타가 해수면 상승으로 바닷물 유입으로 염도가 높아지자 전통적인 쌀 생산 지역인 이곳에 새우 양식장을 만들었다 현재 메콩강 하류 지역 논에서는 건기에 소금물 침투로 농작물이 죽어 농민들은 경작지를 떠나고 있다. 메콩 델타에는 3,000만 명 정도가 살고 있으므로 기후변화에 적응하지 못하면 엄청난 경제적 쇠퇴가 불가피하다. 논을 새우양식장으로 바꾸는 일은 방글라데시에서도 진행 중이다. 방글라데시도 저지대라 논의 염도가 증가해 쌀농사가 불가능해지자 새우양식장으로 전환하고 있다. 가난한 방글라데시를 지원하기 위해 국제기구들이 새우양식장 사업을 적극 지원하고 있는 것이다.

● 기후변화는 식량대란을 부른다

기후변화로 인한 기온 상승은 식량대란을 부른다.[14] 기후변화에 가장 취약한 산업이 1차 산업인 농업이다. 가물거나 폭우가 내리거나 태풍이 올라오면 바로 직격탄을 맞는다. 농업은 단기적인 날씨변화는 물론 장기적인 기후변화에도 큰 영향을 받는다. 우리나라의 예를 들어보자. "기후변화로 2050년 우리나라 쌀 자급률은 50% 미만으로 떨어질 것이다." 한국농촌경제연구원의 예측이다. 그나마 지금 우리나라에서 유일하게 식량자급을 하는 식량이 쌀이다. 그러나 기후변화는 쌀마저 자급률을 50% 이하로 떨어뜨린다는 것이다.

전남대학교 농업생명과학대학 조재일 교수는 최근 기후변화가 쌀 생산량을 줄이고 있다고 말한다. 외부 환경과 온실 환경이 동일할 때는 쭉정이 발생률이 10%였다. 그러나 폭염이 심했던 2016년처럼 3℃ 높은 환경에서는 거의 쭉정이만 발생했다는 것이다. 새로운 쌀 품종을 만들어내려면 적어도 10년이라는 기간이 필요한데 지금 기후변화의 속도는 빨라지고 있다. 그러니 지금 당장 시급히 쌀 품종을 개량해야 하는 상황이라고 말한다.

그렇다면 우리에게 제2의 주식인 밀 사정은 어떨까? 밀 자급률은 겨우 1%다. 99%는 수입해야 한다. 그런데 지구온난화로 인한 기후변화는 밀 전망도 우울하게 만든다. 2015년 미국을 비롯한 16개국 밀 관련 학자 53명이 한자리에 모였다. 다양한 자료를 통해 시뮬레이션을 했다. 그랬더니 지구 평균기온이 1℃ 상승할 때마다 전 세계 밀 생산량은 6%씩 줄어들더라는 것이다.

---

14 MBC·CCTV, 『AD 2100 기후의 반격』, 엠비씨씨앤아이, 2017.

미국 프린스턴 대학은 동아시아 지역의 식량 생산이 줄어들고 있다고 주장한다. 한국과 중국 등 동아시아 지역에서는 1990년대에 기후변화의 영향으로 밀과 쌀, 옥수수의 생산량이 1~9% 떨어졌다. 대두의 경우는 23~27%나 생산량이 감소했다. 폭염만 아니라 가뭄, 그리고 지표면의 오존의 영향도 컸다고 한다.[15]

2017년 7월에 포스텍 환경공학부 국종성 교수 연구팀 등 공동연구진이 북극의 온난화가 중위도 지역 생태계에 큰 영향을 미치고 있다는 연구를 발표했다.[16] 이 내용은 국제학술지《네이처 지오사이언스Nature Geoscience》에 소개했다. 2018년에 북극 온난화의 영향으로 발생한 한파로 인해 북미 지역의 농업은 큰 피해를 입었다. 냉해는 기상이변에 그치는 것이 아니라 생태계 활동성을 감소시켜 생산량 저하에 영향을 미친다고 한다. 즉, 식물이 성장하는 계절인 봄의 생태학적인 스트레스가 향후 성장에도 영향을 주기 때문이라는 것이다. 북극 온난화가 심해서 빙하가 많이 녹는 해는 한파가 자주 내려온다. 따라서 이런 해는 그렇지 않은 해에 비해 1~4%의 곡물 생산량이 줄어들었고, 일부 지역에서는 20%까지 줄었다고 한다. 식량 생산이 줄어드는 것은 쌀과 밀만의 문제일까? 보리, 콩, 옥수수도 다 생산량이 줄어든다.

유럽과학자문위원회EASAC, European Academies Science Advisory Council[17]가 2017년에 발표한 보고서에는 식량과 관련해 암울한 전망이 담겨 있다. 현재 기후변화로 식량 생산이 줄어드는데, 낭비가 심한 식습관으로 많은 사람이 심각

---

15 안영인, 『시그널, 기후의경고』, 엔자임헬스, 2017.

16 Jong-Seong Kug et al., "Reduced North American terrestrial primary productivity linked to anomalous Arctic warming", *Nature Geoscience*, 2017.

17 식량, 건강, 환경, 기후변화, 농업과 같은 정부 정책에 조언을 하는 자문기구다.

기후변화에 가장 취약한 산업이 1차 산업인 농업이다. 가뭄거나 폭우가 내리거나 태풍이 올라오면 바로 직격탄을 맞는다. 농업은 단기적인 날씨변화는 물론 장기적인 기후변화에도 큰 영향을 받는다. 2015년 미국을 비롯한 16개국 밀 관련 학자 53명이 한자리에 모여 다양한 자료를 통해 시뮬레이션을 했다. 그랬더니 지구 평균기온이 1℃ 상승할 때마다 전 세계 밀 생산량은 6%씩 줄어들었다. 또 한국농촌경제연구원은 그나마 지금 우리나라에서 유일하게 식량자급을 하는 쌀마저 기후변화로 인해 2050년에는 쌀 자급률이 50% 미만으로 떨어질 것이라고 예측했다.

한 영양실조 위기에 직면해 있다는 것이다. 그럼에도 대부분의 나라들이 식량 관련 대책에는 무관심하다고 말한다. 과거에는 식량 문제가 가난하고 분쟁이 있는 나라에서만 발생한다고 생각했다. 그러나 이젠 그렇지 않다는 것이다. 공업국가인 선진국에서도 머지않아 식량 문제가 큰 정치·사회적 문제가 될 것이라고 예상한다. "곡물 공급 부족을 해결할 방안을 마련하지 않는다면 몇 년 후에는 억만금을 줘도 음식을 구하지 못하는

상황이 올 수 있다."(짐 로저스Jim Rogers, 로저스 홀딩스Rogers Holdings 회장)

역사를 보면 인류 문명에 가장 큰 영향을 준 것이 식량 부족이었다. 인류 초기 문명인 이집트 문명, 메소포타미아 문명, 인더스 문명 등이 사라진 것은 농업이 붕괴했기 때문이다. 최근 시리아 난민 사태의 배경에도 대가뭄으로 인한 농업 붕괴가 있었다. 가장 기본적인 식량 문제가 해결되지 않으면 고대나 현대 문명이나 붕괴 가능성이 높아진다는 말이다. 그런데 최근 이런 위기가 지구에 닥치고 있다고 기후전문가들은 말한다. 지구온난화로 인한 기온 상승은 심각한 식량 감산을 불러오기 때문이다. 이로인한 문명의 존립 위기와 극심한 정치·경제 혼란은 필연적이 될 것이다.

● 기후변화를 이기는 스마트 농업

빅토리아 중기 시대에 가장 효과적이고 영양가 있는 식사를 한 사람들은 누구일까? 놀랍게도 당시 가장 촌구석으로 알려진 아일랜드의 농촌지역 주민들이었다고 한다. 이들은 질병으로부터 자유로웠고 사망률이 가장 낮았는데, 이들의 비결은 무엇이었을까? 첫째, 가공식품을 먹지 않았다. 둘째, 감자와 귀리 등 통곡물 위주의 식사를 했다. 셋째, 술을 마시지 않았다. 넷째, 과도한 칼로리를 섭취하지 않았다. 다섯째, 농약, 성장호르몬으로부터 자유로웠다. 옛날이나 지금이나 건강한 식품은 변하지 않는 것 같다. 그런데 이런 식량을 생산하는 방법이 스마트팜Smart Farm(스마트 농업)이다.

"출하할 때가 다 된 느타리버섯을 먼저 보여드릴게요." 2017년 8월 3일 《동아일보》에 실린 기사 내용이다. 기사 내용을 좀 더 자세히 살펴보자.

"지난달 말 강원 홍천군 서석면의 청량버섯농원. 거대한 냉장창고 같은 버섯 재배시설 앞에서 김민수 대표(39)가 이렇게 말한 뒤 스마트폰을 꺼냈다. 앱을 켜자 화면에 재배실 40개의 온도, 습도, 이산화탄소(CO_2)량, 조도 등이 나타났다. 폐쇄회로[CCTV] 영상으로 내부를 살펴보던 그는 '이쪽에 있는 버섯이 많이 자랐다'며 한 재배실로 기자를 이끌었다. 땀 흘리며 40개의 재배실(총 1,455m² 크기)을 일일이 돌아다닐 필요 없이 스마트폰 하나로 모든 게 해결되는 순간이었다. 정보통신기술[ICT]로 무장한 '벤처 농부'들이 농업을 첨단산업으로 바꾸고 있다. 스마트폰과 컴퓨터를 이용해 작물의 생산과 관리를 처리하는 스마트팜[18]이 대표적이다. 취재팀이 만난 벤처 농부들은 ICT를 적용한 스마트팜은 미리 만나보는 '농업의 미래'라고 입을 모았다."

농식품부가 서울대에 의뢰한 '2016 스마트팜 성과 분석'에 따르면 스마트 온실을 도입한 농가의 생산량이 늘었다. 스마트 온실을 도입한 농가의 생산량이 평균 27.9% 늘었고 고용노동비는 평균 15.9% 줄었다.

농업생태학도 기후변화로 인한 식량 감산에 대응하는 방법이다. 농업생태학은 경작지와 가축 사육장에 나무와 관목을 심는 방식, 태양광을 동력으로 작물 뿌리에 직접 물을 공급하는 점적 관개 방식을 사용한다. 또 두 종 이상의 작물을 인접한 곳에서 재배하여 빛과 물과 양분의 이용을 극대화하는 방식도 활용한다. 친환경 거름을 사용하고 빨리 성장하는 식물을 심어 토양의 침식을 막는다. 이런 방법을 통합적으로 활용하여 식량 생산을 늘리고 생태계를 보전하는 것이다. 농업생태학의 특징은 영양분이 풍부한 식품을 생산할 수 있다. 또한 단위면적당 생산량도 증

---

18 '스마트팜(스마트 농업)'은 농작물 생육에 필요한 온도, 빛, 물 등을 가장 적절히 제공함으로써 자연 환경을 수동적으로 받아들이던 과거의 한계를 극복한다. 이미 네덜란드, 미국, 일본 등 선진국에서는 유리온실, 식물공장 등 선진 기술을 바탕으로 생산성을 높이고 고부가가치 상품을 생산하는 데 주력하고 있다.

가한다. 전 세계 소규모 농업인 200만 명의 연합체인 '라 비아 캄페시나 La Via Campesina'는 "농업생태학이야말로 기후 위기를 해결할 수 있는 해법 이다"라고 주장한다. 놀랍게도 농업생태학적 방법을 채택했더니 작물 생 산량이 57개 개발도상국에서는 80%나 증가했다. 아프리카에서는 평균 116%나 증가했다. 농업생태학적 방법은 기후변화로 인한 식량 감산을 극복하는 데 최적의 방법일 수 있겠다는 생각이 든다.

도시농업도 기후변화로 인한 식량 감산을 극복하는 좋은 아이디어다. 이젠 대규모 빌딩 농업은 본궤도에 올라섰다. 최근에는 아이디어가 통통 튀는 도시농업들이 등장한다. '플로팅 팜 Floating Farm'을 보자. 네덜란드의 항구도시 로테르담 Rotterdam은 사용하지 않는 항구를 물 위에 떠 있는 '플 로팅 팜'으로 바꾸었다. 떠 있는 농장인 '플로팅 팜'은 실내와 실외 공간 을 두어 젖소 50~60마리를 방목하여 우유를 생산한다. 옥상 텃밭도 기 후변화로 인한 식량 감산을 극복하는 좋은 아이디어다. 뉴욕 브루클린의 버려진 폐건물 옥상에는 6,000㎡에 이르는 옥상 텃밭이 있다. '이글 스 트리트 옥상 농장 Eagle Street Rooftop Farm'이라는 이름의 이 텃밭은 뉴욕 시민이 라면 누구나 이용 가능한 공동 텃밭이다. 프랑스의 디자인 회사인 바로 앤샤르보네에서 개발한 '움직이는 창문'도 기발한 식량공장이 된다. 햇볕 이 좋은 시간이나 비가 올 때 창문을 열어 식물에 영양을 공급할 수 있는 이 재미있는 아이템은 작지만 멋진 창문 텃밭을 제공한다. 이러한 도시농 업은 미래 도시의 모습을 바꿔나가고 있다. 기후변화로 인한 식량 생산 감소를 막는 작지만 아름다운 방법들이다.

제4장
기온 상승은 전염병 창궐을 부른다

● 백신도 치료약도 없는 변종 바이러스

기온이 상승하면 변종 바이러스들이 활개를 친다. 기후변화가 새로운 변종들을 만들어내기 때문이다. 이 때문에 최근 유행하는 바이러스들은 백신도 치료약도 없다. 2015년 우리나라를 공포에 빠뜨린 전염병이 중동호흡기증후군(MERS, Middle East Respiratory Syndrome)(메르스)이다. 아직까지 메르스 바이러스에 대한 학회 보고나 연구 결과가 없다. 발생한 지 6년밖에 되지 않았기 때문이다. 메르스는 2016년에도 사우디, 아랍에미리트, 오만 등 중동 5개국에서 환자가 252명 발생해 이 중 85명이 사망했다. 2017년에도 사우디에서 환자가 37명 발생해 12명이 사망했을 정도로 사망률이 높은 전염병이다. 가장 최근에 밝혀진 바이러스가 과거에는 사람에게서 발생하지 않은 새로운 유형의 코로나바이러스(Corona virus)다. 고열, 기침, 호흡곤란 등 심한 호흡기 증상을 보이며 급성 신부전증 등 다발성 장기부전의 합병증 발생율이 높다. 이로 인해 사스(SARS, Severe Acute Respiratory Syndrome)보다 사망률이 6배가량 높다. 2018년 중동을 여행하고 돌아온 사람이

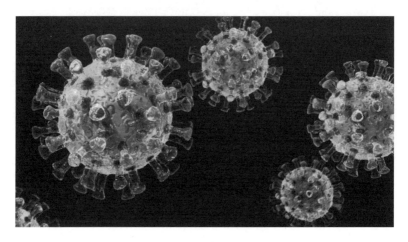

기온이 상승하면 변종 바이러스들이 활개를 친다. 기후변화가 새로운 변종들을 만들어내기 때문이다. 최근 유행하는 신종 바이러스들은 백신도 치료약도 없다. 세계보건기구는 평균기온이 1℃ 올라갈 때마다 전염병이 4.7% 늘어난다고 경고한다. 기온 상승으로 신종 바이러스의 생육 조건이 최적화되기 때문이다. 그림은 2015년 우리나라를 공포에 빠뜨린 메르스바이러스다. 발생한 지 6년밖에 되지 않기 때문에 메르스바이러스에 대한 학회 보고나 연구 결과가 없다. 메르스는 2016년에도 사우디, 아랍에미리트, 오만 등 중동 5개국에서 환자가 252명 발생해 이 중 85명이 사망했다. 2017년에도 사우디에서 환자가 37명 발생해 12명이 사망했을 정도로 사망률이 높은 전염병이다.

메르스로 확진되었다. 다행히 전염된 사람이 없었고 이 환자도 곧 회복되었다. 메르스의 치료와 예방은 어떻게 하는 것이 좋을까? 현재까지 메르스를 치료하기 위한 항바이러스제가 개발되지 않았다. 그렇기에 감염 환자는 대증요법(중증인 경우 인공호흡기, 인공혈액 투석 등)으로 치료를 받는다. 메르스를 예방하기 위해서는 손씻기 등의 일반적인 개인위생수칙을 준수한다. 씻지 않은 손으로 눈, 코, 입을 만지지 않는다. 기침, 재채기 발생 시 휴지로 입과 코를 가린다. 휴지는 반드시 쓰레기통에 버리고 손을 씻는다. 발열이나 호흡기 증상이 있는 사람과의 접촉을 피한다. 그리고 만일 발열 및 기침, 호흡곤란 등 호흡기 증상이 있을 경우는 즉시 병원에 가는 것이 좋다. 중동에서 발생한 전염병이기에 중동지역 여행 시에는 일반적인 감염병 예방수칙을 준수한다. 여행 중 농장 및 동물과 접촉하지 않고, 익히지 않은 낙타고기, 낙타유camel milk를 섭취하지 말아야 한다.

2016년 리우 올림픽에서 가장 큰 문제가 되었던 것이 지카바이러스ZIKA virus다. 브라질에 창궐하는 지카바이러스로 인해 유명선수들이 참가하지 않겠다고 하면서 문제가 불거졌다. 2017년 말 지카바이러스는 중남미를 포함한 46개국에서 유행 또는 산발적으로 발생 중이다. 특히 브라질의 경우 100만 명 이상이 감염된 것으로 추정되고 있다. 브라질에서 소두증小頭症, microcephaly 신생아 출산이 이전 연도보다 약 10배 정도 증가했을 정도다. 지카바이러스의 가장 위험한 점은 산모와 태아에 위험하다는 것이다. 이런 우려로 인해 세계보건기구WHO, World Health Organization는 2016년 2월 1일 전 세계적인 공중보건의 위기PHEIC, Public Health Emergency of International Concern를 선언했다.[19] 그동안 우리나라에서는 발병하지 않았으나 2016년 3월 브라질에 사업차 방문했던 43세 남성에게서 지카바이러스 감염이 확인되었다. 이후 우리나라에서 2016년에 발병한 사람 수는 16명이다. 최근 들어 왜 지카바이러스의 감염이 확산되고 있는 것일까? 가장 큰 원인은 지구온난화로 인한 기온 상승이다. 열대와 아열대 지역의 전역이 모기매개질환의 온상이 되어버렸다. 태평양의 기온 상승 현상인 엘니뇨로 인한 강수 일수 증가가 모기 개체수를 늘리고 있는 것도 한 원인이다. 현재까지 지카바이러스 감염에 대한 치료약이나 백신은 없다. 따라서 치료는 대증요법을 주로 사용한다. 특별한 치료방법이 없다 보니 감염 예방을 잘 하는 방법을 주로 사용한다. 임산부에게서 소두증 신생아 발생 가능성이 높으므로 위험지역 여행은 자제하도록 한다.

---

19 우리나라도 선제적 대응을 위해 2016년 1월 29일 지카바이러스를 제4군 법정감염병으로 지정하였다.

치사율이 가장 높은 에볼라바이러스Ebola virus도 있다. 에볼라바이러스는 지난 1976년 콩고 민주공화국에서 처음 발견되었다. 발견 지역이 에볼라Ebola 강 주변이어서 강 이름을 따 에볼라바이러스라는 이름이 붙었다. 에볼라바이러스에 감염되면 발병 후 1~2주에 대부분 사망한다고 알려져 있고, 치사율이 최고 90%에 달해 '죽음의 바이러스'로 불린다. 역시 백신이나 치료제는 없다. 2014년에 강력한 유행이 지난 후 에볼라바이러스는 사라진 것이 아니며, 세계적인 의료지원과 적극적인 방역으로 잠시 숨을 죽이고 있을 뿐이다. 2016년 3월 17일 세계보건기구는 시에라리온에 "에볼라바이러스의 최근 재발이 끝났다"고 발표했다. 그러나 에볼라 종식 선언을 한 그날 기니에서 새로운 감염 진단이 2건 내려졌고 5명이 숨지자 라이베리아는 기니와의 국경을 폐쇄했다. 2017년에도 나이지리아에 에볼라바이러스 양성 환자가 발생하는 등 에볼라바이러스는 사라지지 않았다. 많은 의학자들은 극심한 기후변화가 신종 바이러스를 만들어내고 있다고 말한다. 이전까지 알려지지 않았던 것뿐만 아니라 변종 바이러스가 만들어지면서 치료가 어렵다는 것이다.

● 새들이 옮기는 조류독감

조류독감AI, Avian Influenza이 가장 큰 피해를 준 것이 2016년 겨울부터 2017년 봄이다. 농림축산식품부 자료에 따르면, 2017년 3월 26일 기준으로 전국 8개 시·도, 30개 시·군에서 조류독감이 발생해 살처분된 가금류 수는 모두 3,718만 마리나 된다. 초기에는 하루 평균 56만여 마리가 피해를 당했다. 유례 없는 강도, 유례 없는 확산 속도가 빚어낸 결과다. 조류독감 확산이 빠르고 피해가 크자, 세계보건기구는 조류독감의 인간으로의 전염 가능성 경고를 상향 조정했다. 이젠 조류독감이 거의 매해 전 세계에 발병하고 있다. 지구온난화의 영향을 받았을 것이라는 분석이 나 오고 있다. 북쪽에서 날아온 철새 중 이례적으로 많은 개체가 조류독감에 감염되어 있다는 것이다.

그렇다면 조류독감이란 무엇인가? 조류독감은 조류독감바이러스[AI virus]에 감염된 닭, 오리, 칠면조, 야생조류 등 가금류에 발생하는 급성 전염병 으로 주로 직접 접촉으로 전파된다. 다양한 혈청형의 바이러스가 존재하 는 야생조류와 달리 과거 사람에게서는 제한된 혈청형(H1-H3)의 인플루 엔자 감염만 이루어졌었다. 하지만 1997년 이후 조류에만 존재하던 바 이러스가 숙주 영역을 넓혀 H5, H7, H9 혈청형의 조류독감바이러스에 의한 인체 감염 사례가 나타나기 시작했다.[20] 특히 H5N1형 HPAI는 사 람에게서도 감염 사례가 급증하면서 주요 인수공통전염병으로 주목받게 되었다. 조류독감바이러스가 사람에게 직접 전파되어 감염을 일으킨 예 는 홍콩독감 사례가 있다. 1997년 H5N1형 HPAI에 의해 18명이 감염되 었고, 이 중 6명이 사망했다. 이후 2003년 말부터 아시아, 유럽, 아프리카 대륙의 60개가 넘는 나라에서 가금류 및 야생조류에서 조류독감이 발생 했다. 이 중 15개국에서는 인체 감염도 발생했다. 가장 대표적인 조류독 감의 피해 사례는 2013년 중국의 사례다. 이 바이러스가 워낙 고병원성 이어서 당시 800여 명의 사람을 감염시켰다. 그리고 그중 400여 명이 목 숨을 잃은 것으로 알려졌다. 중국에서는 해마다 10월에서 그 다음해 4월 까지 조류독감 인체 감염 사례가 보고되고 있다. 다행히도 우리나라에서 유행했던 H5N6형 조류독감은 고병원성이기는 하지만 인간에게 전염될

---

20 www.cdc.gov, 질병통제센터, 2007.12.

가능성은 낮은 것으로 파악되고 있다. 질병관리본부장은 "야생조류나 닭, 오리 등과의 접촉이 거의 없는 일반 국민들은 인체 감염 가능성이 극히 낮다"며 "사람 간 전파 사례도 보고되지 않았다"고 밝히고 있다. 그러나 질병관리본부는 바이러스가 진화해 감염력이 강화될 가능성을 주시하고 있다.[21]

조류독감에 인체가 감염될 경우 어떤 증상이 나타날까? 조류독감은 3 단계 임상 양상을 보인다. 1단계는 무증상 또는 가벼운 호흡기 증상, 발열 등이다. 2단계에서는 심한 폐렴, 신장·간 기능 이상 소견을 보인다. 3 단계에서는 급성호흡부전증, 다장기 부전 소견을 보이며 사망하는 것으로 알려져 있다. 조류독감 감염자 대부분은 감염 후기에 심한 호흡기 질환을 보인다. 증상 발현은 노출 후 보통 7일 이내 (2~5일)에 나타난다. 조류독감에 감염되는 경로를 보면 감염된 가축, 또는 감염 동물의 사체 등과의 직접적인 접촉에 의해 주로 발생하고, 사육장이나 가축시장, 투계장에서도 감염될 수 있다. 조류독감 감염을 예방하기 위해 축산 농가와 철새 도래지는 방문하지 않는 것이 좋다. 그리고 중요한 것은 손을 자주 씻어주는 것이다. 만일 국내외 조류독감 발생 지역에 방문한 뒤 발열, 기침, 인후통 등 증상이 발생하면 즉시 병원에 가는 것이 좋다.

● 기온 상승으로 동물 매개 전염병이 활개친다

우리나라에 신드롬을 불러온 진드기가 있다. 바로 '살인진드기'라 불

---

21 질병관리본부는 2017년에 유행하는 H5N6 바이러스의 특성, 인체 감염 위해도 등의 분석을 진행하고 있다고 밝히고 있다.

리는 작은소참진드기다. 중증열성혈소판감소증후군^{SFTS, Severe Fever with} Thrombocytopenia Syndrome이라는 질병은 혈소판 감소를 일으키는 바이러스를 지닌 작은소참진드기에게 물려 생기는 전신 감염병이다. 진드기는 기온 이 높아지고 습도가 높을 때 빨리 번식한다. 최근 중국 연구 결과에서도 기온이 1℃ 상승하면, 쯔쯔가무시 환자가 15% 늘어나는 것으로 나타났 다. 윤재철 전북대 응급의학과 교수는 "바이러스를 보유한 진드기에 물 리면 발열, 피로감, 식욕 저하, 구토와 설사, 목·겨드랑이 임파선이 붓는 등의 증상이 나타난다. 현재 백신이나 치료제는 없기에 위험한 감염병이 다. 주로 노약자나 면역력이 약한 사람들이 걸린다"고 설명한다. 매년 살 인진드기로 인한 사망자가 증가하고 있다. 2017년 살인진드기에 물려 사망한 사람이 272명으로 2016년에 비해 10배 이상 늘었다.

살인진드기로 인한 중증열성혈소판감소증후군은 주로 언제, 그리고 우 리나라에서는 어느 곳에서 가장 많이 발생할까? 이 병은 매개진드기의 주 활동 시기인 5~8월에 주로 발생한다. 9월에는 주로 추석 시기에 벌초 작업 및 성묘를 하다가 발생하는 것으로 나타났다. 단순 등산에 비해 진 드기에 대한 노출 및 교상 가능성이 크게 높아지기 때문이다. 살인진드기 감염병도 백신도 치료약도 없다. 그렇다면 이 감염병에 걸리지 않도록 주 의하는 것이 최선이다.

진드기가 옮기는 쯔쯔가무시^{Scrub typhus}도 무섭다. 이 병은 농부나 군인 처럼 야외에서 활동하는 사람에게서 발병하기 쉽다. 우리나라에서는 성 묘를 가는 추석을 전후하여 많이 발생한다. 항생제 등 적절한 치료를 받 으면 1~2일 내에 증상이 빠르게 호전된다. 그러나 치료하지 않을 경우 약 2주 동안 발열이 지속된다. 합병증으로 뇌수막염, 난청, 이명이 동반 되기도 한다. 사망률은 지역이나 나이, 면역상태에 따라 차이가 있으며

1~60%로 다양하게 나타난다. 2017년 쯔쯔가무시에 걸린 환자 수가 1만 528명이다. 살인진드기 감염병이나 쯔쯔가무시에 걸리지 않기 위한 방법은 다음과 같다. 진드기가 많이 서식하는 풀밭 등지에서 활동할 때는 긴 바지와 긴팔 옷을 입는 것이 좋다. 옷은 풀밭 위에 올려두지 말고 야외 활동 후 충분히 털고 세탁해야 한다.

● 쥐와 모기가 가져오는 질병들

가을이면 야외에서 걸리기 쉬운 질환은 들쥐의 대소변에서 나온 균이 피부에 난 상처를 통해 감염되는 렙토스피라증Leptospirosis이다. 그러니 가을에 야외에 놀러 나갈 때는 조심해야 한다. 밖에서 활동하는 사람들에게서 흔히 발생하는 후진국형 질병이다. 우리나라에서는 1975년 가을 경기, 충북 지역 벼농사 작업자들을 중심으로 유행성이 처음 보고되었다. 이 때는 '유행성폐출혈열'로 불리던 원인불명의 질병이었다. 여름철 월평균 기온이 0.5℃ 증가하면 렙토스피라증은 10% 증가하고 비가 많이 올수록 증가한다. 발병은 세균에 감염된 오염된 물, 습한 토양, 식물 등에 상처가 있는 피부나 점막 등이 접촉되어 감염될 때 발생한다. 렙토스피라증은 사망률은 낮은 편이다. 그러나 연령이 높을수록 사망률이 증가한다. 황달이나 신장 손상이 있는 경우 잘 치료하지 않으면 20% 이상의 사망률을 보인다. 중요한 것은 질병을 조기에 파악하여 치료제를 빨리 투여해야 한다는 것이다.

아직 우리나라에서는 모기가 전파하는 말라리아에 대한 경각심이 적다. 그러나 세계적으로 보면 말라리아는 엄청 강력한 전염병이다. 매년 지구상에는 20명 중 1명꼴로 말라리아에 걸린다. 전 세계로 보면 3억 명이 넘는다. 문제는 말라리아에서 회복된 사람들도 후유증에 시달린다는 것이다. 빈혈과 주기적인 발열, 만성장애가 따르기 때문이다. 세계보건기구는 매년 말라리아로 사망하는 사람을 100만 명 이상으로 추정하고 있다. 과거에는 열대지방 여행자의 감염만 보고되던 말라리아가 우리나라에서도 발생 사례가 점점 늘고 있다. 2017년에는 우리나라에서 515명의 말라리아 환자가 발생했다. 또 말라리아 못지않게 심각한 것이 일본뇌염이다. 치사율은 25%까지 올라갈 수 있고, 감염된 사람의 50%는 영구적인 뇌손상으로 정신장애, 운동실조, 긴장성 분열증catationia을 보이기도 하는 무서운 질병이다. 지구온난화로 인한 기후변화로 가장 많이 번식할 가능성이 높은 곤충은 모기다. 모기는 기온 상승과 강수량 증가로 인한 최대 수혜자이기 때문이다. 기온이 적정 수준 이상 높을 때 빨리 생장해 더 많은 전염병을 옮길 수 있다. 모기로 인한 전염병 중 대표적인 것이 말라리아, 일본 뇌염 외에 뎅기열, 황열, 그리고 리슈마니아leishmaniasis 질병이 있다.

모기 질병을 막기 위해서는 첫째, 야외에서 활동할 때는 긴 바지와 긴 소매 옷을 입어 피부 노출을 줄이는 것이 좋다. 둘째, 신발 상단이나 양말에 모기기피제를 사용해야 한다. 모기를 유인하는 진한 향수나 화장품은 되도록 쓰지 않는 것이 좋다. 셋째, 가정에서는 방충망을 쓰고, 캠핑이나 야외에서 잠을 잘 때도 텐트 안에 모기기피제가 처리된 모기장을 사용해야 한다. 이것만 지켜도 모기 질병을 막을 수 있다.

많은 사람들이 현대 의학이 발달하고 있기에 전염병에 대해 걱정하지 않는 것 같다. 그러나 사라진 것처럼 보이는 전염병도 다시 등장하고 있다. 그중 하나가 콜레라다. 2015년 국제백신연구소IVI, International Vaccine Institute는 국제학술지인 《열대의학 위생학에 대한 미국 저널AJTMH》에 강수량과 기온의 변화가 콜레라 발생의 사전 징후가 될 수 있다는 연구 결과를 실었다. 국제백신연구소 연구진은 콜레라가 풍토적으로 발생하는 탄자니아 잔지바르Zanzibar 섬 지역에서 수년간의 질병 및 환경 자료를 분석한 결과, 평균 최저기온이 1℃ 상승하고 월간 강수량 증가량이 최대 200mm를 넘을 경우 2~4개월 내에 콜레라 발생이 2배로 늘어난다는 것을 밝혀냈다. 특히 콜레라 발생건수는 평균 최저기온이 23℃에서 24℃로 상승할 때 가장 크게 늘었다고 한다. 국제백신연구소의 알리Ali 박사는 "평균 최저기온이 약간 상승한 데 비해 콜레라 발생건수가 2배가 된다는 점은 매우 심각한 부분"이라면서 "온실가스 증가로 인해 향후 100년간 전 세계 평균 온도가 5.8℃까지 상승할 것으로 예상되는 만큼 아시아 지역도 콜레라의 안전지대는 아니다"라고 경고하고 있다.

제5장
사막화와 가뭄이 분쟁의 시작이다

● 재스민 혁명과 시리아 난민 사태를 부른 것은 가뭄이다

"재스민 혁명Jasmin Revolution[22]은 민주화 혁명이 아닌 기후변화 때문에 일어 난 것이다." 블룸버그 통신의 주장이다. 2010년 전 세계적으로 가뭄 등 기상이변으로 인한 식량 감산이 줄을 이었다. 식량 수출 국가이던 러시아 가 식량 수출을 중단했다. 세계의 식량 가격은 폭등했고 가난한 나라들 은 심각한 어려움을 겪었다. 재스민 혁명이 발생한 튀니지는 전체 국민의 80% 이상이 극빈층으로 하루 한 사람의 생활비가 1~2달러밖에 안 된 다. 식량 가격이 폭등하면서 빵 값이 오르자 자식들이 굶는 것을 보다 못 한 국민들이 들고 일어선 것이다. 국민혁명의 불을 지핀 것은 바로 식량 부족을 가져온 대가뭄이었다.

---

22 2010년 12월 북아프리카 튀니지에서 발생한 민주화 혁명. 23년간 장기 집권한 벤 알리(Ben Ali) 정 권에 반대하여 대규모 시위가 발생했고, 그 결과 벤 알리 대통령은 2011년 1월 14일 사우디아라비아로 망명했다. 튀니지의 국화(國花) 재스민의 이름을 따서 재스민 혁명이라 불린다. 아랍 및 아프리카 지역에 서 민중봉기로 독재정권을 무너뜨린 첫 사례로서 이집트, 시리아를 비롯한 주변 국가로 민주화 운동이 확 산되는 계기를 마련했다.

2015년부터 유럽을 가장 곤혹스럽게 만든 것이 시리아 난민이다. 중동지역에 2007년부터 2012년까지 극심한 가뭄이 들었다. 가뭄이 이어지면서 북부 농촌지역에서는 2007년 130만 명이 흉작을 겪었고 가축의 85%를 잃었다. 먹고살 길이 막막한 농촌 인구가 대거 도시로 몰려들었다. 2002~2010년 다마스쿠스Damascus, 알레포Aleppo 등의 인구는 8.9% 늘어 1,380만 명으로 급증했다. 농촌에서 도시로 몰려든 사람들은 최빈민층으로 전락하면서 생존을 위해 각종 범죄를 저질렀다. 기존 거주자들의 불만이 커지면서 시위에 나섰고 이 갈등이 종파 갈등으로 옮아 붙었다. 여기에 불을 붙인 IS 테러단체로 인해 더 이상 시리아에서 산다는 것이 불가능해지자 수많은 사람들이 유럽으로 몰려가면서 심각한 정치적 문제가 된 것이다.

"최근 전 세계적인 정치, 경제 불안정을 이루는 지역들의 공통점은?" 대부분 사막화의 영향을 받는 지역들이다. 대규모 난민사태를 가져온 중동의 시리아 지역, 심각한 내전으로 몸살을 앓는 아프리카 지역들이 이에 해당된다. 사막화로 인한 농업 파산, 초지 부족이 주원인이다. 사막화란 사막 주변과 초원 지대에서 기후변화, 인간 활동 등에 의해 토양의 질이 저하되어 점차 사막으로 변하는 현상을 말한다. 식생의 밀도가 낮은 사막 주변의 스텝 지역은 토양 침식에 약하다. 따라서 빠른 속도로 토양이 척박해져서 다시 식생이 파괴되는 악순환이 계속된다. 이 과정에서 장기간 가뭄이 겹치면 사막화는 급속도로 진행되는데, 현재 사막화가 진행되는 곳은 지구 표면의 약 30%에 달한다. 그런데 '사막화'란 본래 강수량보다 증발량이 훨씬 많은 지역인 '사막'과는 다른 개념으로 봐야 한다. 지금 사막기후라고 부르는 곳은 연간 강수량이 250mm 이하로, 생명체가 살기 어려운 건조지역을 말한다. 사막은 지구 면적의 10분의 1 이상이나 되며, 광범위한 위도에 걸쳐 분포한다. 그러나 사막화는 극심한 가뭄, 건조화 현상과 함께 삼림파괴, 환경오염 등과 같은 인간의 무분별한 활동으로 인한 기후변화 때문에 토지가 사막처럼 황폐해져가는 개념으로 봐야 한다.

● 사막화의 가장 큰 주범은 인간이다

영화 〈인터스텔라^{Interstellar}〉를 보고 나서 기억에 남는 것은 온 세상이 흙먼지로 가득 차 있는 장면이었다. 왜 과학적으로 흥미로운 상대성이론, 중력파, 웜홀 등이 기억에 남지 않았을까? 지구온난화로 인한 기후변화가 가져올 미래의 모습이 너무 충격적이었기 때문이다. "밀은 이제 생산이 불가능하고, 옥수수 역시 병충해로 내년을 기약할 수 없다"는 내레이션처럼 영화 〈인터스텔라〉는 농사가 불가능한 사막화 환경으로 바뀌면서 사람들은 식량 부족과 질병에 시달리는 시점에서 시작한다. 정부와 경제가 붕괴하고 NASA도 해체된 절망의 시기다. 결국 인류가 생존하기 위해 다른 행성을 찾는 프로젝트가 계획되고 주인공은 우주로 향한다. 인류 생존의 가장 큰 문제가 사막화라는 메시지가 가슴에 와닿았던 영화다.

유엔에서는 지구의 사막화가 빨리 진행되고 있다고 말하는데, 이렇게 사막화가 빠르게 진행되고 있는 이유는 무엇인가? 통상 두 가지 원인으로 보고 있다. 첫 번째로 자연적 원인으로 극심한 가뭄이 지속되면서 장기간에 걸친 건조화 현상이 발생하기 때문이다. 최근 시리아 등이 대표적인 예라고 할 수 있다. 두 번째는 인위적 원인으로 과도한 방목 및 경작, 관개, 삼림파괴, 환경오염으로 인한 기후변화가 원인이다. 지금 지구상에서 사막화가 심한 지역으로 아프리카의 사헬 지역^{Sahel region}이 있다. 다르

사막화란 사막 주변과 초원 지대에서 기후변화, 인간 활동 등에 의해 토양의 질이 저하되어 점차 사막으로 변하는 현상을 말한다. 식생의 밀도가 낮은 사막 주변의 스텝 지역은 토양 침식에 약하다. 따라서 빠른 속도로 토양이 척박해져서 다시 식생이 파괴되는 악순환이 계속된다. 이 과정에서 장기간 가뭄이 겹치면 사막화는 급속도로 진행되는데, 현재 사막화가 진행되는 곳은 지구 표면의 약 30%에 달한다. 최근 정치·경제적으로 불안정한 지역들의 공통점은 대부분 사막화의 영향을 받는 지역이라는 점이다. 대규모 난민사태를 가져온 중동의 시리아 지역, 심각한 내전으로 몸살을 앓는 아프리카 지역들이 이에 해당된다. 사막화로 인한 농업 파산, 초지 부족이 주원인이다.

푸르 사태나 에티오피아 내전 등을 불러온 지역이다. 이곳은 장기간에 걸친 가뭄에다가 인구 및 가축의 빠른 증가가 원인이 되었다. 또 사막화가 심한 지역으로는 중앙아시아, 호주, 미국 중남부, 칠레, 중국, 몽골 등의 사막 주변 지역이 있다. 스페인 남부지방도 장기간에 걸친 가뭄으로 사막화가 빨리 진행되고 있다.

사막화는 지역마다 발생하는 주요 원인이 다르다. 사막화가 넓게 진행된 곳은 아프리카와 아시아이며, 사막화의 주요 원인은 대륙에 따라 차이가 있다. 아시아와 유럽, 중남미의 사막화는 삼림파괴가 가장 큰 원인이

다. 이에 비해 아프리카와 호주는 과다한 목축이 사막화에 가장 큰 영향
을 미치고 있다. 미국은 과잉 경작이 사막화를 불러온다고 보고 있다. 가
장 심각한 사막화 지역이 아프리카의 사헬 지역이다. 사헬Sahel이라는 말
은 사막의 가장자리라는 뜻으로 사하라 사막 남부를 지칭한다. 과거의 사
헬 지대는 유목민들이 한 장소에 장기간 머물지 않고 이동했으므로 초원
이 자연적으로 복구될 수 있는 여유가 있었다. 그러나 인구가 급증하면서
과다한 가축 방목과 경작으로 초원이 황폐화되었다. 그리고 이때 장기간
가뭄이 닥치면서 급속한 사막화가 진행되고 있는 것이다. 독특한 것은 아
마존강 상류 지역의 사막화다. 브라질의 아마존 열대우림이 개발이나 농
업을 위해 훼손되거나 사라지고 있는데, 열대우림이 사라진 자리는 사막
으로 변해가고 있다.

　사막화는 지구온난화와 맞물리면서 기후변화로 인해 생긴다. 그러나

브라질의 아마존 열대우림이 개발이나 농업을 위해 훼손되거나 사라지고 있는데, 열대우림이 사라진 자리는 사막으로 변해가고 있다. 사막화가 이루어지면 그 지역의 생물종이 사라지고, 식생이 무너짐으로 인해 토양 침식이 확대된다. 사막화가 진행되면 토양 내에 염류가 많아지면서 땅이 황폐해지고 이것은 농작물 감산으로 이어져 식량난을 가져온다. 그리고 사막화로 인해 삼림이 사라지면서 기후가 변한다.

실제로 보면 인간의 인위적인 생태계 파괴도 엄청나게 큰 영향을 미치고 있다. 그렇다면 사막화로 인한 폐해는 무엇일까? 가장 심각한 폐해는 사막화가 이루어지는 지역의 생물종이 사라진다는 것이다. 또 식생이 무너짐으로 인해 토양 침식이 확대된다. 사막화가 진행되면 토양 내에 염류가 많아지면서 땅이 황폐해지고 이것은 농작물 감산으로 이어져 식량난을 가져온다. 그리고 사막화로 인해 삼림이 사라지면서 기후가 변한다는 것이다. 즉, 지표면의 태양에너지 반사율이 증가하면서 지표면이 냉각되어

온도가 낮아진다. 차가워진 지표면에는 고기압이 자리 잡으면서 건조한 하강기류가 형성되고 강우량이 줄어들게 된다. 결국 토양의 수분이 적어지므로 사막화는 더욱 빠른 속도로 진행되는 악순환이 발생하는 것이다.

그런데 사막화는 그 지역주민에게만 영향을 주는 것이 아니라 인근 다른 지역에도 영향을 준다. 예를 들어보자. 우리나라는 사막화 지역은 아니지만 사막화로 인한 피해를 입고 있다. 즉, 중국 내륙이나 몽골 지역은 사막화로 인해 모래먼지가 쉽게 발생하는데, 그 모래먼지가 기류를 타고 우리나라로 날아와 황사 피해를 주는 것이 대표적인 예라고 할 수 있다. 또한 이산화탄소의 양이 늘어나 지구온난화가 더욱 심각해지는 것도 큰 문제다. 사막화되고 있는 지역에 사는 사람들의 생활수준은 매우 낮은 편이다. 이런 이들에게 사막화는 곧 생명의 위협으로 다가온다. 최근 사막화가 이루어지고 있는 지역에서 기후난민이 급증하고 있는 것은 이 때문이다.

● 우리나라도 사막화의 피해자다

중국은 아시아에서 사막화가 가장 심각하다. 중국으로부터 날아오는 황사의 피해를 입는 우리나라는 사막화의 간접피해국이다. 중국은 세계에서 두 번째로 사막이 크고, 20세기 이후 두 번째로 빠르게 사막화되고 있는 나라다. 이미 중국 국토의 27%가 사막화되었고 엄청난 속도로 사막화가 이루어지고 있다. 매년 서울 면적의 4배 정도 되는 땅이 사막화되고 있다. 중국의 사막화의 가장 큰 원인은 13억 명에 달하는 엄청난 인구가 생존을 위해 생태환경을 파괴하고 있기 때문이다. 중국의 담수량, 경지, 초지 등은 인구 1인당 기준으로 보면 세계 평균의 30% 정도밖에 안 된다. 이런 인구수와 자원의 불균형은 심각한 생태환경 파괴를 가져올 수밖에 없다. 경지 부족과 감소 사태가 약탈적인 경지 개발과 이용을 초래하면서 토지 황폐화가 급속히 진행되었다. 이를 벌충하기 위해 무분별한 산림과 초원의 개간, 호수와 하천 점용으로 사막화가 이루어진 것이다. 그런데 문제는 이런 사막화를 해결할 방안이 뚜렷하지 않다는 점이다. 그러다 보니 베이징 바로 앞까지 사막화가 이루어지고 있는 실정이다. 중국 인접국인 우리나라는 중국으로부터 날아오는 황사나 미세먼지로 인해 피해가 이만저만이 아니다.

잘 알려진 사실은 아니지만 북한에서도 사막화가 심각하게 진행되고 있다. 북한은 산에 다락밭을 만들고 땔감을 마련하기 위해 무차별적인 벌목을 했다. 이것은 필연적으로 토양의 훼손으로 이어지면서 실제적인 사막화 지역은 갈수록 넓어져가고 있다. 태풍이나 홍수로 인한 북한의 심각한 수해 피해 증가는 사막화로 인한 영향으로 봐야 한다. 유엔에서는 사막화방지협약UNCCD, United Nations Convention to Combat Desertification을 통해 과잉 방목 및 경작 규제, 초지와 숲 조성, 국제적 협력을 통한 국제적 지원 등을 추진하고 있다. 우리도 이에 적극적으로 호응하고 협력해서 사막화 방지에 힘을 보태야 우리나라에도 도움이 된다는 것을 알아야 한다.

기후변화로 인한 사막화는 가뭄과 밀접한 관계를 가진다. 미래학자들이 가장 염려하는 것은 태풍이나 집중호우, 쓰나미가 아니다. 눈에 보이는 홍수와 태풍은 사자나 늑대의 공격 정도다. 그런데 더 무서운 것은 은밀하고 완만하게 닥치는 가뭄이다. 혹자는 그것을 코끼리에 비유한다. "코끼리는 아무런 소리도 없이, 은밀하게 다가올 수 있다. 코끼리가 왔다는 사실을 알고 나면 피하기에는 너무 늦다"라고 기후전문가들은 말한다. 역사를 보면 가뭄은 대기근을 가져오면서 찬란했던 고대 문명을 수도 없이 몰락시켰다. 메소포타미아 문명, 인더스 문명, 마야 문명, 앙코르 와트 문명 등의 예처럼 가뭄으로 인한 대기근은 세계의 역사를 바꾸어왔다. 대표적인 대기근은 아일랜드의 1845~1849년 기근(100만~125만 명 사망), 소련의 1932~1934년 기근(500만 명 사망), 벵골의 1943~1946년 기근(300만 명 사망), 중국의 1958~1961년 기근(1,650만~2,950만 명 사망) 등이 대표적이다. 이런 대기근은 가뭄과 전염병으로 흉작이 발생하면서 대규모 기아로 이어졌다.

가뭄은 비가 오랫동안 오지 않거나 적게 오는 기간이 지속되는 현상이다. 기후학적으로는 연강수량이 기후값의 75% 이하이면 가뭄, 50% 이하이면 심한 가뭄으로 분류한다. 기후전문가들은 21세기 중엽이 되면 남유럽과 미국 남서부, 아프리카 사헬 지역 등 건조한 열대지역에서는 강우량이 30% 이상 감소할 것으로 예상한다. 이 지역에 해당하는 전 지구 면적의 19%인 3,000만 km^2가 심각한 가뭄이 들 것이라는 거다. 결코 남의 일이 아닌 것이다.

기후로 인해 고향을 떠나 다른 지역으로 이주하는 사람들을 기후난민이라 부른다. 가장 많은 기후난민climate refugees을 만드는 기상현상이 바로 사막화와 가뭄이다. 존 케리John Kerry 전 미국 국무부 장관은 "유럽이 씨름하는 난민사태는 기후변화가 분쟁으로 이어지고 기후난민이 발생하는 것이다"라고 말한다. 영국 옥스퍼드 대학의 노먼 마이어스Norman Myers 교수는 "가뭄으로 인한 기후난민은 시급한 안보문제가 되었다"라고 주장한다. 글로벌동향보고서GTR, Global Trends Report에 따르면 2015년 말 전 세계 기후난민은 6,530만 명이다. 그런데 이 숫자는 매년 가파르게 증가하고 있다. 사막화와 가뭄이 남의 일만은 아니다. 우리나라도 2015년부터 2041년까지 대가뭄기에 들어섰다고 주장하는 학자도 있다. 지금까지 살펴본 것처럼 사막화와 가뭄은 단지 그것이 발생하고 있는 나라만의 문제가 아니라 전 세계의 문제다. 무분별한 인간 활동으로 인한 환경파괴를 억제하고 기후변화에 함께 대응하는 노력이 그 어느 때보다 필요한 시점이다.

제3부
빙하는 녹고
호우와 태풍과 지진은 강해진다

제1장
빙하가 녹으면
북극곰만 죽는 것이 아니다

"트럭기사가 갑자기 차를 버리고 도망치고 말았습니다. 이게 웬일이야 하고 세관원이 차를 열어보니 트럭 비밀공간에는 100개가 넘는 매머드 상아가 들어 있었습니다."

2017년 2월 중국 헤이룽장성黑龍江省의 한 항구에서 일어난 에피소드다. 매머드 상아는 러시아에서 중국으로 몰래 밀수입되는 중이었다. 매머드 상아는 중국에서 코끼리 상아처럼 비싼 값에 팔려 밀수꾼들에게 인기가 있다. 그런데 매머드는 약 1만 년 전에 멸종된 동물이다. 도대체 어떻게 그렇게 많은 매머드 상아를 구할 수 있었을까? 바로 지구온난화 때문이다. 기온 상승으로 인해 빙하도 녹고 북극권의 영구동토층도 녹는다. 그런데 시베리아의 영구동토층에는 1,000만 마리의 매머드가 매장되어 있다고 한다. 그러다 보니 여름에 녹는 영구동토층에서 굴착기를 동원해 매머드를 불법으로 채굴하는 것이다. 지구온난화로 인한 기온 상승으로 영구동토층이 녹으면서 일어난 씁쓸한 풍경이다.

● 빙하가 녹으면 인도와 파키스탄의 핵전쟁이 벌어진다

지구온난화로 인한 기후변화는 영구동토층만 녹이는 것이 아니다. 기후변화로 가장 먼저 녹기 시작하는 것이 산에 쌓여 있는 눈이다. 스위스의 눈사태 연구원들은 유럽지구과학연맹EGU, European Geosciences Union이 발간하는 과학저널 《빙권Cryosphere》에서 금세기 말까지 알프스 산에 눈이 얼마나 쌓일지를 예측하는 논문[1]을 게재했다. 그 결과, 지금 추세대로 온실가스가 배출된다는 시나리오 하에서 알프스의 적설량은 금세기 말까지 70% 사라진다고 한다. 더 많은 눈이 녹을 것으로 예상되는 지역은 스키장이 밀집된 낮은 해발고도다. 해발 1,200m 이하의 알프스 산에는 금세기 말까지 적설의 유지가 어려울 것이라고 연구팀은 주장했다.

북극은 전 세계에 지구온난화로 인한 기후변화를 가장 잘 보여주는 렌즈와 같은 역할을 하는 곳이다. 그래서 세계의 기상학자들은 북극 기온의 오르내림에 민감하게 반응한다. 예를 들어보자.

"하루 종일 해가 뜨지 않는 북극의 기온이 영상 2℃까지 치솟아 기상학자들이 경악하고 있다."

2018년 2월 26일 《워싱턴 포스트The Washington Post》는 북극이 가장 혹독한 추운 날씨가 아닌 이례적인 고온이 발생했다고 보도했다.[2] 영하 30℃ 이하를 보여야 하는데 영상 2℃까지 올라갔다는 것이다. 기상학자들은

---

1 Christoph Marty, Sebastian Schlögl, Mathias Bavay, and Michael Lehning, "How much can we save? Impact of different emission scenarios on future snow cover in the Alps", *The Cryosphere*, 11, 517–529, doi:10.5194/tc–11–517–2017, 2017.

2 https://www.washingtonpost.com/news/capital–weather–gang/wp/2018/02/26/north–pole–surges–above–freezing–in–the–dead–of–winter–stunning–scientists/?utm_term=.0ebe6a76b8ca

폭풍이 그린란드 해를 통해 강한 열기를 북극에 유입시킨 것이 원인이라고 보고 있다. 이로 인해 북위 80도 전 지역에서 평년보다 20℃ 이상 높은 고온이 발생했다. 이 지역의 2월 기온으로는 최고를 기록했다고 세계기상기구는 발표했다. 왜 말도 안 되는 이런 미친 날씨가 발생하는 것일까? 지구온난화로 인해 북극의 빙하가 녹고 있기 때문이다.

빙하에 대한 이해를 하기 위해서는 얼음에 따라 다른 이름으로 불린다는 것을 알아야 한다. 얼음층은 크게 육지 기원 얼음층과 해양 기원 얼음층으로 구분한다. 육지에서 만들어진 얼음층에는 빙하, 빙상, 빙붕, 빙산 등이 있다. 빙하는 눈이 오랫동안 쌓여 다져져 육지의 일부를 이루는 얼음층이다. 빙하 중에서 대륙의 넓은 지역을 시트처럼 뒤덮고 있는 거대한 얼음덩어리를 빙상이라고 한다. 빙하의 한 종류인 빙붕은 대륙의 가장자리에 붙어서 바다에 떠 있는 얼음덩어리다. 빙산은 빙하가 바다로 떨어져 나와 떠다니는 얼음으로 민물얼음이다. 해양에서 만들어진 빙하에는 해빙이 있다. 바다에 떠 있는 얼음덩어리로 바닷물이 얼어 만들어진 얼음덩어리다.

"북극의 눈물", "남극의 눈물", "히말라야의 눈물"의 공통점은 무엇일까? 빙하가 녹아 생기는 현상을 찍은 다큐멘터리다. 북극과 남극의 빙하가 녹으면 무슨 일이 생길까?

첫째, 지구 기온이 높아진다. 빙하는 알베도^{albedo}(빛을 반사하는 정도를 수치로 나타낸 것으로 반사율이라고도 한다)가 높아 대부분의 태양빛을 우주로 돌려보낸다. 그런데 빙하가 녹으면 태양빛 반사효과가 적어져 지구 기온이 상승하는 것이다.

둘째, 해류의 흐름을 변화시켜 소빙하기가 올 수도 있다. 세계의 해류를 움직이는 원동력은 심해에 흐르고 있는 열염대순환해류다. 이 심해 해류가 만들어지는 곳이 극 근처의 바다다. 만일 빙하가 녹아 바닷물의 염도가 낮아지고 해수 온도도 상승하면 해저의 열염대순환해류가 멈춘다. 그러면 멕시코 난류 등의 표층 난류도 흐르지 않게 된다. 그러면 북반구 고위도 지역으로 소빙하기가 찾아올 가능성이 있다.

셋째, 히말라야에 쌓여 있는 만년설이나 빙하가 기온 상승으로 빠르게 녹아내린다. 인도, 파키스탄, 중국, 네팔 및 부탄, 동남아 국가 등은 빙하 녹은 물을 식수로 사용한다. 빙하가 다 녹고 나면 물로 인한 분쟁이 발생할 것이다. 미 국방성에서는 인도와 파키스탄이 물 문제로 핵전쟁을 벌일 가능성이 높다고 예상한다.

넷째, 빙하가 많이 녹으면 당장 우리나라 겨울 날씨가 춥다. 빙하가 많이 녹으면 북극의 한기를 잡아두는 제트 기류^{jet stream}가 약해진다. 약해진 제트 기류는 남쪽으로 뱀처럼 사행하여 내려와 북극 한기를 중위도 지역까지 끌어내린다. 한겨울 한반도에 혹한이 발생하는 이유는 이 때문이다.

다섯째, 빙하가 녹으면 바닷물의 높이가 올라가는 해수면 상승이 발생한다. 그러면 저지대 국가들이 물에 잠기게 된다. 마지막으로 빙하가 녹으면서 북극 지방에 묻혀 있던 메탄이 공기 중으로 방출되어 지구온난화를 가속시킨다. 지구온난화의 악순환이 발생한다는 것이다.

● 빙하가 빨리 녹은 이유는 무엇일까?

그럼 빙하는 왜 녹는 것일까? 지구온난화로 인한 기온 상승 때문이다. 북극은 최근 20년 동안 기온이 4~5℃나 상승했다. 이것은 1901년부터 2012년까지 지구 평균기온이 0.89℃ 상승한 것보다 무려 5배 이상 빠른 상승속도다. 이와 같은 북극의 빠른 기온 상승의 주요 원인은 태양에

지구온난화로 인한 기온 상승으로 빙하가 많이 녹으면 당장 우리나라 겨울 날씨가 춥다. 빙하가 많이 녹으면 북극의 한기를 잡아두는 제트 기류가 약해진다. 약해진 제트 기류는 남쪽으로 뱀처럼 사행하여 내려와 북극 한기를 중위도 지역까지 끌어내린다. 한겨울 한반도에 혹한이 발생하는 이유는 이 때문이다.

북극의 빠른 기온 상승의 주요 원인은 태양에너지를 반사하던 해빙의 감소로 태양에너지 흡수율이 높아졌기 때문이다. 1970년과 비교해 현재의 해빙 면적은 절반 수준으로 줄어들었다. 문제는 급격한 해빙의 감소가 최근 20~30년 사이에 집중되었다는 점이다. 그렇다면 앞으로는 더욱 심각한 기온 상승이 이루어질 가능성이 높다. 지난 1500년 동안을 기준으로 할 때 2000년 이후 북극 해빙의 녹는 속도가 가장 빠르다. 실제로 북극은 다른 지역보다 2배나 빨리 더워지고 있다.

너지를 반사하던 해빙의 감소로 태양에너지 흡수율이 높아졌기 때문이다. 1970년과 비교해 현재의 해빙 면적은 절반 수준으로 줄어들었다. 문제는 급격한 해빙의 감소가 최근 20~30년 사이에 집중되었다는 점이다. 그렇다면 앞으로는 더욱 심각한 기온 상승이 이루어질 가능성이 높다. 2016년 5월, 국가기상위성센터에서 '2015~2016년' 북극해빙보고서를 발표했다. 북극 빙하 면적이 상당한 양으로 줄어들고 있다는 것이다. 2016년 1~3월까지 위성 관측 결과로는 빙하량이 역대 최저 면적이었다. 국가기상위성센터는 미국 극지과학센터Polar Science Center의 북극 해빙 체적 자료를 이용하여 분석했다. 미국 극지과학센터는 2016년 최대 체적은 2만 2,500km^{3}로 2015년에 비해 1,700km^3 정도 감소했음을 밝혀냈다. 이것은 위성 관측 이후로 역대 최대 체적을 기록한 1979년보다 무려 32%나 적은 빙하량이다. 지구의 기온이 상승하면서 빙하들이 급속하게 녹고 있는 것이다.

북극해는 매년 가을이 돌아오면 추워지면서 해빙이 안정적으로 만들어졌다. 그러나 이제는 어는 속도보다 녹는 속도가 더 빠르다. 2018년 2월 미 국립해양대기청NOAA은 최신 연례 '북극 리포트 카드North Arctic Report Card' 보고서를 발표했다.[3] 지난 1500년 동안을 기준으로 할 때 2000년 이후 북극 해빙海氷의 녹는 속도가 가장 빠르다는 것이다. 실제로 북극은 다른 지역보다 2배나 빨리 더워지고 있다. 북극의 따뜻해진 여름이 빙하를 녹이고 있다. 빙하가 녹아 흘러내리는 물이 점점 많아지면 분리빙하 외에도 빙하 소실이 늘어난다.

줄리앤 니콜라스Julien Nicolas 등은 《네이처 지오사이언스Nature Geoscience》에

---

3 NOAA, "North Arctic Report Card", NOAA, 2018.

기고한 논문[4]에서 남극 기지가 1958년에서 2010년 사이에 무려 2.4℃나 상승했다고 밝혔다. 남극도 북극 못지않게 지구온난화의 영향을 심하게 받는다는 것이다. 남극의 빙하도 빨리 녹고 있다는 것을 뜻한다. 이들은 2018년 1월, 미 국립해양대기청은 NASA와 함께 공동연구 보고서를 발표했다. 2017년의 남극 해빙海氷 크기가 사상 최저 수준으로 연평균 남극 해빙 범위가 662만km²였다는 것이다. 이 크기는 1979년 기록이 시작된 이후 가장 작은 크기다. 북극의 해빙 크기는 어땠을까? 646km²로 1979년 기록 작성 이후 두 번째로 작았다. 지구의 빙하가 급속하게 녹아내린다는 증거다.

"2030년 북극 빙하 소멸, 기후변화 중단 이미 늦었다." 2018년 8월 24일 《헤럴드경제》[5]의 기사 제목이다. 기사 내용을 보자.

"최근 지구촌 곳곳에서 벌어지고 있는 이상기후 현상이 북극 빙하의 감소로 인한 것이라는 주장이 제기되었다. 특히 북극 빙하의 소멸 속도가 급격히 빨라져 2030년이면 완전히 사라질 수 있다는 충격적인 주장도 담겼다. CBS 라디오 〈김현정의 뉴스쇼〉에는 극지연구소 북극해빙예측사업단 김백민 책임연구원이 출연해 기후변화의 심각성과 현 상황을 설명했다. 김 연구원은 '북극 최후의 빙하마저 녹기 시작했다. 그린란드 북쪽 지역 그리고 캐나다 북쪽 지역, 대륙하고 맞닿아 있는 지역에서는 대륙이 차갑기 때문에 빙하가 잘 녹지 않는다. 그러나 그 지역의 빙하마저 녹았다'라고 운을 뗐다. 이곳의 빙하는 마지막 빙하기였던 약 2만 년 전에 생

---

4 Julien Nicolas, "Central West Antarctica among the most rapidly warming regions on Earth", *Nature Geoscience*, 2017.

5 http://news.heraldcorp.com/view.php?ud=20180824000166

성된 것으로 추정되고 있다. 즉, 인류 문명이 발달하고 난 이후부터는 전혀 녹지 않았던 빙하다. 그러나 김 연구원에 따르면 이 빙하는 1980년대와 비교해 면적이 4분의 1 수준으로 줄었다. 김 연구원은 '얼음이 2000년대 이후부터 급격히 붕괴되고 있다. 여러 가지 컴퓨터 시뮬레이션을 통해서 추정을 해보면 (북극 빙하의 완전 소멸이) 약 2030년 정도 근방이 되지 않을까라고 생각하고 있다'라고 밝혔다."

김 연구원의 이야기처럼 북극 빙하가 2030년이면 다 녹는다는 것은 엄청난 기후변화가 발생한다는 것을 뜻한다. 빙하가 녹는 것이 단순히 지구온난화에만 영향을 끼치는 것이 아니라 전 지구의 극심한 기후변화를 가져오기 때문이다. 빙하가 녹으면 제트 기류가 약해지는데 이것이 한반도에서 2018년의 혹한과 폭염을 부른 원인이 되었다.

심각한 것은 기온 상승 외에도 북극 빙하를 녹이는 것이 에어로졸이나 검댕 등이라는 것이다. 심각한 대기오염이 북극 빙하 감소에 영향을 미친다는 것이다.《매일경제》는 2017년 3월 7일자 기사에서 "2001년 이후 그린란드 빙상 가장자리가 5% 이상 어두워졌습니다"라는 앤드류 테드스톤Andrew Tedstone 영국 브리스톨 대학 교수의 주장을 실었다.[6] 2010년, 2012년, 2016년 그린란드의 여름이 따뜻했을 때 어두운 얼음 지역이 많아졌고 반대로 2015년 여름이 추웠을 때는 빙하의 색이 거의 변하지 않았다는 것이다. 대기 중에 떠다니던 에어로졸이나 검댕이들이 빙하에 내려앉아 검은색 빙하가 만들어졌고, 이것들이 빙하가 녹는 속도를 빠르게 한다는 것이다.

북극 빙하가 빨리 녹으면서 덴마크의 화물 컨테이너 선박이 쇄빙선의

---

6 http://news.mk.co.kr/v7/newsPrint.php?year=2017&no=183512

도움 없이 북극해를 통과하는 운항에 나섰다. 덴마크 해운그룹 머스크 Maersk는 북극해 항로를 통과할 첫 컨테이너선 '벤타 머스크Venta Maersk'를 출항시켰다고 밝혔다. 기온 상승으로 인해 북극 빙하가 많이 녹으면서 가능해진 일이다. 이것은 기후변화가 얼마나 빠르게 진행되고 있는지, 지구온난화로 인해 북극 빙하가 얼마나 빨리 녹고 있는지를 보여주는 사례다. 블라디보스토크Vladivostok항을 출발해 부산항을 거쳐 베링 해협을 지나 상트페테르부르크Saint Petersburg에 도착하기로 되어 있던 이 컨테이너선은 냉동 생선과 한국산 전자제품을 실어 운반했다. 지구온난화로 바다 얼음이 녹으면서 경제성을 확보할 수 있는 길이 트인 셈이다.

그러나 북극해 항로 이용 증가는 다른 한편으로 환경에 대한 우려를 낳고 있다. 선박에서 사용하는 중유는 그을음을 비롯해 여러 오염물질을 배출하면서 해빙을 촉진하는 역할을 하기 때문에 더 큰 재앙을 가져오지 않을까 걱정된다. 국제해사기구는 이에 따라 이 구역을 통과하는 선박들의 중유 사용을 금지하는 방안을 추진하고 있다.

● 동토층에서 배출되는 메탄이 문제다

"한 사람이 1톤의 이산화탄소를 배출할 때 북극해의 얼음 면적은 $3m^2$씩 사라집니다." 2017년 12월 15일《경향신문》의 기사 제목이다.[7] 독일 막스플랑크연구소의 디르크 노츠Dirk Notz 교수 연구팀이 이산화탄소 배출량과 북극 얼음 넓이의 관계를 연구했다. 이들 논문을 바탕으로 우리나라 사람들이 북극 얼음을 얼마나 녹이고 있는지 계산해보았더니 한국인

---

7 http://news.khan.co.kr/kh_news/khan_art_view.html?art_id=201712141758001

한 사람이 북극 얼음을 해마다 35m²씩 없애고 있었다. OECD 통계에서 2015년 한국인은 1인당 11.3톤의 탄소를 배출했다. OECD 국가들의 1인당 연간 탄소 배출량 9.2톤보다 많다. 한국인이 북극 얼음을 더 많이 녹이고 있는 것이다.[8]

북극 빙하가 녹으면 북극곰만 죽는 것이 아니다. 인간을 비롯한 모든 종은 얼음에 의존하는 '종種'이다. 현재 북극에 살고 있는 사람만 400만 명 이상이다. 이들은 빙하가 사라지면서 엄청난 영향을 받는다. 빙하가 사라지면 알래스카 해안지역에 있는 영구동토층이 사라지면서 해안선이 무너진다. 폭풍우를 막아주는 빙하가 사라지면 혹한이 닥치고 폭설이 내린다.

지구온난화로 영구동토가 녹으면 지구온난화는 더욱 심각해진다. 현재 북극권의 기온은 다른 지역보다 2배 이상 빨리 상승하는 중이다. 지구온난화의 가장 큰 영향을 받고 있기 때문이다. 문제는 영구동토가 빠르게 녹으면서 영구동토에 갇혀 있던 탄소가 공기 중으로 빠져나온다는 것이다. 현재 영구동토에는 1,700기가톤Gt의 탄소가 있는 것으로 추정되는데 이 정도의 양은 현재 대기 중에 있는 탄소 양의 2배 정도다. 전문가들은 2100년까지 영구동토에 갇혀 있는 43~135기가톤의 탄소가 대기 중으로 방출될 것으로 추정하고 있다. 영구동토에서 방출되는 탄소만으로도 전 지구 평균기온이 0.1~0.3℃는 올라갈 수 있다.

그런데 최근에 예상한 것보다 더 많은 메탄이 영구동토층에서 방출되고 있다는 연구가 나왔다. 2018년 8월 21일 한국기자협회의 홈페이지에

---

8 https://data.oecd.org/air/air-and-ghg-emissions.htmn

실린 내용[9]의 요약을 보자.

"NASA 연구진은 북극 영구동토층의 갑작스러운 해빙으로 대기 중 온실가스 방출이 늘고 있다는 사실을 알아냈다. 영구동토층이 예상보다 빠른 속도로 녹고 있어 기존보다 탄소 방출이 최대 190% 늘어났다. 문제는 이 같은 현상이 현재 기후변화 시나리오에는 적용되지 않아 인간이 만들어내는 온실가스 배출을 감축해도 대규모 메탄 방출 가능성이 여전히 크다는 점이다."

어쩌면 메탄이 지구의 운명을 가를 물질이 되는 것은 아닐까 걱정이 된다.

---

9 https://m.post.naver.com/viewer/postView.nhn?volumeNo=16538662&

제2장
해수면이 상승하면
베네치아가 물에 잠긴다

"세계의 모든 트럼프에게 저항하는 계기가 되기를 바란다."

디카프리오Leonardo DiCaprio가 자기의 직업인 영화를 가지고 기후변화 환경파괴저지 운동을 하듯 예술가들은 공연에서 소리를 지른다. 디카프리오가 도널드 트럼프 미 대통령의 반환경정책에 반대한 것처럼 유명한 전자음악가인 장 미셸 자르Jean Michel Jarre도 트럼프 미 대통령의 정책에 항의하는 공연을 했다. 기후변화로 사라져가는 세계자연유산 중의 하나가 이스라엘에 있는 사해Dead Sea다. 사해는 이스라엘과 요르단, 팔레스타인 영토에 접한 호수로 세계에서 가장 수면이 낮고 염분이 높은 염호鹽湖다. 필자도 사해에서 둥둥 떠 수영을 한 경험이 있다. 그러나 매년 호수 가장자리가 1m씩 줄어들고 있다. 전문가들은 2050년이면 호수의 물이 완전 말라버릴 것이라고 경고한다. 바로 이 사해에서 장 미셸 자르는 갈수록 면적이 줄고 있는 사해 보존의 시급성을 전 세계에 알리기 위해 2017년 4월 6일 밤부터 7일 새벽까지 철야 공연을 했다. 그는 이번 공연의 주안점이 지구가 당면한 시급한 위험성을 일깨우는 것이라고 강조했다.

● 해수면은 왜 이렇게 빨리 상승할까?

세계기상기구^{WMO}는 2018년 8월 30일 세계기후연구프로그램$^{WCRP, World}$ $^{Climate Research Programme}$의 지역 해수면과 해변 영향에 대한 보고서를 실었다.[10] 이 보고서는 해수면고도측정법을 기반으로 한 전 세계 평균 해수면을 분석했다. 그랬더니 해수면이 매년 3.1mm씩 상승하고 있다는 것이다. 지난 25년 동안 그 상승 속도가 더욱 빨라지면서 매년 0.1mm 정도 가속되고 있는 것으로 분석되었다. 해수면 상승 원인으로는 해수면 열팽창, 빙하, 그린란드, 남극을 지목했다. 이것들이 해수면 상승에 기여하는 비율은 각각 42%, 21%, 15%, 8% 정도였다. 빙하가 녹는 속도가 빨라지면서 북극 해빙의 경우 지난 10년 동안 약 13.2% 감소했다고 밝혔다. NASA의 2018년 기후변화 사이트 통계를 보더라도 빙하가 녹는 속도는 정말 빠르다.[11] 이들이 사용하는 해수면고도측정법이 시작된 1993년 1월 5일 해수면은 0mm였다. 그러나 2005년 1월 14일 38.9mm까지 상승했고 2018년 4월 25일 현재 85.1mm까지 급격하게 높아지고 있다. IPCC의 예측보다 훨씬 더 빠르게 해수면이 상승하고 있는 것이다.

미국 국립과학원^{NAS}은 이 원인을 밝혀냈다. 수온이 높아지면서 바닷물의 부피가 커지는 열팽창 현상 때문이었다. 이 효과까지 가세하면서 해수면이 빠르게 상승하고 있다는 것이다. 2016년 9월, 미국 러트거스 대$^{Rutgers University}$ 연구팀은 2100년이 되면 지금보다 최대 181cm 이상 상승할 것으로 예측했다. 이것은 IPCC의 82cm보다 거의 2배 이상 빠른 해수

---

10 https://public.wmo.int/en

11 https://climate.nasa.gov/

면 상승이다. 미국과 중국, 호주 연구진은 지구온난화로 인한 연간 해수면 상승폭이 1993년 2.2mm에서 2014년 3.3mm로 증가했다고 밝혔다. 과학저널《네이처 클라이밋 체인지Nature Climate Change》에 게재한 논문[12]에서 20년 사이에 해수면 상승폭이 50%나 증가했다는 것이다. 연구팀은 해수면 상승에서 빙하가 차지하는 비중이 크게 늘었음을 밝혀냈다. 1993년에는 해수면 상승의 50%가 빙하 해빙에 따른 것이었으나, 2014년에는 70%로 증가했다는 것이다. 같은 기간 그린란드 빙하가 차지하는 비중은 지구 평균 해수면 상승의 5%에서 25%로 가장 많이 증가했다.[13] 이번 연구 결과는 NASA가 해수면 상승률을 연간 3.4mm로 추정한 것과도 거의 일치한다.

● 해수면이 상승하면 저지대 국가들은 바닷물에 잠긴다

빙하가 많이 녹으면 해수면이 상승하고 저지대 국가들은 바닷물에 잠긴다. 많은 사람들이 빙산이 녹으면 해수면이 올라간다고 생각한다. 그러나 그렇지 않다. 빙산은 물 위에 떠다니는 얼음이다. 땅위에 얼어 있는 얼음이 아니라는 말이다. 아르키메데스Archimedes의 원리를 보면 물이 가득 찬 컵에 얼음을 넣을 경우, 얼음이 녹더라도 물은 넘치지 않는다. 따라서 해수면이 상승하기 위해서는 땅 위에 있는 얼음이 녹아야 한다. 육지의 얼음은 산(히말라야, 알프스, 안데스 산맥 등)의 빙하 속에 있다. 그리고 북극

---

12 https://www.nature.com/nclimate/journal/vaop/ncurrent/full/nclimate3325.html

13 http://mashable.com/2017/06/26/sea-level-rise-accelerating-because-greenland/

에서는 그린란드가 있고 남극은 대륙이기에 땅위에 얼음이 있다. 과학자들은 산악의 빙하 전체가 녹아내린다면 해수면은 30cm 상승한다고 본다. 그러나 그린란드 전체가 녹으면 해수면이 7m 더 상승한다. 남극의 얼음이 녹으면 무려 70m가 상승할 것으로 추정한다.

해수면 상승으로 직접적인 피해를 입는 나라들은 저지대 국가나 남태평양 섬나라들이다. 유네스코 세계유산으로 지정된 최고의 관광도시 이탈리아 베네치아Venezia가 지반 침하와 해수면 상승으로 어려움을 겪고 있다. 침수를 막기 위해 이탈리아 정부는 2003년부터 베네치아의 3개 석호潟湖 입구 바다 밑에 방벽을 설치했다. 해수면이 상승하면 공기 주입으로 방벽을 일으켜 세워 아드리아해의 물이 못 들어오게 막을 수 있는 '모세 프로젝트'를 추진한 것이다. 이런 노력에도 다음 세대에게 베네치아는 더 이상 관광지가 아닐 수도 있다.

평균 해발고도가 3m인 남태평양의 섬나라 투발루Tuvalu의 9개 산호섬 중 1개는 1999년 이미 바다 아래로 잠겼다. 매년 해수면 상승으로 침수 면적이 증가하고 있다. 기후전문가들은 남태평양 도서국가 중 투발루와 키리바시Kiribati는 30~60년 안에 사라질 것으로 본다. 이들 국가들에게 기후변화로 인한 해수면 상승은 생존의 문제가 된 것이다.

"해수면 상승으로 터전을 잃은 국민들이 이민해서 일자리를 구할 수 있게 지원해주십시오."

2015년 10월, 피지Fiji, 키리바시, 투발루, 토켈라우Tokelau 등 섬나라 정상들의 합동성명 내용이다. 그러나 어느 나라도 이들의 지원 호소에 귀기울이지 않았다. 2015년 12월 파리에서 열린 제21차 유엔기후변화협약 당사국총회(COP21) 행사장에서 몰디브, 파푸아 뉴기니 등 섬나라로 구성된 군소도서국연합이 다시 선진국에 호소했다.

Venezia

Tuvalu

Kiribati

해수면 상승으로 직접적인 피해를 입는 나라들은 저지대 국가나 남태평양 섬나라들이다. 유네스코 세계유
산으로 지정된 최고의 관광도시 이탈리아 베네치아(맨 위 사진)가 지반 침하와 해수면 상승으로 어려움을 겪
고 있다. 그리고 평균 해발고도가 3m인 남태평양의 섬나라 투발루(가운데 사진)의 9개 산호섬 중 1개는 1999
년 이미 바다 아래로 잠겼다. 매년 해수면 상승으로 침수 면적이 증가하고 있다. 기후전문가들은 남태평양
도서국가 중 투발루와 키리바시(맨 아래 사진)는 30~60년 안에 사라질 것으로 본다. 이들 국가들에게 기후변
화로 인한 해수면 상승은 생존의 문제가 된 것이다.

"우리나라들은 해수면 상승으로 수십 년 내 지도에서 사라질 위기에 처해 있습니다."

그러나 이들의 호소에도 선진국들은 무반응이었다. 그러자 투발루는 정부 차원에서 공식적으로 국토 포기를 선언하고 뉴질랜드와 국제사회에 자국민을 '기후난민'으로 인정해 이민을 받아줄 것을 호소하고 있다. 그러나 1만 명의 이주민을 누가 받아줄 것인가? 포기한 키리바시 국민 2,000명은 피지 북섬에 땅을 구입해 이주했다.

섬나라는 아니지만 해수면 상승으로 직격탄을 맞고 있는 나라가 방글라데시다. 2050년이면 전 국토의 17%가 침수되어 무려 2,000만 명이 기후난민이 될 전망이다. 방글라데시의 비극은 처참하다. 이 나라도 저지대 국가로 해수면이 상승하면서 직접적인 피해를 입고 있다. 빈번해지는 홍수와 태풍의 피해는 매년 커져간다. 저지대 논은 소금기 때문에 농사를 지을 수 없고 지하수에서도 소금물이 나온다. 세계기상기구 보고서는 "갠지스 강 삼각주에 예고된 홍수가 일어나고 소금물이 유입되면, 수천만 명 이상의 방글라데시 사람들이 거주지를 옮길 것이다"라고 내다보고 있다. 방글라데시 인구의 약 절반이 농업으로 살 수 없어서 2050년까지 도시로 이주할 것이고, 그럴 경우 엄청난 갈등에 직면하게 될 것이다. 그래서 국제 전문가들은 방글라데시인들이 인도로 이주할 것이라고 전망한다. 그러나 수천 만 명이 이주할 것으로 예상되는 인도의 아쌈Assam 지방도 정치 · 경제적으로 어렵다. 인도는 방글라데시인들이 인도로 오지 못하도록 12억 달러를 들여 방글라데시 국경에 철조망 울타리를 세웠다. 국경 울타리는 약 3,400km가 넘는, 세계에서 가장 긴 국경선이다. 철조망에 전기를 흘려 넘어오지 못하게 한다. 인도로 넘어가려는 방글라데시 사람들이 나흘에 한 명꼴로 사살당할 정도로 문제가 심각하다.

이 나라들은 땅이 바닷물에 잠기는 직접적인 피해 이전에 간접적인 피해를 먼저 입는다. 먼저 해수면 상승으로 파도가 높아지고 해일이 강해진다. 쓰나미나 폭풍해일이나 태풍, 홍수에 무척 취약해진다. 두 번째로 마실 물이 사라진다. 지하수에 바닷물이 섞이면서 짠물이 되기 때문이다. 염분으로 농작물도 죽어가면서 섬이나 해안지대는 죽음의 땅이 되고 있다. 사람이 살 수 없는 재앙의 땅으로 변하는 것이다.

이게 다른 나라만의 일일까? 물론 정도의 차이는 있지만, 우리나라도 해수면 상승의 피해를 피할 수는 없다. IPCC의 보고서에서 연평균 해수면 상승은 2mm 정도다.[14] 그러나 우리나라 해양수산부 국립해양조사원의 연구에 따르면, 우리나라의 상승치는 연간 2.68mm다. 그러나 제주도는 38년간 평균 약 21cm의 해수면 상승 추세를 보여 머잖은 미래에 삶의 터전이 위협받을 수 있다. 해수면이 1m 상승하면 한반도는 여의도의 300배인 전체 국토 면적의 1.2%가 줄어든다. 침수지역에 사는 125만 명 가량이 고향을 떠나야 하는 것이다.

현재 전 세계의 6억 명이 넘는 인구가 해발고도 10m보다 낮은 지역에서 살고 있다. 1억 5,000만 명가량은 해발고도 1m 이내에 거주한다. 이들은 해수면이 상승할 경우 곧바로 영향을 받게 된다. 그렇기에 선진국들은 2100년 해수면 상승 상한치를 고려해 정책을 결정한다. 영국의 기후변화 프로그램은 1.9m, 미 육군은 1.5m, 네덜란드는 1.1m를 상한치로 추정하고 미래 정책을 세우고 있다.

---

14 IPCC, "Climate Change 2014: Synthesis Report", IPCC, 2014.

● 해수면 상승은 인터넷을 불능으로 만든다

지구온난화로 인한 해수면 상승을 막지 못할 경우 해안도시에서는 최소 15년 뒤부터 인터넷을 사용하지 못하게 될지도 모른다는 연구 결과가 나왔다. 2018년 8월, 위스콘신·오리건 대학 연구팀은 해수면 상승으로 2033년 미국 해안지역에 있는 약 6,500km 길이의 인터넷 케이블과 1,101곳의 하드웨어 센터가 물에 잠길 것이라는 논문을 발표했다.[15] 해수면이 상승하면서 인터넷을 사용하지 못하는 것은 인터넷 케이블이 바닷물에 잠기기 때문이다. 해저 케이블과 달리 매립 케이블은 방수 재질이 아니다. 따라서 바닷물에 침수가 되면 인터넷이 끊길 위험이 매우 크다. 연구팀은 미국에서는 뉴욕New York, 마이애미Miami, 시애틀Seattle, 로스앤젤레스Los Angeles 등이 가장 위험하고, 일본 도쿄東京, 중국 상하이上海 등의 지역도 매우 위험한 것으로 보고 있다. 《허핑턴 포스트The Huffington Post》가 "21세기 말까지 해수면이 약 182cm 상승할 것이라는 최악의 시나리오가 현실이 되면 피해는 걷잡을 수 없을 것"이라고 주장하는 것과 일맥상통한다.

해수면이 상승해서 인터넷이 두절되고 해안의 대도시들이 물에 잠기게 될 경우 치러야 할 비용은 엄청날 것이다. 2018년 7월에 영국 국립해양학센터NOC, National Oceanography Centre가 발표한 보고서를 보자. 파리기후변화협정을 지키지 않을 경우, 해수면은 1.8m까지 올라갈 것으로 예상된다. 이럴 경우 이로 인한 홍수 및 침수 피해 비용이 연간 최대 14조 달러에 달할 것으로 추산했다. 우리나라의 경우 세계 평균보다 해수면 상승속

---

15 https://www.huffingtonpost.kr/entry/story_kr_5b503f5be4b0b15aba8bb1e3

도가 2~3배에 이를 정도로 빠르다. 기상청은 세기말이면 우리나라의 남해와 서해의 도시 중 상당부분이 바닷물에 잠길 것으로 예상한다. 그렇다면 해수면 상승으로 인한 해안도시 침수로 인해 인터넷 불능 등 막대한 피해가 발생할 것이라고 내다봤다.

제3장
아열대성 호우가 내린다

● 상상하기도 어려운 폭우가 내린다

2018년 8월 28일 저녁부터 29일 새벽까지 서울에 시간당 70mm의 비가 쏟아지는 등 수도권을 중심으로 물폭탄이 떨어졌다. 퇴근길 도로가 잠길 수준의 장대비를 겪은 시민들이 폭우를 예상하지 못한 기상청을 격렬하게 비난했다. 기상청은 서울 등 수도권 지역에 국지성 호우가 올 것이라고 예상했다. 다만 예상 강수량은 30~80mm로 물폭탄 수준인 200mm에 가까운 실제 강우량과는 차이가 컸다. 서울 중랑천이 넘치면서 월릉교 및 동부간선도로에 있던 차량들이 물에 잠기는 사고가 잇따랐다. 이 과정에서 침수 차량 운전자가 사망했다. 시민들의 비난이 잇따르자 당시 담당예보관은 "국지성 호우가 내리는 지역 등에 대한 예측은 충분히 가능하지만 지역별 강수량을 정확히 예측하기란 매우 어려운 일"이라고 말했다. 여기에 더해 기상청 예보국장이 언론사의 기상담당기자들에게 보낸 "당황스러움을 넘어 상상하지 못한 현상"이라는 문자 메시지는 논란을 가중시켰다.

가을장마 시기에 닥친 국지성 집중호우를 예보담당관의 말처럼 정확하게 예측하기는 어렵다. 기상청은 경기, 강원, 수도권 지역으로 호우특보를 발령했었다. 이곳에서 호우는 예상되지만 정확하게 어느 지역에 호우가 내릴 것인가를 예측하는 것은 정말 어렵다. 국지성 호우의 특징이 게릴라성이기 때문이다. 필자는 서울 호우의 가장 큰 원인을 지구온난화로 인한 기후변화 때문이라고 본다. 공군 기상대에서 30년간 일하고, 민간 기상예보회사에서 10년째 기상예보관으로서 일하고 있는 필자 역시 최근 들어 정확한 호우예보를 하기가 점점 더 어려워지고 있다는 것을 절감한다. 상상하기 어려운 폭우가 어디에 얼마나 쏟아질지 예측하기 쉽지 않을 정도로 기상이변이 속출하고 있는 것이다.

당시의 상황을 살펴보도록 하자. 가을장마로 인해 남부지방부터 호우가 내리기 시작했다. 가을장마전선은 북상하면서 대전 등 충청지역에 호우를 뿌렸다. 그리고 28일 경기 남부에 물폭탄을 쏟아붓고 서울로 북상 중이었다. 짧은 시간 호우예보에 가장 중요한 것은 레이더 영상이다. 당시 서울 쪽으로 들어오는 비구름은 큰 특징이 없었다. 따라서 밤에 경기 북부로 올라가면서 경기 북부와 강원 영서 북부에 집중호우가 내릴 것으로 예상한 것이다. 그런데 서울에 약간의 비를 뿌리고 경기 북부로 올라간 비구름이 갑자기 다시 서울로 내려온 것이다. 퇴근시간인 7시 전후부터 서울 북부 지방에 호우가 쏟아졌다. 이를 미처 예측하지 못한 기상청은 당황할 수밖에 없었다. 그런데 놀랍게도 서울로 남하해 경기 남부까지 내려간 장마전선이 다시 밤늦게 경기 북부로 북상한 것이다. 이날 밤부터 29일 새벽까지 경기 북부와 강원 북부 지방에 300~400mm의 집중호우가 내렸다. 여기에서 중요한 것은 북상하는 장마전선이 다시 서울로 남하한 것이다. 물리적 법칙에 따르면 북상하는 전선이 다시 남쪽으로 내려오려면 정지한 후 남쪽으로 내려오는 힘을 받고 서서히 속도가 붙어야 한다. 그런데 이 당시는 거의 벽에 부딪쳐 튕긴 것처럼 서울로 내려왔다. 일반적인 기상예보 방법으로는 도저히 이해하기 어려운 현상이었다. "당황스러움을 넘어 상상하지 못한 현상"이라는 기상청 예보국장의 말이 이해가 되었다. 또 한 가지 더, 서울을 강타한 장마전선은 경기 남부에서 또다시 북상해 경기 북부로 이동한 것이었다. 이런 일련의 장마전선 이동과 호우는 이제는 우리가 예측하기 어려운 기상이변이 속출하는 기후변화 시대로 접어들었음을 극명하게 보여주는 것이다. 기후변화시대의 강수의 특징은 비의 집중도가 커지고 지역 예측이 점점 더 어려워진다는 것이다.

그럼 우리나라 기상청만 호우 예측을 잘못한 것일까? 아니다. 세계 기상예보의 최강국이라는 일본도 2018년 7월 호우 예측에 실패했다. 2018년 6월 28일부터 태풍 쁘라삐룬으로 인한 장마전선의 발달로 7월 9일까지 일본 전역에 강풍을 동반한 폭우가 내렸고, 이로 인해 엄청난 피해가 발생했다. 총강수량은 시코쿠四国 지방 1,800mm, 주부中部 지방 1,200mm, 규슈九州 지방 900mm, 긴키近畿 지방 600mm, 주고쿠中国 지방 500mm라고 일본 기상청이 발표했다. 이 폭우로 일본 전역의 472만 명에게 피난 권고 지시가 내려졌다. 일본 농림수산성은 농수산업 피해만 2,455억 엔에 달한다고 발표했고 호우로 인한 사망자는 220명에 달했다. 2018년 일본 호우는 필자에게 큰 충격을 주었다. 일본의 경우 기상재난이 많아 재난 인프라는 세계 최고 수준이다. 아무리 강한 태풍이나 호우가 내려도 몇 십 명 정도의 희생자가 발생할 뿐인데, 2018년에는 220명이나 되었다. 그런데 중요한 것은 일본 기상청이 이 정도의 폭우를 예상하지 못했다는 것이다. 일본의 경우 재난이 발생할 것으로 예상되면 기상청 관계자가 재난방송에 나와 국민에게 지속적으로 재난 예측 방송을 한다. 그런데 이번에는 예측에 실패하면서 산사태나 강물 범람으로 많은 사람들이 죽은 것이다. 호우 뒤 일본 기상청 관계자는 앞으로 예측하기 어려운 집중호우가 더 많이 강하게 발생할 것이라고 말했다.

● 왜 아열대성 호우로 바뀌는 것일까?

왜 이렇게 비의 강도가 강해지는 것일까? 우선 가장 큰 원인은 기온 상승 때문이다. 기온이 상승하면 대기 중의 수증기 양이 증가한다. 그러면 당연히 비가 내리는 양이 증가할 수밖에 없다. 두 번째로 기온 상승은 해수 온도 상승을 가져온다. 해수 온도가 올라가면 더 많은 수증기를 대기 중에 공급한다. 강수량이 증가할 밖에 없는 이유다. 세 번째, 남쪽과 북쪽 공기의 기온 차이가 커지기 때문이다. 기온 차이가 커지면 대기가 상당히 불안정해지면서 호우가 내리기 쉽다. 2018년 7월 일본 호우로 엄청난 피해가 발생한 후 일본 기상전문가들의 의견이 소개되었다. 후쿠오카대학福岡大学의 모리타 오사무守田治 기상학과 객원교수는 이번 폭우의 원인을 지구온난화로 꼽았다. 그는 "기온 상승으로 공기 중에 축적된 수증기의 양이 많아졌고, 이에 더해 (지구온난화로) 대기 상태가 불안정해져 폭우가 내리기 쉬워졌다"는 것이다. 일본 기상협회도 "기온 상승으로 해수 온도가 올라가면 대기 중에 유입되는 수분의 양이 늘면서 폭우가 내리기 쉽다"는 의견을 발표했다.

이런 기후변화는 강수량의 특성도 바꾸고 있다. 우리나라의 경우 여름철 강수량은 매년 증가하고 있다. 그런데 강수일수는 줄어들고 있다. 홍수 피해가 급격히 늘어나는 강수집중도가 커진다는 말이다. 강수집중도가 커지면 호우 피해도 커진다. 앞으로 지구온난화에 따른 기록적인 집중호우가 증가할 것으로 보인다. 세계기상기구는 지구 평균기온이 2℃ 상승할 경우 기록적인 집중호우 횟수는 1800년대 중반에 비해 1.5배 정도 늘어나고 기온이 3℃ 상승할 경우 2배 정도 늘어날 것으로 전망하고 있다.

"대기 중에 대규모로 이동하는 수증기의 강이 집중호우의 주요 원인이다." NASA의 연구 결과다.[16] 연구팀은 '대기권의 강Atmospheric River'은 수증기를 많이 포함한 공기가 대규모로 지구 위를 이동하는 현상이라고 말한다. 지구온난화로 따뜻해진 바다에서 증발한 수증기가 그 주요 원인이다. 육지에 내리는 집중호우는 물론 태풍도 이 '대기권의 강'에 해당한다고 본다. 수증기의 형태로 수분을 많이 함유한 공기는, 큰 덩어리로 대기권층을 이동한다. 이동하는 수증기는 보이지 않는다. 그러나 그 양은 엄청나고 어딘가에서 비가 되어 쏟아진다. 강력한 홍수와 대규모 수해를 가져오는 원인이라는 것이다. '대기권의 강'은 지구를 순환하는 담수의 22%를 포함한다. 북미의 동해안과 동남아, 뉴질랜드 등의 지역에서는 50%까지 증가한다. 따라서 '대기권의 강'의 영향이 큰 곳은 재해가 일어날 확률이 다른 지역에 비해 80%나 상승했다고 한다. 연구팀은 '대기권의 강'으로 피해를 받는 인구수가 1년에 3억 명 정도로 본다. 연구팀은 온실가스가 계속 방출된다면 '대기권의 강'은 지금보다 25% 정도 더 넓어지고 길어진다고 분석했다. 앞으로 더 많은 그리고 더 강한 폭우와 폭풍이 50% 이상 증가할 것이고 한다. 지구온난화로 인한 기온 상승이 예측하기 힘든 더 강한 폭우와 태풍을 불러온다는 것을 전 세계는 이미 2018년에 온몸으

16 Esprit Smith, "Climate Change May Lead to Bigger Atmospheric Rivers", NASA Global Climate Change, 2018.

로 경험했다.

● 호우 피해가 가장 큰 곳이 아시아다

유엔 국제재해경감전략기구UNISDR, International Strategy for Disaster Reduction는 "지난 20년간 60만 6,000명이 자연재해로 숨졌다. 최근 5년 동안에만 20년간 의 사망자 절반이 발생했다. 기후재난으로 인한 경제적 손실은 전 세계 적으로 매년 300조 원 안팎"이라고 발표했다.[17] 그런데 어떤 기상현상으 로 가장 많은 피해를 입었을까? 홍수가 전체 기후재난의 56%를 차지해 1위다. 홍수로 인해 23억 명이 피해를 입었다고 한다. 두 번째가 태풍이 다. 20년 동안 총 24만 2,000명 이상이 태풍으로 목숨을 잃었다. 그런데 홍수나 태풍의 피해를 가장 많이 받는 지역이 아시아다. 2007년 발생한 홍수로 인도와 방글라데시에서만 3,300명이 숨졌고, 2010년에는 파키 스탄에서 2,100명, 중국에서 1,900명이 목숨을 잃었다. 2013년에도 인 도에서 발생한 홍수로 6,500명이 숨졌고 2015년에도 2,700명이 호우로 목숨을 잃었다. 이 지역에는 큰 강이 많고 기후변화에도 취약하며 강 유 역에 인구밀도가 높다. 그런데 극한기상에 대비할 돈도 없고 재난 인프라 도 약하다. 그러다 보니 아시아의 가난한 나라는 기후변화로 인한 홍수의 희생자가 될 수밖에 없다.

2017년에도 홍수와 호우는 아시아 지역을 피해가지 않았다. 2017년 에는 남아시아에서 계절풍인 '몬순'의 영향으로 수천 명이 사망하고 수천 만 명의 이재민이 발생했다. 몬순은 우리식으로 말하면 장마라고 할 수

---

17 UNISDR, "The human cost of weather-related disasters 1995-2015", UNISDR 2015.

어떤 기상현상이 가장 많은 피해를 입혔을까? 첫 번째가 전체 기후재난의 56%를 차지한 홍수다. 홍수로 인해 23억 명이 피해를 입었다고 한다. 두 번째가 태풍이다. 20년 동안 총 24만 2,000명 이상이 태풍으로 목숨을 잃었다. 그런데 홍수나 태풍의 피해를 가장 많이 받는 지역이 아시아다. 아시아 중에서도 인도와 방글라데시, 파키스탄, 중국은 홍수와 호우로 인해 많은 인명피해를 입었다. 이 지역은 기후변화에도 취약하며 강 유역에 인구밀도가 높다. 그런데 극한기상에 대비할 돈도 없고 재난 인프라도 약하다. 그러다 보니 아시아의 가난한 나라들은 기후변화로 인한 홍수의 희생자가 될 수밖에 없다.

있다. 이 지역으로 매년 6월 초 몬순이 발생하지만, 2017년에는 8월 둘째 주부터 강력한 집중호우로 인한 산사태와 범람이 발생하면서 피해가 커졌다. 인도 북부 비하르Bihar 주에서만 170여 명이 사망하고 이재민대피소에 약 40만 명이 몰렸으며, 약 1,000만 명이 홍수 피해를 입었다. 인도 주요 도시와 지방을 연결하는 철도는 6일 연속 운영이 중단되었다. 몬순은 인도만 아니라 네팔도 강타했다. 123명이 홍수로 사망했고 전체 인구 2,800만 명 가운데 최소 20%가 피해를 입은 것으로 추정된다. 유엔은 네팔이 15년 만에 최악의 홍수 피해를 겪고 있다고 밝혔다. 국제 적십자협회는 인도, 네팔, 방글라데시 이 3개국에서 1,200명이 홍수로 목숨을 잃었고 4,100만 명의 이재민이 발생했다고 발표했다. 못사는 나라들은 서글프다. 가난한 아프리카의 시에라리온에서도 2017년 8월 집중호우로 인한 산사태로 최소한 600명 이상이 숨졌다. 최근 20년간 아프리카에서 벌어진 재해 중 최악의 참사가 발생한 것이다.

문제는 호우만 단독으로 나타나는 것이 아니라는 것이다. 기후변화는 날씨의 극단적인 양극화 현상을 만들어낸다. 2017년 말부터 2018년 초까지 미국 서남부 캘리포니아 주는 기록적인 가뭄과 산불, 홍수를 동시에 겪었다. 2017년 12월 발생한 '토마스 산불Thomas Fire'은 35일간 서울 면적의 1.8배인 1,100km²를 태웠다. 소방관 1만여 명이 투입되었는데도 산불은 꺼지지 않았다. 그런데 캘리포니아주에 내리지 않던 강한 집중호우가 내렸다. 이 호우로 산불은 꺼졌지만 홍수가 발생하면서 50명 이상의 희생자가 발생했다. 일본도 마찬가지다. 2018년 7월 강력한 집중호우로 200명 이상의 사망자가 발생했다. 그런데 바로 뒤이어 찾아온 역대급 폭염으로 150명 이상이 죽는 극단적인 날씨 양극화 현상이 발생한 것이다. 호우를 예상하지 못한 일본 기상청은 폭염 예측에도 실패하면서 비난의 중심에 서버렸다. 이러한 사례들은 지구 기후가 세계 최고라고 불리는 나라들의 기상청 예측 능력으로도 예측할 수 없을 정도로 극단적으로 변하고 있다는 증거일 것이다.

결국 집중호우나 홍수 피해를 줄이는 방법은 이산화탄소를 줄이는 길뿐이다. 한국과학기자협회의 2018년 8월 15일 보도 내용을 보자.

"티안준 중국과학원CAS, Chinese Academy of Science 대기물리학연구소 박사(중국과학원대 교수) 팀은 기온 상승폭을 2℃에서 1.5℃로 0.5℃ 줄일 경우 극심한 이상폭우 현상을 약 20~40% 줄일 수 있는 것으로 나타났다고 국제학술지《네이처 커뮤니케이션스Nature Communications》8일자 온라인판에 발표했다. 저우 교수는 "2100년에 지구 평균기온이 2℃ 오르는 것과 1.5℃ 오르는 것은 천지차이다. 0.5℃는 이상기후 현상을 막는 데는 매우 중요한 수치"라고 강조했다. 연구진은 현재와 같은 기후변화 추세라면 2100년에는 10년 또는 20년에 한 번씩 위험한 폭우에 노출되는 인구가 전체 세계 인구의 61.8%(37억 4,540만 명)를 넘어서고, 몬순 기후 영향권에 들어가는 면적도 전체의 3분의 2 수준으로 늘어날 것으로 예측했다. 저우 교수는 '지구온난화가 진행됨에 따라 이상폭우의 변동성도 커지는 것으로 나타났다'고 말했다."

온실가스 저감에 전 세계가 동참하여 지구온난화로 인한 기온 상승을 막는 길만이 집중호우의 피해를 줄일 수 있는 지름길인 것이다.

제4장
슈퍼 태풍이 급증하고 있다

"기후변화를 부정하는 사람들은 지금 당장 필리핀을 방문하라." 2013년 폴란드 바르샤바^{Warszawa}에서 열린 제19차 기후변화협약 당사국총회(COP19)에서 눈물로 절규하는 필리핀 대표의 말이다. 2013년 11월 17일《국민일보》기사[18]에 따르면 예브 사노$^{Yeb\ Sano}$ 그린피스^{Greenpeace} 동남아시아 사무총장이 필리핀 정부 대표 자격으로 회의에 참석해 단식을 선언하고 눈물을 흘리며 국제 사회의 각성을 호소했다. 그가 이렇게 국제 사회에 강력하게 항의한 것은 태풍 하이옌^{Haiyan}으로 인한 피해가 너무 컸기 때문이다. 정말 태풍의 피해가 그렇게까지 클까? 지금까지 지구 역사상 가장 많은 재산 피해를 가져온 기상현상을 보자. 1위는 2005년에 발생한 허리케인 '카트리나^{Katrina}', 2위는 2017년 허리케인 '하비^{Harvey}', 3위는 2017년 발생한 허리케인 '마리아^{Maria}', 4위는 2017년 발생한 허리케인 '어마^{Irma}', 5위는 2011년 일본에서 발생한 동일본대지진, 6위는 2012년 허리케인 '샌디^{Sandy}', 7위는 1992년 허리케인 '앤드류^{Andrew}', 8위는 1994

---

18 http://news.kmib.co.kr/article/view.asp?arcid=0007760897

년 노스리지^{Northridge} 지진, 9위는 2008년의 허리케인 아이크^{Ike}, 10위는 2011년의 뉴질랜드 지진이었다. 10위까지 허리케인이 8개, 지진이 2개 들어 있다. 이 허리케인 8개 중 7개는 2000년 이후에 발생한 것으로, 최근 허리케인도 지구온난화의 영향으로 강력해지고 있음을 알 수 있다.

허리케인^{hurricane}은 북대서양 카리브해에서 발생하는 열대성 저기압을 말한다. 열대성 저기압은 발생 해역에 따라 그 명칭 다른데, 북태평양 서쪽에서 발생하는 것을 태풍^{typhoon}, 북대서양·카리브해·멕시코만·북태평양 동부에서 발생하는 것을 허리케인, 인도양·아라비아해·뱅골만 등에서 발생하는 것을 사이클론^{cyclone}, 호주 부근 남태평양에서 발생하는 것을 윌리윌리^{willy-willy}라 부른다.

우리나라는 북태평양 서쪽에서 발생하는 열대성 저기압인 태풍의 영향을 받는데, 지구온난화의 영향으로 최근 위력이 강력해진 슈퍼 태풍^{super typhoon}이 자주 올라오고 있다. 슈퍼 태풍이란 미국 합동태풍경보센터^{JTWC, Joint Typhoon Warning Center} 기준으로 1분 평균 최대 풍속이 67m/s(234km/h) 이상인 태풍을 말한다. 2000년대 들어 슈퍼 태풍이 급증하고 있는데, 전문가들은 이의 원인으로 지구온난화를 거론하고 있다.

● 슈퍼 태풍이 모든 것을 쓸어간다

2013년 11월 태풍 '하이옌'이 필리핀을 강타했다. 태풍 하이옌은 시속 379km로 질주하는 '괴물'이었다. 이 정도의 속도는 세계 최고 슈퍼카의 한계속도다. 강력한 바람을 동반한 하이옌은 필리핀 중부 동쪽에 위치한 레이테^{Leyte} 섬과 사마르^{Samar} 섬을 초토화시켰다. 두 섬에서만 430만 명의 이재민이 발생했다. 피해가 가장 컸던 레이테 섬에서는 건물 80%가 무

2013년 11월 필리핀을 강타한 슈퍼태풍 하이엔. 태풍 하이엔은 시속 379km로 질주하는 '괴물'이었다. 강력한 바람을 동반한 하이엔은 필리핀 중부 동쪽에 위치한 레이테 섬과 사마르 섬을 초토화시켰다. 두 섬에서만 430만 명의 이재민이 발생했다. 피해가 가장 컸던 레이테 섬에서는 건물 80%가 무너졌다. 주도인 인구 20만의 타클로반에서는 1만 명이 사망했다. 사마르 섬에서도 사망·실종자가 2,300명이나 발생했다. 슈퍼태풍 하이엔은 필리핀 GDP 16%를 날려버릴 만큼 최악의 태풍이었다.

너졌다. 주도인 인구 20만의 타클로반Tacloban에서는 1만 명이 사망했다. 사마르 섬에서도 사망·실종자가 2,300명이나 발생했다. 필리핀 GDP 16%를 날려버릴 만큼 최악의 태풍이었다. 태풍 피해의 원인이 지구온난화라고 믿은 필리핀 대표는 2013년 폴란드 바르샤바에서 열린 제19차 기후변화협약 당사국총회(COP19)에서 "기후변화를 부정하는 사람들은 지금 당장 필리핀을 방문하라"며 국제 사회의 반성을 촉구하기도 했다.

2017년 8월 말 미국 텍사스주 휴스턴을 강타한 허리케인 '하비'는 천문학적인 피해를 가져왔다. '하비'가 특이했던 것은 엄청난 비를 쏟아부었다는 것이다. 하비가 퍼부은 일주일간의 폭우는 우리나라 1년 강수량과 맞먹는 1,320mm였다. 위스콘신 우주과학공학센터는 "현대적인 관측이 시작되기 이전의 자료를 검토해도 이만한 규모는 나타나지 않는다. 약 1000년에 한 번 나올 수 있는 강수량이다"라는 분석까지 내놨다. 미국 국립기상청National Weather Service에서 발표한 결과는 더 충격적이다. 포트아서Port Arthur에서 북쪽으로 16km 떨어진 관측소에서 무려 1,640mm의 강우량이 기록되었던 것이다.

재산 피해가 950억 달러로 추산되어 지금까지 가장 큰 피해를 입혔던 2005년 허리케인 카트리나의 1,050억 달러에 미치지는 못했다. 그러나 2011년 일본을 강타한 규모 9.0의 동일본대지진 피해보다 2배 이상 많다. 예상보다 허리케인 하비의 세력이 커진 것은 해수 온도 상승이 가장 큰 원인이었다. 기후학자들은 휴스턴Houston에 내린 1,000mm의 폭우 중 최소한 300mm는 지구온난화에 따른 기후변화의 영향이라고 본다. 보통 허리케인이나 태풍은 해수 온도가 27℃ 이상일 경우 발생하고 해수 온도가 더 높으면 더 강하게 발달한다. 하비의 경우 멕시코만의 해수 온도가 이례적으로 높았기 때문에 강력하게 발달했다. '하비'가 휴스턴을 향해 진행하고 있을 때 텍사스 근해 해수 표면 온도가 평균보다 2.7~7.2℃ 이상 높아 세계의 주요 대양 가운데 가장 뜨거운 해역이었다. 그러자 '하비'는 더 많은 수증기와 열을 공급받으면서 열대성 저기압이 48시간 사이에 카테고리 4등급의 슈퍼급 허리케인으로 발달한 것이다.

'하비'는 예고편이었다. 바로 뒤이어 허리케인 '마리아'와 '어마'가 서인

2017년 8월 말 미국 텍사스주 휴스턴을 강타한 허리케인 '하비'는 천문학적인 피해(재산 피해 950억 달러 추산)를 가져왔다. '하비'가 특이했던 것은 엄청난 비를 쏟아부었다는 것이다. 하비가 퍼부은 일주일간의 폭우는 우리나라 1년 강수량과 맞먹는 1,320mm였다. 위스콘신 우주과학공학센터는 "현대적인 관측이 시작되기 이전의 자료를 검토해도 이만한 규모는 나타나지 않는다. 약 1000년에 한 번 나올 수 있는 강수량이다"라는 분석까지 내놨다. 예상보다 허리케인 하비의 세력이 커진 것은 해수 온도 상승이 가장 큰 원인이었다.

도제도와 미국을 강타했다. '마리아'가 112명, '하비'가 68명, '어마'가 44명의 희생자를 가져왔다. 미국이 '하비'로 큰 피해를 봤다면 카리브해의 나라들은 '어마'에게 당했다. 세계은행WB, World Bank은 도미니카의 경우 '어마'로 인한 피해액이 도미니카 GDP의 224%에 해당하는 13억 달러에 달하는 것으로 추정했다. NOAA는 '마리아'로 인한 피해액이 900억 달러에 이를 것으로 추정했다. '마리아'는 역사상 세 번째로 피해액이 컸던 허리케인이었다.

● 미래에는 슈퍼 태풍이 지금보다 몇 배 더 늘어날 것이다

태풍의 양상이 바뀌고 있다. 예측이 어려울 만큼 점점 더 강한 태풍으로 발전하고 있다. 도대체 얼마나 강력한 태풍이 만들어지고 있는 것인가? 21세기에 얼마나 강력한 슈퍼 태풍이 발생할 것인지에 대해 쓰보키 가즈히사坪木和久 등이 논문을 학회에 발표했다.[19] 앞으로도 지구 전체의 경제가 지금까지와 마찬가지로 화석연료 및 재생에너지에 의존해 빠르게 성장하는 경우를 가정했다. 실험 결과, 30개 태풍 가운데 현재 기후에서는 3개가 슈퍼 태풍으로 발달한 반면에 미래 기후에서는 12개가 슈퍼 태풍으로 발달하는 것으로 나타났다. 미래에는 슈퍼 태풍이 지금보다 몇 배 더 늘어날 것이라는 전망이다. 가장 강력하게 발달한 시점에서 미래 슈퍼 태풍 12개의 중심 기압은 평균 883hPa(헥토파스칼), 중심 최대 풍속은 평균 초속 76m가 될 것으로 전망되었다. 중심에서의 최대 풍속은 현재 기후에서는 초속 77m까지 강해지는 반면, 현재와 같은 추세로 기후 변화가 지속될 경우 미래 기후에서는 최고 초속 88m의 강풍을 동반한 슈퍼 태풍이 된다는 것이다. 참고로 우리나라는 아직 슈퍼 태풍의 영향을 받은 적이 없다. 그러나 이른 미래에 우리나라도 슈퍼 태풍의 영향을 받게 될 것이다. 그리고 그 피해는 상상할 수 없을 만큼 클 것이다.

사상 최악의 피해를 가져왔던 2005년 허리케인 '카트리나' 정도의 슈

---

19 Kazuhisa Tsuboki et al., "Future increase of supertyphoon intensity associated with climate change", *Geophysical Research Letters*, 2015.

퍼 태풍이 크게 늘어날 것으로 보인다. 덴마크 코펜하겐 대학 연구팀은 기후변화로 지구 평균기온이 1℃ 오르면 '카트리나'급의 슈퍼 태풍이 2~7배나 더 많이 발생할 것으로 예상했다. 온실가스 저감정책이 성공적으로 이루어져 세기말에 지구 평균기온이 2℃ 정도 높아지더라도 매년 1개의 '카트리나'급 슈퍼 태풍이 발생할 것이라고 한다.[20] 지금까지는 '카트리나'급 슈퍼 태풍은 발생 확률이 20년에 1개 정도였다. 세계기상기구 태풍위원회Typhoon Committee는 태풍평가보고서에서 서태평양 지역에서 태풍의 발생 빈도는 줄어들지만 강도는 강해질 것으로 전망했었다.

　태풍이나 허리케인 같은 열대성 저기압tropical cyclone이 기후변화로 더 강력해질 것이라는 연구도 있다. 2017년 9월 케리 에마뉴엘Kerry Andrew Emanuel MIT 교수는 열대성 저기압의 역사와 이와 관련된 물리학에 대한 이론을 발표했다.[21] 그는 기후변화가 태풍이나 허리케인 같은 열대성 저기압을 훨씬 더 강하게 만들어 현재보다 훨씬 더 북쪽까지 영향을 미칠 것으로 전망했다. 이 경우 인명 피해와 재산 피해가 더 늘어날 것이다. 그는 2017년 미국의 텍사스 해안선을 황폐화시키고 미국 허리케인 역사상 두 번째로 큰 피해를 준 '하비' 같은 슈퍼 허리케인이 생길 확률에 대해서도 말했다. '하비' 같은 허리케인은 20세기에는 2000년에 한 번 일어날 수 있는 정도다. 그러나 21세기에는 100년에 한 번까지 확률이 매우 높아진다. '하비' 다음에 연이어 카리브해를 강타하고 미국에 상륙한 '어마' 같은 슈퍼 허리케인은 800년에 한 번에서 80년에 한 번까지 발생 기간이 줄어든다는 것이다. 또 허리케인이 가지고 오는 강수량은 점점 더

20 안영인, 『시그널, 기후의경고』, 엔자임헬스, 2017.

21 Kerry Emanuel, "100 Years of Progress in Tropical Cyclone Research", MIT, 2017.

증가할 것으로 전망했다. 1990년대에는 허리케인으로 인한 강수량이 연간 강수량의 1% 정도였지만, 현재는 매년 6%씩 증가하고 있다. 그리고 2090년에는 18%까지 늘어날 수 있다는 것이다. 열대성 저기압은 열대 바다에서 증발한 수증기가 상승하면서 냉각될 때 뿜어내는 잠열이 발달의 원천이다. 그런데 기후변화로 많은 수증기가 발생하기에 더 많은 잠열이 생겨나 태풍이나 허리케인 같은 열대성 저기압이 강해지고 비가 많이 내리게 되는 것이다.

● 인간이 만든 기후변화가 태풍을 괴물로 만들고 있다

2018년 7월 미국 채플힐 노스캐롤라이나 대학과 샌디에이고 캘리포니아 주립대 연구팀은 《네이처 지오사이언스》 온라인판에 육지에 상륙하는 태풍의 강도가 지속해서 강화되었다고 주장했다.[22] 중국, 대만, 일본, 한국, 필리핀 등 동아시아와 동남아시아를 강타한 태풍은 1977년 이후 최근까지 12~15% 강력해졌다는 것이다. 이렇게 태풍의 강도가 강해진 원인을 해수 온도 상승으로 보았다. 따뜻해지는 연안 바다가 태풍에 더 많은 에너지를 공급해주기 때문이라는 것이다. 연구팀은 세계적으로 해수 온도가 높은 동아시아 연안지역에 위치한 중국 동부와 대만, 한국, 일본 등은 앞으로 더 강력한 태풍의 영향을 받을 것이라고 전망했다.

기후변화가 태풍의 발생 지역을 바꾸고 있다. 미국 국립해양대기청 NOAA 산하 기후데이터센터N$^{CDC, Climatic Data Center}$의 연구 결과다.[23] 최근 30년

22 http://ecotopia.hani.co.kr/363642

23 https://www.ncdc.noaa.gov/cdo-web/

간의 분석 결과 태풍의 에너지 최강 지점이 중위도로 옮겨갔다는 것이다. 10년마다 53~62km씩 적도에서 극지방 방향으로 옮겨가면서 현재는 적도 부근에서 약 160km 멀어졌다고 한다. 제임스 코신James Kossin 미 해양대기청 연구원은 "일본과 한국이 큰 위험에 놓일 가능성이 있다"고 말한다. 태풍의 가장 강한 지점이 중위도 지역으로 이동하고 있기 때문이다. 수년 안에 한국과 일본의 태풍 피해가 커질 것이라는 것이다.

제주대 문일주 교수의 연구도 비슷하다. 최근 58년간 자료 분석에 의하면 중위도 태풍이 증가한다고 한다. 예전에는 저위도 태풍이 다수였는데, 1990년대 이후부터는 북위 20도 이상 중위도 태풍이 증가하고 있다는 것이다. 문 교수는 여기에 더해 해수 온도 상승으로 인해 태풍의 기압이 하강하고 있다고 한다. 기압이 하강한다는 것은 태풍의 강도가 강해진다는 것이다. 해수면 온도 상승, 태풍기압치의 하강, 태풍 최강 에너지 지점의 중위도 북상 등은 슈퍼 태풍이 한반도를 강타할 가능성이 매년 높아진다는 것을 의미한다.

지구온난화와 해수 온도 상승은 태풍의 발생 시기가 늦춰지는 효과를 가져온다. 옛날에는 11월 이후 태풍 발생이 극히 적었다. 그러나 이제는 한겨울에도 태풍이 발생한다. 겨울철 태풍 발생 빈도가 늘어나는 것이다. 2017년 겨울에 동남아시아 지역에서 발생한 태풍은 모두 4개로, 평년(1.6개) 대비 2배 이상이었다. 2017년 12월 필리핀을 강타한 '덴빈'은 겨울 태풍으로 겨울 태풍치고는 이례적으로 강했다. 340명의 사망자를 가져왔을 정도다.

2018년에도 많은 태풍이 만들어져 막대한 피해를 입혔다. 먼저 아시아의 경우, 7월에 필리핀에서 발생한 제9호 태풍 '손띤'은 14만 명의 이재민을 발생시킨 뒤 베트남까지 강타해 최소 27명이 사망했다. 제8호 태풍 '마리아', 제10호 태풍 '암필'은 중국에 상륙하면서 40여만 명이 대피하는 소동을 빚었다. 그리고 제21호 태풍 '제비'가 일본에 상륙하면서 엄청난 피해를 입혔다.

미국도 슈퍼 허리케인으로 인해 엄청난 피해를 입었다. "초강력 허리케인 '플로렌스Florence', 기후변화가 괴물 만들었다." 2018년 9월 15일 SBS 안영인 기자의 기사 제목이다. 2018년 9월 14일 미국 노스캐롤라이나 웰링턴Wellington 부근 해안에 상륙한 허리케인 플로렌스의 피해가 엄청났다. 최고 시속 225km(시속 140마일, 초속 62.5m)의 강풍을 동반한 4등급 허리케인까지 발달했었다. 우리나라로 말하면 슈퍼 태풍이다. 최고 1,000mm가 넘는 비를 뿌리면서 '재앙적 폭우'라는 수식어까지 붙었다.

그런데 지구온난화로 인한 기후변화가 없었다면 플로렌스가 초강력 허리케인으로 발달할 수 있었을까? 케빈 A. 리드Kevin A. Reed 등 미국 뉴욕의 스토니브룩 대학교SUNY, State University of New York at Stony Brook와 로렌스버클리 국립연구소LBNL, Lawrence Berkeley National Laboratory, 국립대기과학연구소NCAR, National Center for Atmospheric Research 연구원들이 이에 대한 연구[24]를 실시했다. 인간이 만든 기후변화가 허리케인 플로렌스를 얼마나 더 강력하게 만들었는지에 대해서다. 분석 결과 허리케인의 중심 기압은 기후변화로 인해 더욱 크게 떨어지는 것으로 나타났다. 허리케인의 중심 기압이 낮아진다는 것은 허리케인이 더욱 강하게 발달한다는 것을 뜻한다. 당연히 바람은 강해지고 비도 더 많이 내리고 강한 세력이 더 오래 유지된다. 특히 상륙 지

---

[24] Kevin A. Reed, Alyssa M. Stansfield, Michael F. Wehner and Colin M. Zarzycki, "The human influence on Hurricane Florence", 2018; https://cpb-us-e1.wpmucdn.com/you.stonybrook.edu/dist/4/945/files/2018/09/climate_change_Florence_0911201800Z_final-262u19i.pdf

역인 미국 노스캐롤라이나 주변 지역에는 강수량이 50% 이상 증가한 것으로 나타났다. 기후변화로 해수 온도가 높아지고 대기 중의 열과 수증기가 늘어났기 때문이다. 여기에 허리케인의 크기(영향력 반경)도 80km 정도나 더 커지는 것으로 나타났다. 한마디로 인간이 만든 기후변화가 허리케인을 괴물로 만든 것이다.

제5장
지진, 기후변화를 무시한 대가

● 기후변화는 화산 폭발 부추기는 또 다른 변수다

기후변화로 증가하는 현상 중 하나가 지진과 화산이다. 영화 〈폼페이: 최후의 날〉은 CG 기술이 최고의 화산 폭발을 만들어낸 영화다. 고대도시 폼페이Pompeii는 로마 상류계급의 휴양지이자 무역이 활발했던 아름다운 항구도시였다. 79년 8월 24일, 베수비오Vesuvio 화산의 대폭발로 발생한 약 4m 높이의 화산재가 순식간에 폼페이 시가지를 덮쳤다. 약 18시간 후 폼페이는 수천 명의 사망자와 천문학적 피해를 기록하며 지도상에서 사라졌다. 이 영화를 보면서 베수비오 화산이 폭발하면서 가져온 기후변화는 어땠을까 궁금했다.

화산은 화산폭발지수로 강도를 표현한다. 화산 폭발의 지속 시간, 화산 분출물의 양 등을 종합해 1에서 8까지 수치로 나타낸다. 숫자가 1씩 증가할 때마다 폭발 강도는 10배씩 증가한다. 약 7만 4000년 전 분출한 인도네시아의 토바Toba 화산의 화산폭발지수는 8이었다. 당시 살았던 인류를 멸종 직전까지 내몰았던 거대한 화산 폭발이었다. 근세에 들어와 가장 큰 영향을 미친 화산 폭발은 1815년 인도네시아 탐보라 화산 폭발이다. 이 폭발로 성층권까지 치올려진 화산 분출물이 태양빛을 막아 지구 기온을 낮추었다. 1816년은 여름이 없는 해가 되었고 3년 동안 식량 생산이 대폭 줄어들었다. 발진티푸스 등 전염병이 창궐했고 최초의 금융공황이 발생했다. 식량 감산으로 프랑스와 영국 등 유럽에서는 폭동이 끊이질 않았다. 탐보라 화산의 화산폭발지수는 7로 전 지구 평균기온이 1℃ 정도 낮아진 것으로 추정된다. 가장 최근에 지구 기온을 떨어뜨린 화산 폭발은 필리핀의 피나투보Pinatubo 화산 폭발이다. 1991년 필리핀 피나투보 화산 폭발은 화산폭발지수 6의 거대한 화산 폭발로, 65만 명의 이재민이 발생했다. 당시 피나투보 화산이 폭발하면서 분출된 이산화황으로 인해 지구로 들어오는 햇빛이 10% 정도 줄어들었고 이로 인해 지구 평균기온이 0.5℃ 정도 하강했다.

그런데 2017년 지구온난화로 인해 기후변화가 지속되면 화산 폭발이 늘어날 가능성이 높다는 연구 결과가 발표되었다. 영국 리즈 대학University of leeds을 비롯한 영국과 미국 공동연구팀은 아이슬란드의 화산 활동과 기후변화를 분석한 결과, 기온이 낮아 빙하가 폭넓게 덮여 있는 기간에는 화산 활동이 크게 줄어든 반면 기온이 올라가면서 빙하가 녹았던 시기에는 화산 활동이 매우 활발했던 것으로 나타났다고 밝혔다.[25] 기후변화가 화산 활동에 영향을 미치는 또 다른 큰 변수가 된다는 뜻이다.

일반적으로 화산은 기후변화와 관계 없을 것 같지만 그렇지 않다. 빙하가 녹아내리면 눌려 있던 용수철이 부풀어 오르는 것처럼 땅은 솟아오르

25 Graeme T. Swindles et al., "Climatic control on Icelandic volcanic activity during the mid-Holocene", *Geology*, 2017.

1991년 6월에 발생한 필리핀 피나투보 화산 폭발은 화산폭발지수 6의 거대한 화산 폭발로, 65만 명의 이재민이 발생했다. 당시 피니투보 화산이 폭발하면서 분출된 이산화황으로 인해 지구로 들어오는 햇빛이 10% 정도 줄어들었고 이로 인해 지구 평균기온이 0.5℃ 정도 하강했다. 그런데 2017년 영국 리즈 대학을 비롯한 영국과 미국 공동연구팀이 아이슬란드의 화산 활동과 기후변화를 분석한 결과, 지구온난화로 인해 기후변화가 지속되면 화산 폭발이 늘어날 가능성이 높다는 연구 결과를 발표했다. 기후변화가 화산 활동에 영향을 미치는 또 다른 큰 변수가 된다는 뜻이다.

게 된다. 이때 땅만 솟아오르는 것이 아니라 두꺼운 빙하의 압력에 눌려 있던 지하 마그마도 올라올 가능성이 크다. 압력이 약해지면 암석이 녹는 온도가 낮아진다. 빙하가 녹아내릴 경우 압력이 약해지면서 상대적으로 낮은 온도에서도 마그마가 잘 만들어진다. 결국 녹아내리는 빙하가 마그마의 생성과 흐름에까지 영향을 미쳐 화산 활동이 보다 활발해지게 되는 것이다.

● 우리나라 역시 지진의 안전지대가 아니다

필자는 최근 울산에 있는 한 고등학교로부터 지진에 대한 특강을 요청받았다. 여러 자료를 찾다가 태평양에 닿아있는 미국 캘리포니아에서 발생한 규모 9.0의 대지진을 다룬 영화 〈샌 안드레아스San Andreas〉를 보게 되었다. '샌 안드레아스'는 단층선(단층면과 지표면이 만나는 선)의 이름이다. 이곳에서 발생하는 지진은 캘리포니아 전역을 붕괴시킬 만한 위력을 가졌다고 알려져 있다. 그러나 지진학자들은 그 정도의 수준은 아니라고 말한다. 할리우드의 과장이라고 생각할 수도 있다. 그런데 이 지역에 있는 '캐스캐디아Cascadia' 침입대[26]는 정말 위험한 것으로 알려져 있다. 캐스캐디아 침입대는 태평양 연안 북서부 해안 근처에 있으며 1,127km에 걸쳐 뻗어 있다. 남북으로 길쭉한 모양인 '캐스캐디아'는 캐스캐이드Cascade 화산 산맥에서 이름을 따온 것이다. 이곳에서 지진이 발생하면 강력한 쓰나미로 인해 미 서부 지역이 끝장날 것이라고 전문가들은 예상한다.[27] 1906년의

---

26 '침입대'는 지구의 한 지각판이 다른 지각판 밑으로 들어가 있는(침입된) 지역을 말한다.

27 미국 재난청에 따르면, 이 지진은 태평양 연안 북서부에서는 시애틀, 타코마, 포틀랜드 등을 포함한 약 36만km² 면적에 영향을 끼칠 것이며 700만 명에게 피해를 입힐 것이라고 한다.

샌프란시스코 지진 때 약 3,000명이 사망했는데 미국 재난청은 캐스캐디아에서 지진과 지진해일이 발생하면 거의 1만 3,000명이 목숨을 잃고 2만 7,000명 정도가 부상을 입을 것이라고 예상하고 있다. 이재민은 100만 명 정도가 될 것이라고 한다. 그런데 캐스캐디아 지진이 발생하는 주기로 보면 얼마 남지 않은 것으로 보인다. 그래서 지진 관계자들은 "과학이 틀리기를, 앞으로 천 년 동안 이런 일이 일어나지 않기만을" 바란다고 말할 뿐이라고 한다.

대지진으로 일본 열도가 침몰한다는 작품도 나온 적이 있다. 일본의 대표적인 SF 작가 고마츠 사쿄小松實의 대표 소설 『일본 침몰日本沈沒』이 그것이다. 이 소설은 대규모 지각변동으로 일본이 바닷속으로 가라앉아 사라지고, 그 과정에서 벌어지는 인간들의 비극을 다루고 있다. 이 소설을 원작으로 한 영화도 만들어졌다. 소설과 영화가 발표되면서 정말 일본 열도가 침몰할 것인가에 대한 논란이 많았다. 지진학자들은 그런 일은 발생하지 않는다고 말한다. 유라시아판 경계에 있는 일본은 밀도가 무거워 침강하는 해양 지각이 아니라 밀도가 가벼워 솟아오르는 대륙 지각이다. 그러니까 땅이 높아지는 것이 맞지 가라앉는 것은 아니다. 따라서 아무리 강력한 지진이 발생해도 절대로 침몰하지는 않는다. 물론 강력한 지진이 발생하면 지진 피해에 이어 발생하는 쓰나미 피해가 엄청 클 수는 있다.

일본 열도가 침몰하면 일본만 피해를 입는 것이 아니다. 그 과정에서 우리나라가 입는 피해도 엄청날 것이다. 영화 〈해운대〉는 일본 대마도가 내려앉으면서 발생한 초대형 쓰나미가 배경이 된다. 일본 열도가 침몰할 정도의 지진이라면 지진과 그로 인한 방사능 낙진, 화산 낙진, 쓰나미로 인해 우리나라 남부지방은 거의 멸망 수준이 될 것이다. 우리나라만 아니라 중국, 대만과 필리핀, 미국, 캐나다, 중남미, 호주, 뉴질랜드까지 피해가 엄청날 것으로 예상된다. 지진에 대해 둔감하던 우리나라 사람들이 최근 2년 동안 발생한 경주와 포항 지진으로 지진에 아주 민감해졌다. 근래 '불의 고리'로 불리는 환태평양 지진대에 있는 일본, 필리핀, 인도네시아, 미국 알래스카 등에서 동시다발적으로 화산이 폭발하고 지진이 발생하고 있다. 우리나라 역시 '불의 고리' 지역의 간접영향권에 들기 때문에 지진의 안전지대가 아닌 만큼 이에 대한 대비를 해야 할 필요가 있다.

● 기후변화가 지진을 부른다

지구 안쪽은 뜨거운 액체인 마그마로 이루어져 있고, 바깥쪽은 땅과 같은 고체로 구성되어 있다. 그런데 지구의 바깥쪽인 땅은 균일한 하나의 판板으로 되어 있는 것이 아니라 여러 개의 조각으로 나누어져 있다. 또 움직이는 액체 위에 떠 있는 판 조각들은 서로 끌어당기기도 하고 밀기도 한다. 이때 판이 끌어올려지는 곳에는 마그마가 솟아오른다. 판이 미는 곳에서는 인접해 있는 다른 판으로 구겨지면서 마그마 속으로 들어가게 된다. 바로 이와 같은 암석의 운동을 지진이라고 부른다.

지진은 여러 복잡한 원인과 과정에 의해 발생한다. 가장 중요한 이론이 '판구조론'이다. 지구를 둘러싸고 있는 피부에 해당하는 지각은 10여 개의 판으로 분리되어 있으며 이 판들은 움직이고 있다는 것이다. 우리나라는 유라시아판에 속해 있는데 인도판과 태평양판 사이에 끼어 지속적인 압축력을 받는다. 판 경계부의 압축력이 내부로 전달되면 지각 속 단층에 작용하는 힘이 증가해 외부에서 조금만 힘이 가해져도 단층이 붕괴되면서 지진이 발생한다.

기후변화가 지진을 부른다는 이야기에 많은 사람들이 고개를 젓는다.

땅 속의 지진까지 기후변화가 어떻게 영향을 주느냐는 것이다. 기후변화로 인해 비가 내리는 양상이 과거와 확연히 달라지고 있다. 이와 같은 기후변화는 지하수의 형성에 영향을 미친다. 예를 들어 지하수가 늘어나면 지진이 증가하는 경향이 있는데, 지각판에 압력을 가하기 때문이다.

지하수의 지진 촉발 효과는 1969~1973년 미국지질조사국USGS, United States Geological Survey의 지하수 주입 실험으로 밝혀졌다. 지하수 주입량에 비례해 지진 활동이 증가한 것이다. 우리나라에서 발생하는 지진은 규모가 작기는 하지만 일정한 특성이 있다. 육지에서는 가을과 겨울 사이에, 바다에서는 봄과 여름 사이에 지진이 많이 발생한다. 지진학자들은 여름철에 만들어진 많은 지하수가 땅속을 흐르면서 시간 차이를 두고 육지와 바다에서 지진을 만들어내는 것이 아닌가 추정한다.

기후변화로 빙하가 녹으면서 해수면이 상승하는 것도 지진 발생에 영향을 준다. 지하수의 압력으로 지진이 만들어지듯 바닷물의 체적이 커지면서 해저 땅 밑 지각판에 압력을 가한다. 이 압력으로 인해 판의 변형이 생기면서 지진이 발생하는 것이다. 한 지진학자는 이런 상태를 '짐을 잔뜩 실은 낙타에 지푸라기 하나를 올려놓자 낙타 등뼈가 부러지는 것'과 같다고 말한다. 조그마한 힘 중 하나가 지하수나 해수의 압력이다. 이런 압력은 암석에 생긴 미세한 균열에 영향을 주어 암석을 약화시킨다. 또 단층면들 사이에 윤활작용을 해 지진을 촉진한다는 것이다. 2017년과 2018년에 태평양에 위치한 '불의 고리'에서 엄청나게 많이 발생한 지진과 화산은 기후변화의 영향도 크다는 것이다.

● 기후변화로 들썩이는 '불의 고리'

"고대 신화의 거대한 대륙 아틀란티스를 멸망시킨 기상현상은?" 지진이다. 플라톤^{Platon}은 강력한 지진이 발생하면서 단 하루 만에 아틀란티스 문명이 바다로 가라앉았다고 말한다. 역사적으로 최악의 살인적인 지진은 1201년 7월 5일 이집트에서 일어났다. 무려 110만 명이 사망했다고 한다. 지금까지 기록된 가장 강한 지진은 1960년 5월 22일 칠레에서 일어났다. 규모 9.5의 초강력 지진이었다. 지진은 칠레 해안으로부터 약 160km 정도 떨어진 곳에서 발생했다. 지진 발생 근처에 있던 발디비아^{Valdivia}와 푸에르토 몬트$^{Puerto\ Montt}$는 지진으로 모든 것이 무너져내렸다. 지진으로 인한 쓰나미가 몰려오면서 칠레, 하와이, 일본에서 2,000명 이상이 사망했다. 역사상 두 번째로 강한 지진은 1964년 3월 28일 알래스카의 프린스 윌리엄 사운드$^{Prince\ William\ Sound}$에서 발생했다. 규모는 9.2였으며 125명이 사망했고 쓰나미가 하와이를 덮쳤다. 중국에서 가장 큰 지진 피해는 1556년 1월 23일 산시성^{陝西省}에서 발생한 대지진이다. 동굴 속에 살던 83만 명의 사람이 죽었다. 지진의 위력이 얼마나 강력한지를 잘 알려주는 예다.

20세기에 들어와 아시아 지역을 강타한 지진은 수없이 많다. 그중 가장 많은 인명 피해를 가져온 것이 톈진^{天津} 대지진이다. 1976년 7월 28일 규모 7.8의 지진이 톈진을 흔들었다. 중국 정부의 공식 집계 사망자 수는 25만 5,000명이었다. NGO 등의 집계로는 사망자 수가 무려 65만 5,000명이나 되는 대형 지진이었다. 2008년 중국 쓰촨성^{四川省} 대지진도 8만 6,000명이 사망한 강진이었다. 2011년 일본 동북부지방의 지진은 사망자가 3만 5,000명이었다. 그러나 쓰나미로 인한 원자력발전소 폭발로 피해가 컸던 지진이었다.

　해가 갈수록 환태평양 조산대에서 발생하는 지진이 늘어나고 있다. 환태평양 조산대는 태평양을 둘러싸고 있는 조산대다. 지구상 지진의 90%가 이곳에서 발생하고 활화산의 75%가 이곳에 위치하고 있다. 우리가 흔히 '불의 고리'고 부르는 조산대다. 2017년에는 '불의 고리'가 들썩였다. 4월에 필리핀에 규모 7.2의 강진이 발생했고, 5월에는 캐나다에 규모 6.1의 지진이, 파푸아뉴기니아에 규모 6.2의 지진이 발생해 많은 피해가 발생했다. 6월에는 에콰도르에 규모 5.8의 지진이, 7월에는 필리핀에 규모 6.5의 강진이 발생했다. 9월에 들어서면서 멕시코에 규모 8.1의 강진이 발생했고, 페루에서 사반카야Sabancaya 화산이 폭발했다. 뉴질랜드에서도 6.1의 지진이 발생했다.

　2018년에 들어와서 '불의 고리'는 더욱 활성화되었다. 새해 벽두인 1월 9일 규모 7.6의 강진이 온두라스를 강타했다. 일주일도 되지 않은 1월 14일 페루의 아레키파 주 아카리Acari 인근에서 규모 7.1의 지진이 발생해 2명이 숨지고, 65명이 부상을 입었다. 지진은 쉬지도 않고 1월 23일 인도네시아 자와Jawa 섬에서 규모 5.9의 지진이 발생해 2명이 사망하고 최소 41명이 부상을 입었다. 같은 날 알래스카만에서 규모 7.9의 지진이 발생해 쓰나미 경보가 발령되었다. 2월 6일에는 대만의 화롄花蓮에서 규모 6.4의 지진이 발생해 최소 2명이 숨지고, 중상자 수십 명을 포함하여 200여 명 이상의 부상자가 발생했다. 4월에는 일본 시마네현島根縣 서부에서 규모 6.1의 지진이 발생했다. 5월 4일에는 하와이에서 규모 5.4의 지진이 발생하면서 많은 용암이 분출했다. 6월 18일 일본 오사카大阪 북부에서 규모 6.1의 지진이 발생해 5명이 사망했다. 7월 29일 인도네시아 롬복Lombok 섬에서 규모 6.4의 지진이 발생해 20명 이상이 사망했다. 롬복 섬

기후변화로 빙하가 녹으면서 해수면이 상승하는 것도 지진 발생에 영향을 준다. 지하수의 압력으로 지진이 만들어지듯 바닷물의 체적이 커지면 해저 땅 밑 지각판에 압력을 가한다. 이 압력으로 인해 판의 변형이 생기면서 지진이 발생하는 것이다. 기후변화로 지진 발생빈도가 늘어나고 강도도 세진다고 전문가들이 걱정하는 것도 무리는 아니다.

에서 다시 8월 5일 규모 6.4의 지진이 발생하면서 13명이 사망하고 1만 명 이상이 대피했다. 8월 7일 콜롬비아에서 규모 6.1의 지진이 발생했고 이와 연관된 또 다른 지진(규모 7.3의 강진)이 8월 21일 베네수엘라의 수크레Sucre 주에서 발생했다. 8월 29일 프랑스령 누벨 칼레도니Nouvelle Calédonie 섬 서쪽 해상에서 규모 7.1의 지진이 발생했다. 이어 9월 6일 일본 홋카

이도北海道에서 규모 6.4와 5.4의 지진이 연쇄적으로 발생했다. 9월 7일까지 피해로는 14명 사망, 26명 실종이며 295만 가구가 정전이 되었다. 지진 바로 전날 21호 태풍 '제비'가 일본에 엄청난 피해를 준 직후라 피해가 더 컸던 것으로 알려졌다. 9월 28일 인도네시아 술라웨시Sulawesi 섬에서 규모 7.5 강진과 쓰나미가 발생해 10월 9일 현재 확인된 사망자만 2,010명, 부상자는 1만 명 이상, 이재민은 7만 명에 달한다. 앞으로 이 수치는 더 늘 것으로 전망된다. 이 정도면 기후변화로 지진 발생빈도가 늘어나고 강도도 세진다고 전문가들이 걱정하는 것도 무리는 아니다.

● 철저하고 적극적인 지진 대응은 생명이다

우리나라는 알프스-히말라야 조산대와 같은 '판의 경계' 지역에 맞닿아 있지는 않다. 내륙으로 많이 들어와 유라시아판 내부에 위치해 있다. 그래서 판의 경계 지역에 있는 일본에 비해 지진의 횟수는 매우 적고 발생 강도도 세지 않다. 그러나 전문가들은 우리나라에도 충분히 큰 규모의 지진이 발생할 가능성이 있다고 말한다. 홍태경 연세대 지구시스템과학과 교수는 "판 내부라고 해서 지진이 발생하지 않는 것은 아니다. 판의 경계에서 전파된 힘이 판 내부에 임계값 이상 쌓이게 되면 지각이 깨지면서 큰 지진이 발생할 수 있다"고 말한다. 신진수 한국지질자원연구원 국토지질연구본부장은 "우리나라에 큰 지진이 일어날 가능성은 언제나 존재한다"고 주장한다.

그러면 어느 정도의 강한 지진이 발생할 가능성이 있는 것일까? 홍태경 교수는 "수도권에 규모 7을 넘는 지진이 여러 차례 발생한 기록이 있다. 따라서 그 이상의 지진이 발생할 가능성이 있다고 본다"고 JTBC와의 인터뷰에서 주장했다.[28] 신진수 본부장은 약간 더 약한 지진을 예상한다. "규모 7을 넘는 큰 지진은 조산대와 같이 특별한 조건에서 주로 발생하기에 우리나라에서는 규모 6~6.5의 지진이 발생할 가능성이 높다고 본다"고 말한다.

그러면 규모 6.5나 7 정도의 지진이 발생하면 얼마만큼의 피해가 예상될까? 2008년 8월《월간조선》에서 보도한 내용을 보자.[29]

"소방방재청의 시뮬레이션의 결과는 충격적이었다. 규모 6.8의 규모가 보은에서 발생한 것으로 상정했다. 서울이 아니었음에도 불구하고 사망 1만 2,809명, 부상 59만 4,402명, 긴급 대피해야 하는 피난자가 51만 명이 발생할 것으로 추정되었다. 이는 규모 7.2의 규모로 6,437명이 사망·실종한 1995년 한신阪神 대지진의 인명 손실보다 무려 2배나 많은 수치다."

만약 서울에서 발생한다면 어느 정도의 피해가 있을지 두려운 마음뿐이다. 환태평양 조산대에 속해 지진이 빈번한 데다가 지진 강도도 센 일본은 지진 피해를 최소화하기 위해 고감도 지진 관측망 24시간 가동, 지진관측소의 기계 최신화, 철저한 지진 대피 교육 및 내진 설계 등으로 지진 대응 강국의 모습을 보여준다. 이러한 철저하고 적극적인 지진 대응만이 자국민의 생명을 엄청난 자연재해로부터 지켜낼 수 있기 때문이다.

---

28 https://news.joins.com/article/20593255

29 http://monthly.chosun.com/client/news/viw.asp?nNewsNumb=200808100054

제4부
생물들이 사라지고 있다

제1장
여섯 번째 생물 멸종이 올까

레오나르도 디카프리오^{Leonardo DiCaprio}는 환경론자이며 사회적 약자들의 친구다. 그런 그가 직접 제작하고 출연한 다큐멘터리 영화가 〈비포 더 플러드^{Before the Flood}〉다. 그는 세계가 직면한 기후변화 문제의 심각성을 생생하게 알리기 위해 영화를 제작했다. 심각성만 알린 것이 아니라 인류가 어떻게 해야 하는지에 대한 실질적인 대안을 심도 있게 다루었다. 디카프리오는 5대륙과 북극을 직접 오가며 기후변화로 인한 환경 피해를 절실히 체감하고 있는 지역의 처참한 모습을 보여준다. 해수면 상승으로 수몰 위기에 처한 태평양의 섬나라 키리바시 공화국이 얼마나 심각한지를 영상을 통해 웅변한다. 생활용품의 재료로 쓰이는 팜유를 생산하기 위해 열대우림의 80%를 불태우는 인도네시아의 야만적인 모습 등을 생생하게 보여준다. 기후변화와 환경파괴로 사라지고 있는 동식물에 대해 그 비참함을 이야기한다. 그는 기후변화가 먼 나라의 일이 아니라 실제 우리에게 닥쳐오고 있는 정말 위급한 상황이라는 것을 알려준다. 우리나라의 반기문 전^前 유엔 사무총장, 버락 오바마^{Barack Obama} 전^前 미국 대통령, 프란치스코 교황^{Pope Francis}, 엘론 머스크^{Elon Musk} 테슬라^{Tesla} CEO 등과 인터뷰를 한

다. 세계 정상급 리더와 저명한 과학자, 환경운동가들과도 대화를 나눈
다. 이를 통해 기후변화를 막기 위한 범세계적 차원의 노력이 시급함을
이야기한다. 췌장암 4기의 전 NASA 우주비행사가 지구의 환경 지도를
보여주면서 "행동한다면 우리에게 아직 희망이 있다"고 말하는 장면은
뭉클했다. 필자가 대학에서 강의하면서 학생들에게 이 영화만큼은 꼭 보
라고 권한다. 정말 기후변화와 환경파괴에 대한 가장 잘 만들어진 생생한
다큐멘터리 영화이기 때문이다.

● 지구 생물 대멸종이 다가온다

지구의 역사를 보면 지구에서 생명이 합성된 이후 다섯 차례 생물 대멸
종이 있었다. 다섯 번의 대멸종은 각각 약 100만 년에 걸쳐 진행되어 매
번 생물의 70~95%가 멸종했다. 원인은 기온급변, 산소농도 저하, 메탄
의 대량 분출, 화산작용에 의한 산성비, 운석 충돌 등으로 추정하고 있다.
이런 자연현상들은 기후변화의 핵심 요소가 된다. 그러다 보니 기후학자
들은 현재 지구온난화의 주범인 온실가스 양의 증가가 결국 지구 생물
대멸종을 가지고 올 것이라고 말한다. 그런데 과학자들은 지금까지는 자
연현상의 변화로 인한 생물 대멸종이었다면 이제는 인류가 만들어낸 인
위적인 생물 대멸종이 다가온다고 말한다.

2013년에 서울대 산학협력단에서 발표한 '생물자원 조사·연구 최종보
고서'는 기후변화, 오존층 파괴, 사막화, 산림화 등 지구적 규모의 환경 변
화가 인류 역사상 가장 빠른 생물 다양성의 감소를 일으키고 있다고 주장
했다. 또 지구생존지수Living Planet Index에 의하면 1970년에서 2000년 사이
에 척추동물의 풍부도가 40% 감소한 것으로 나타났는데, 이를 통해 생물

종의 멸종 속도가 현재보다 10배 이상 빨라질 것이라고 예측하고 있다.

"2018년이 되면, 생물 다양성의 보고인 나이지리아의 열대우림이 소멸한다. 2021년에는 지구 기온이 평균 1℃ 상승한다. 특히 북극이 가장 많이 상승하여 아프리카의 킬리만자로 눈이 모두 녹는다. 동남아는 홍수가 심해지고, 미국은 건조한 지대가 늘어나 먼지폭풍이 도시를 심각하게 오염시키며, 미국 남서부에 물부족 위기가 오고, 캘리포니아는 사막화가 빨라진다. 보르네오의 열대우림이 소멸하면서 오랑우탄을 포함한 많은 생물종이 멸종하고, 고릴라가 중앙아프리카에서 완전히 소멸한다. 2024년이 되면, 역사상 최대의 기후난민이 생긴다. 수많은 섬들이 가라앉고 해수면 상승으로 대도시가 대륙으로 이주한다. 아프리카 코끼리와 코뿔소가 멸종한다."

박경식 미래전략정책연구원 원장이 전망한 내용이다.

"6차 대멸종은 몸집이 아주 작거나 몸집이 아주 큰 동물이 먼저 사라진다."

멕시코와 미국 공동연구팀은 2017년 7월 세계자연보전연맹IUCN, International Union for Conservation of Nature 자료를 이용해 척추동물 2만 7,600종의 개체수와 서식지 변화를 분석한 결과를 발표했다.[1] 분석 결과, 조사 대상인 척추동물 2만 7,600종 가운데 32%인 8,851종에서 개체수가 크게 줄었고 서식지도 감소한 것으로 나타났다. 연구팀은 현재 지구상에서 6차 대멸종이 진행되고 있는 가운데 이른바 '생물학적 절멸biological annihilation'이 나타나고 있다고 주장했다.

그런데 미국과 호주, 스위스와 영국 공동연구팀이 수만 종의 척추동물

---

1 Gerado Ceballos et al., "Accelerated modern human−induced species losses Entering the sixth mass extinction", *Science Advances*, 2015.

멕시코와 미국 공동연구팀은 2017년 7월 세계자연보전연맹 자료를 이용해 척추동물 2만 7,600종의 개체수와 서식지 변화를 분석한 결과를 발표했다. 분석 결과, 조사 대상인 척추동물 2만 7,600종 가운데 32%인 8,851종에서 개체수가 크게 줄었고 서식지도 감소한 것으로 나타났다. 연구팀은 현재 지구상에서 6차 대멸종이 진행되고 있는 가운데 이른바 '생물학적 절멸'이 나타나고 있다고 주장했다.

을 조사한 결과 척추동물 몸집의 크기가 멸종 위험에 매우 중요한 요소로 작용한다는 사실을 확인했다(Ripple et al., 2017). 이들은 몸집이 아주 큰 동물과 몸집이 극히 작은 동물이 멸종 위험이 더 크다는 사실을 알아냈다. 조류와 상어나 가오리 같은 연골 어류, 포유류는 일반적으로 몸집이 크면 클수록 멸종 위험이 높아졌다. 대표적인 예로 100톤이 넘는 고래 등은 100% 멸종 위기에 빠져 있었다. 급격한 인구 팽창과 과소비, 그로 인한 서식지 파괴와 오염, 남획, 기후변화 등으로 인해 수많은 동물이 사라진다. 정말 6차 대멸종이 다가오면 인간만이 대대손손 번창하면서 살아갈 수 있을까?

● 꿀벌이 사라지면 인류는?

현재 기후변화로 전 세계의 꿀벌이 사라지고 있다. 2006년부터 나타나기 시작한 봉군 붕괴 현상Colony Collapse Disorder으로 인한 꿀벌 감소는 최근 속도가 빨라지고 있다. 2015~2016년 미국에서만 봉군(벌의 무리)이 28.1% 감소했고, 캐나다(16.8%), 유럽(11.9%), 뉴질랜드 (10.7%) 등에서도 봉군 감소 현상이 가속화되고 있다. 영국 레딩 대학University of Reading 사이먼 포츠Simon Potts 교수 연구팀은 유럽 지역의 벌집 수를 조사한 결과, 유럽의 꿀벌 개체수가 현재 필요한 양의 3분의 2 수준이어서 총 70억 마리 정도가 부족하다고 밝혔다. 우리나라도 예외는 아니다. 2015년 196만 3,000군이던 봉군이 2016년에는 175만 군으로 줄어 1년 사이 10.8% 감소했다.

"지구온난화와 환경오염으로 20년 후인 2035년경 꿀벌이 멸종할 수 있습니다."

최근 기후변화, 환경오염, 밀원지 감소 등으로 꿀벌이 사라지는 봉군 붕괴 현상이 심각하다. 특히 지구온난화로 인한 기후변화가 꿀벌 개체수 감소에 크게 영향을 미치고 있다. 제레미 커 오타와 대학 교수팀은 2017년 7월 학술지 《사이언스》에서 꿀벌들이 지구온난화 적응에 어려움을 겪고 있으며, 기온이 낮은 지역으로 이주하지 못해서 죽어가고 있다고 주장했다. 전 세계에서 생산하는 농작물은 꿀벌 의존도가 높다. 미래 전문가들은 앞으로 꿀벌 등 수분 곤충을 지킬 방법을 찾지 않으면 농업 분야에서 큰 경제적 손실을 입으며 전 세계적으로 식량안보 위기가 닥칠 것이라고 경고하고 있다.

2017년 농협경제지주 축산경제의 주간보고서 '해외 축산정보 17호'에 나온 이야기다. 최근 기후변화, 환경오염, 밀원지 감소 등으로 꿀벌이 사라지는 봉군 붕괴 현상이 심각하다는 것이다. 특히 지구온난화로 인한 기후변화가 꿀벌 개체수 감소에 크게 영향을 미치고 있다. 제레미 커Jeremy T. Kerr 오타와 대학University of Ottawa 교수팀은 2017년 7월 학술지 《사이언스》에서 꿀벌들이 지구온난화 적응에 어려움을 겪고 있으며, 기온이 낮은 지역으로 이주하지 못해서 죽어가고 있다고 주장했다. 우리나라의 인천대학교의 꿀벌 감소와 기후변화의 연구를 보면 기후변화와 날씨가 많은 영향을 주고 있다고 주장하고 있다.[2]

---

2 인천대학교산학협력단, "기후변화와 꿀벌 집단 이상현상에 미치는 요인 분석 및 적응 대책(Analysis of factors affecting colony disorders of honeybees caused by climate change and adaptative measures)", 농촌진흥청, 2017.

꿀벌이 사라지면 당장 꿀 가격이 상승하겠지만, 그것보다 더 중요한 것은 전 세계에서 생산하는 농작물이 꿀벌 의존도가 높다는 것이다. 유엔 식량농업기구FAO, Food and Agricultural Organization에 따르면 100대 농산물 생산량의 꿀벌 기여도는 71%에 육박한다. 당장 꿀벌이 없다면 100대 농산물의 생산량이 현재의 29% 수준으로 줄어든다. 농촌진흥청에 따르면 우리나라에서 꿀벌의 경제적 가치는 2010년 기준 6조 7,021억 원 정도다. 비관적인 미래 전문가들은 앞으로 꿀벌 등 수분 곤충을 지킬 방법을 찾지 않으면 농업 분야에서 큰 경제적 손실을 입으며 전 세계적으로 식량안보 위기가 닥칠 것이라고 경고하고 있을 정도다. "꿀벌이 사라진 후 4년 후에 인류도 멸망할 것이다"라고 말하는 아인슈타인의 말을 새겨야 할 때다.

● 자연은 그대로 둘 때 가장 건강하게 생존한다

생물종의 멸종에는 기후변화의 영향이 크지만 인간의 개입으로 인한 멸종도 많다. 필자는 자연은 그대로 둘 때 자생적인 복원력이 커져 건강한 생물 다양성이 존재한다고 믿는다. 인류 역사에서 인위적으로 자연에 영향을 주어 실패한 사례를 많이 볼 수 있기 때문이다.

먼저 중국의 참새 학살 사건을 보자. 중국을 석권한 마오쩌둥毛澤東은 제2차 5개년 개획을 시작하면서 대약진운동을 시작했다. 그가 1958년에 국민들에게 "참새는 쌀을 먹어치우는 새다. 이로운 것은 하나도 없는 해로운 새니 없애야 한다"라고 말했다. 이 발언으로 중국인들은 참새를 섬멸하는 작전을 시작했다. 모든 국민이 총동원되어 첫 3일 동안 40만 마리의 참새를 잡았다. 1년 동안 무려 2억 1,000만 마리의 참새를 없애버렸다. 그런데 놀라운 것은 참새를 없애면 쌀 생산량이 늘어날 것으로 믿

없는데 결과는 정반대였다는 것이다. 참새들이 사라지자 온갖 병해충들이 창궐해 쌀 수확량이 대폭 감소한 것이다. 이 운동과 맞물리면서 중국에 대가뭄으로 인한 기근이 찾아왔다. 비공식적인 추산으로 5,000만 명 이상의 중국인이 굶어죽었다. 아차 싶었던 마오쩌둥은 긴급히 참새 수입을 명령한다. 중국은 생태계를 복원시키기 위해 러시아에 사정해 참새를 수입해 방사했다.

늑대로 인한 옐로스톤 국립공원Yellow Stone National Park 생태계의 변화 과정도 흥미롭다. 600년 전 북미 대륙에는 회색늑대가 약 200만 마리 살았다고 한다. 미국 대륙에 이주한 유럽인들이 목축을 하는 데 가장 큰 방해가 된 것은 늑대였다. 늑대들은 소와 양과 말을 잡아먹었다. 그러자 미국인들은 늑대를 무자비하게 사냥하기 시작했다. 늑대들의 개체수가 급격히 줄어들다가 1926년 무렵에 옐로스톤에서 늑대가 사라졌다. 늑대가 사라지자 대형 사슴류인 엘크Elk가 번성하기 시작했다. 포식자인 늑대가 없어지자 엘크의 세상이 되었다. 그런데 엘크는 나뭇잎을 주로 먹기에 개울가에 있는 버드나무를 사라지게 만들었다. 개울가의 나무가 사라지자 땅이 침식되면서 개울 모양에 변화가 왔고 새와 물고기들이 터전을 잃으면서 사라져갔다. 엘크의 월동지인 옐로우스톤 북쪽 계곡은 20세기 초 사시나무가 4~6%였다. 그러나 20세기 말에는 엘크들이 먹어치우면서 1%로 감소했다. 또 늑대가 사라지면서 코요테가 급격히 늘어났고, 그러자 코요테가 주로 잡아먹는 다람쥐와 쥐들이 급격히 감소했다. 이들을 먹고사는 맹금류와 오소리, 여우의 수가 줄어들 수밖에 없었다. 미국 정부는 늑대가 사라짐으로 인해 손해가 크다는 사실을 알고는 1995년 캐나다에서 늑대 14마리를 들여와 방사했다. 이듬해에도 17마리를 들여왔다. 이들이 번식하면서 2009년에는 14개 군집에 늑대가 100마리로 증가했다. 늑대가 늘어나자 엘크가 개울가 주변을 찾지 않게 되었고, 그러자 버드나무가 다시 번성하고 개울이 제 모양을 찾아가기 시작했다. 늑대가 사냥하고 남기는 사슴의 시체가 늘어나면서 회색곰부터 까치까지 청소동물들도 생기를 찾았다. 먹을 것 없는 긴 겨울을 버틸 양식을 늑대가 제공한 것이다. 먹을 양식이 풍부해져 오래 살던 엘크로 인해 먹을 것이 부족했던 이 동물들은 굶주리고 있던 참이었다. 엘크가 사라지자 옐로스톤 북쪽 계곡의 사시나무들도 4m까지 자라날 정도로 번성했다. 나무가 늘어나면서 기후변화의 주범인 이산화탄소가 줄어들었다. 자연은 인간이 개입하지 않을 때 가장 건강하다는 것을 보여주는 좋은 사례들이다.

밴쿠버Vancouver 섬의 해달 복원 사례도 매우 흥미롭다. 캐나다 밴쿠버 섬에는 해달이 번성했다. 18~19세기 동안 해달의 모피를 얻기 위한 무차별적인 사냥으로 해달의 개체수가 급격히 즐어들었다. 문제는 수달이 줄어들면서 자연생태계가 파괴되었다는 것이다. 해달이 주로 먹고 살았던 성게들이 천적인 해달이 없어지자 개체수가 급격히 늘어났다. 성게는 해달이 가까이 오면 잎사귀 사이로 숨거나 떨어진 켈프kelp(다시마류)를 먹고 산다. 그런데 성게는 해달이 없으면 당당하게 나와서 살아 있는 켈프를 먹는다. 성게들이 켈프의 줄기 아랫부분을 갉아먹다 보니 켈프가 떠내려가 죽어버렸다. 밴쿠버 섬 서해안에서 지난 200년 동안 켈프 숲이 절반으로 줄어들었다. 켈프 숲은 생물 서식지와 영양소를 제공하여 물고기 개체수 증가에 영향을 주는데 이것이 사라지면서 생태계가 죽어갔다. 1970년대 무렵 캐나다는 알래스카에서 해달을 들여와 밴쿠버 섬의 해달 복원 사업을 시작했다. 풍부한 먹이를 바탕으로 해달의 개체수가 증가하면서 켈프 숲도 늘어나고 있고 해양 생태계도 다시 활기를 찾기 시작했다. 켈프의 중요성은 또 있다. 해달이 늘어나면서 켈프 숲이 복원되자 이

전보다 이산화탄소 포집이 약 12배 이상 증가한 것이다. 생물멸종시대를 맞지 않기 위해서는 온실가스를 저감하려는 노력과 함께 생태환경을 파괴하지 말아야 한다.

제2장
눈물 흘리는 북극곰

● 북극이 파괴되는 것은 지구 전체의 문제다

인기 예능 프로그램인 〈무한도전〉에서 '북극곰의 눈물'이라는 영상을 방영했다. 지구온난화로 멸종 위기에 처한 북극곰의 현실이 그려져 많은 사람들의 안타까움을 자아냈다. 북극곰은 물개 등 먹이를 사냥하기 위해 100km에 이르는 거리를 헤엄칠 수 있지만, 중간에 바다 위 얼음에서 휴식을 취해야 한다. 하지만 지구온난화로 해빙이 생기지 않아, 바다에 빠져 죽거나 굶어 죽는 북극곰이 늘어나고 있는 실정이다.

북극곰은 북극에서 '얼음곰'이라고 부른다. 북극곰이 살아가기 위해서는 얼음이 꼭 필요하기 때문이다. 북극곰은 먹이를 사냥하거나 멀리 이동하거나, 짝짓기 등을 모두 얼음 위에서 한다. 이들은 얼음 위에 나와서 쉬고 있는 바다표범이나 바다사자들을 주로 잡아먹는다. 얼음이 녹기 전에 집중적으로 바다표범을 잡아먹어 몸집을 평소의 2~4배 까지 불려놓아야 한다. 왜냐하면 빙하가 녹았다가 다시 얼어 바다표범을 잡을 수 있을 때까지 굶어야 하기 때문이다. 그런데 최근에 들어와 북극곰이 사냥하는 것이 점점 더 어려워지고 있다. 지구온난화로 인해 빙하가 많이 녹고 있기 때문이다. 북극곰은 100km 이상 헤엄쳐 다른 빙하로 이동해 바다표범을 잡는다. 그런데 빙하가 녹으면 헤엄치는 도중에 올라갈 얼음이 없어 빠져죽는다. 얼음 어는 기간이 짧아지다 보니 바다사자와 바다표범이 얼음 위에 머무는 시간도 짧아진다. 그러면 사냥하는 시간이 줄어들고 잡기도 더 어려워진다. 기온이 급상승하고 있는 북극의 여름은 곰이 생활하기에는 너무 덥다. 이런 이유로 인해 북극곰이 눈물을 흘릴 수밖에 없다고 표현하는 것이 아닌가 한다.

세계자연기금WWF, World Wide Fund for Nature은 기후변화가 북극곰의 생존을 위협하는 요소라고 말한다.[3] 북극의 지구온난화로 인한 기온상승은 세계 평균의 2배나 된다. 해빙이 녹고 남아 있는 해빙의 두께도 얇아지고 있다. 그러다 보니 해빙에 의존하는 북극곰의 서식지가 줄어들고 있다. 얇아진 해빙이 바람과 파도의 움직임에 따라 이동하기에 북극곰이 익숙하지 않은 곳으로 떠내려갈 가능성이 증가한다. 북극곰은 공해를 헤엄쳐서 돌아오거나 튼튼한 얼음덩어리를 찾거나 육지로 돌아와야 한다. 그러나 해빙 감소가 늘어나면서 북극곰이 익사하는 사례가 늘어나고 있다. 그것만이 아니다. 새끼 북극곰의 생존도 해빙의 조기 분열로 위협받는다. 강우 형태의 변화로 인해 어미와 새끼가 미처 빠져나오기 전에 굴천장이 무너져 어미와 새끼가 악천후와 포식자의 위협에 노출된다. 캐나다 허드슨만Hudson Bay에서는 영구동토층이 녹아내리면서 북극곰이 서식하는 굴이 무너지고 어린 새끼들이 죽어가고 있다. 미국 지질조사국USGS, United States Geological Survey은 현재 속도로 해빙이 감소하면 북극곰이 여름철 서식

---

3 WWF, "Impact of Climate Change on Species", WWF Report, 2016.

세계자연기금은 기후변화가 북극곰의 생존을 위협하는 요소라고 말한다. 지구온난화로 인한 북극의 기온 상승은 세계 평균의 2배나 된다. 해빙이 녹고 남아 있는 해빙의 두께도 얇아지고 있다. 그러다 보니 해빙에 의존하는 북극곰의 서식지가 줄어들고 있다. 얇아진 해빙이 바람과 파도의 움직임에 따라 이동하기에 북극곰이 익숙하지 않는 곳으로 떠내려갈 가능성이 증가한다. 북극곰은 공해를 헤엄쳐서 돌아오거나 튼튼한 얼음덩어리를 찾거나 육지로 돌아와야 한다. 그러나 해빙 감소가 늘어나면서 북극곰이 익사하는 사례가 늘어나고 있다.

지로 적합한 면적은 21세기 중반까지 42%나 감소할 것으로 추정한다. 이로 인해 북극곰 개체수의 3분의 2가 감소할 것이라는 거다.

북극 얼음이 녹으면서 북극곰이 필요로 하는 에너지양이 늘어나기 때문에 개체수가 줄어든다는 연구도 있다. 미국 지질조사국과 캘리포니아 주립대학 산타크루즈 캠퍼스 연구팀이 2017년 《사이언스》에 게재한 논문의 내용을 보면 북극곰이 생존하기 위한 에너지양이 1.6배 이상 늘었다는 것이다.[4] 북극 얼음은 10년마다 14%가량 줄어들고 있고, 이로 인해

---

4 http://news.khan.co.kr/kh_news/khan_art_view.html?artid=201802020400001&code=940100

북극곰이 바다표범을 사냥하기가 어려워진다. 연구팀은 해빙海氷이 더 많이 사라질 경우 북극곰의 생존에 필요한 에너지량과 사냥에 드는 에너지량이 균형을 이루지 못할 것으로 전망했다. 생존이 어려워지면서 개체수가 줄어든다는 것이다. 연구팀의 최근 북극곰 개체수 추정에 의하면 최근 10년간 북극곰 개체수는 40%가량 줄어들었다. 북극 현장 조사를 한 과학자들은 점차 해빙의 결빙이 늦어지고 결빙 기간도 짧아지는 것을 목격했다. 이들은 북극곰이 해빙의 변화에 민감한 동물임을 알게 되면서 멸종위기종으로 지정해달라고 청원한다. 이언 스털링Ian Stirling 캐나다 앨버타대 교수는 북극곰이 기후변화로 피해를 받는 사실을 전 세계에 처음 알린 학자다. 그는 2050~2060년에 북극곰의 3분의 1에서 2분의 1이 없어질 거라고 예측한다.

지구온난화로 기온이 상승해 북극의 빙하가 녹고 그 바람에 먹이를 잡기가 어려워지자 북극곰은 사면초가에 빠졌다. 앞으로 빙하가 더 많이 녹으면 과연 북극곰은 없어질까? 많은 기후학자 및 생태학자들은 머지않아 북극곰이 사라질 수밖에 없다고 전망한다. 다음은 미래를 예측하는 미래전문지《퓨처리스트Futurist》가 북극곰의 미래를 예측한 글이다.

"2032년 12월 4일이다. 범국가 연합체인 북극지질연구연합 연구위원장 존 쉴러 박사는 지난 달 마지막 야생 북극곰인 '폴라'가 의료진의 노력에도 불구하고 숨을 거둬, 북극곰이 공식적으로 북극에서 멸종했다고 밝혔다. 2010년을 전후로 2만~2만 5,000마리로 추산되었던 북극곰의 개체수는 2020년을 기점으로 급격히 줄어들기 시작했다. 존 쉴러 박사는 지구온난화로 인한 급격한 생태계의 변화와 먹이사슬의 붕괴로 인해 야생 상태에서 북극곰이 생존하기 힘들 만큼 기후변화가 심각하다고 말했다. 존 쉴러 박사는 어떻게 하는 것이 북극곰의 멸종을 막을 수 있는지에 대해 다 같이 노력해야 한다고 말한다."

이처럼《퓨처리스트》는 앞으로 15년 후에 기후변화로 인해 북극곰이 멸종할 것이라고 예측하고 있다.

북극곰이 사라지면 인류는 괜찮은 것일까? "북극이 파괴되는 것은 지구 전체의 문제입니다. 그린피스와 함께 북극을 지켜주세요." 그린피스 Greenpeace 블로그 상단에 나오는 글이다.[5] 여기에서 에스키모 원주민인 클라라Clara Natanine는 기후변화로 생존하기 어렵게 변해가는 북극 이야기를 들려준다. 클라라는 북극한계선에서 450km 북쪽에 위치한 곳에 산다. 마을 사람들은 겨우 1,000명 정도로 학교 하나, 상점 하나가 있고 병원은 없다. 생필품 값이 너무 비싸 생존을 위해 직접 사냥하거나 채집해야 한다. 그러나 그것만으로 충분한 식량이 되지 않는다. 그런데 이런 불모지에 석유와 가스를 찾기 위해 들어온 에너지 회사들이 석유와 가스 탐사를 위해 탄성파 공기총을 터뜨리려 한다. 이곳은 일각돌고래, 북극고래, 흰돌고래를 비롯해 물개, 북극곰과 다양한 해양 생물들이 살아가는 곳이다. 만일 탄성파 공기총 발포가 시작된다면 해양 동물들의 삶은 위기에 처하고 우리들의 먹거리도 줄어들 것이다.[6] 클라라는 북극의 동물들과 소중한 전통과 문화를 지키기 위해 힘겹게 버티고 있다고 말한다. 그런데 정말 중요한 것은 북극 생태계 보전이 에스키모만의 문제가 아니라 전 지구인의 문제라는 것을 우리가 인식해야 한다는 것이다.

---

5 http://www.greenpeace.org/korea/

6 탄성파 공기총을 발포하면 굉장히 시끄럽다. 고래들은 사람들보다 훨씬 더 소리에 민감하기 때문에 바닷속 탄성파 공기총 발포는 고래들을 일시적으로 또는 영구적으로 청각을 상실하게 만든다. 고래들은 음파 탐지를 통해 활동하기 때문에 청각 상실은 길을 찾거나 다른 고래들과 소통하고 먹이를 찾는 등 고래의 일상적인 활동에 큰 지장을 준다.

일각돌고래(사진)은 탄성파 공기총 발포에 가장 민감한 동물이다. 폭발 소리가 나면 도망치는 것이 아니라 헤엄 멈추고 가라앉는 반응을 보인다. 그리고 일각돌고래는 기후에 민감해 계절에 따라 이주를 해야 하는데, 발포 소음이 나면 이주를 중단한다. 그 사이 얼음이 다시 얼어붙으면 겨울 얼음 바다에 갇혀 죽음을 맞게 된다.

● 빙하의 해빙은 바다표범도 위협한다

북극곰과 함께 사라지는 동물 중에 바다표범이 있다. 북극곰의 주요 먹이인 반달무늬물범도 해빙이 필요하다. 해빙 위에 머물며 북극곰을 경계하거나 아래로 헤엄쳐 내려가 북극대구를 사냥한다. 북극대구는 얼음 밑과 가장자리에 숨어서 반달무늬물범을 경계하면서 단각류, 요각류, 크릴을 사냥한다. 이런 작은 생물들은 얼음 바닥에서 자라고 가장자리의 물길을 따라 피어나는 편모충류 등을 먹고 산다. 이렇게 현미경을 통해서만 볼 수 있는 식물 플랑크톤부터 500kg의 북극곰에 이르는 먹이사슬은 해빙의 존재에 결정적으로 의존하고 있다. 해마, 턱수염물범 등 다른 종들도 북극곰, 반달무늬물범, 북극대구만큼은 아니지만 해빙을 이용하며 살아간다. 그래서 북극 빙하가 정말로 중요한 것이다. 그런데 바다표범은 빙

북극곰의 주요 먹이인 바다표범(사진)도 해빙이 필요하다. 해빙 위에 머물며 북극곰을 경계하거나 아래로 헤엄쳐 내려가 북극대구를 사냥한다. 즉 해빙을 이용하며 살아가는 것이다. 그런데 지구온난화로 인한 기온 상승으로 해빙이 녹으면서 생존에 위협을 받게 된 것이다. 또 바다표범은 그동안 빙하가 녹으면서 내는 소리 덕분에 천적인 고래에게 쉽게 잡아먹히지 않았다. 그런데 빙하가 점점 육상으로 후퇴하면서 물속에서 빙하 녹는 소리가 사라지고 있다. 바다가 조용해지면서 바다표범이 고래의 안테나에 쉽게 포착되어 잡아먹히는 일이 잦아진 것이다. 알래스카 피오르드 지역의 바다표범 개체수는 최근 20년 동안 절반 이하로 급격하게 감소했다.

하가 사라지면서 또 다른 피해를 입는다.

　미국 지질조사소 연구팀은 알래스카 아이시 베이^{Icy Bay}와 남극 등 3곳의 피오르드^{fjord}에서 바닷속 소음을 측정했다.[7] 이곳은 모두 빙하가 무너져내리고 얼음이 떠다니는 곳이다. 그런데 이곳 소음의 대부분이 바로 빙하가 녹으면서 나는 소리라고 한다. 빙하가 녹으면서 나는 소리와 바다표범과는 무슨 상관이 있을까? 빙하가 녹으면서 나는 소리는 폭풍이나 배가 통과할 때 발생하는 소리와 달리 끊임없이 이어지고 다른 소리에 비해 매우 크다. 빙하가 녹으면서 빙하 속에 갇혀 있던 공기방울이 터져나오기 때문이다. 아이시 베이처럼 빙하가 바닷속으로 녹아 들어가는 좁고

---

7 https://www.usgs.gov/

깊은 곳인 피오르가 바다에서 소음이 가장 심하다는 에린 크린스틴 프티트Erin Christine Pettit 등의 연구 결과도 있다.[8]

북극곰이 빙하가 녹아서 먹이를 찾지 못해 사라진다면, 바다표범은 바로 빙하가 다 녹는 바람에 사라진다는 것이다. 즉 빙하가 다 녹고 나면 더 이상 빙하 녹는 소리가 없기 때문이다. 바다표범이 사는 피요르드 지역은 해양 생태계들이 모여 사는 곳이다. 그러다 보니 바다표범을 좋아하는 범고래가 이곳을 찾아온다. 그런데 문제는 지금까지 빙하 녹는 소리 때문에 범고래가 바다표범의 움직임을 알지 못했다. 그런데 빙하가 점점 육상으로 후퇴하면서 물속에서 빙하 녹는 소리가 사라지고 있다는 것이다. 바다가 조용해지면서 바다표범의 움직임이 그대로 고래의 안테나에 포착되어 쉽게 잡아먹히게 된 것이다. 그 증거로 미국 국립공원관리청NPS, National Park Service의 제이미 웜블Jamie N. Womble 등은 알래스카 피요르드 지역의 바다표범 개체수가 최근 20년 동안 절반 이하로 급격하게 감소하고 있다[9]고 발표하기도 했다. 지구온난화로 인한 빙하의 해빙은 북극곰뿐만 아니라 바다표범마저 눈물을 흘리게 만드는 것이다. 이런 동물들은 스트레스를 받기는 해도 당장 멸종될 위험은 없다. 하지만 여름 해빙이 완전히 사라진다면 이들의 존재도 같은 운명에 처하게 될 가능성이 높다.

---

8 Erin Christine Pettit, Kevin Michael Lee, Joel Palmer Brann, Jeffrey Aaron Nystuen, Preston Scot Wilson, Shad O'Neel, "Unusually Loud Ambient Noise in Tidewater Glacier Fjords: A Signal of Ice Melt", *Geophysical Research Letters*, 2015, DOI: 10.1002/2014GL062950

9 Jamie N. Womble et al., "Harbor seal(Phoca vitulina richardii) decline continues in the rapidly changing landscape of Glacier Bay National Park, Alaska 1992□2008", *Marine Mammal Science*, 2010, DOI: 10.1111/j.1748-7692.2009.00360

제3장
바다 생물들이 사라지고 있다

● 혼획으로 상어와 고래가 죽어가고 있다

얼마 전 자연다큐인 내셔널지오그래픽 채널을 본 적이 있다. 고래가 남극에서 출발해 대양을 건너가는 것을 촬영한 프로그램이었다. 영상을 보면서 충격에 빠지고 말았다. 혼획混獲[10]하는 낚시 바늘에 걸려 죽어가는 상어와 고래의 모습이 너무 처참했기 때문이다. 바다에는 수를 헤아릴 수 없을 정도로 많은 어업용 낚싯줄이 던져진다. 그물이나 낚시는 특정한 생선, 예를 들면 참치를 잡기 위해 던져진다. 그러나 의도했던 참치 말고 상어나 고래가 낚시에 걸려드는 것이다. 의도치 않은 상어나 고래는 폐사시킨다. 세계자연기금에 따르면, 혼획으로 죽어가는 고래류가 연간 30만 마리라고 한다. 2분마다 한 마리씩 죽어가고 있는 것이다. 고래보다 더 심각한 것은 상어다. 상어는 혼획에 취약하다. 그러다 보니 연간 330만 마리의 상어가 사라진다. 동북대서양의 경우 지난 20년간 전체 귀상어의

---

10 특정 어류를 잡으려고 친 그물에 다른 종이 우연히 걸려 어획되는 것.

89%, 환도상어와 백상아리의 80%가 혼획으로 사라졌을 정도다.

● 수산물이 줄어든다

인류가 섭취하는 단백질의 40%가 바다에서 나온다. 바다는 인류의 생존에 거의 절대적이라고 할 만큼 많은 것을 공급해준다. 그러나 기후변화와 환경파괴, 그리고 인간의 욕심으로 바다 생물들이 사라지고 있다. 이런 상황에 대해 가장 잘 정리한 보고서가 세계자연기금^{WWF}이 펴낸 '지속 가능한 수산물을 위한 WWF의 제안'이다.

먼저 수산물이 줄어들고 있는 원인은 무엇일까? 농약, 공장폐수 등의 오염물질들이 바다에 흘러 들어가면서 해양오염을 유발하고 있다. 생물들이 살 수 있는 환경이 파괴되는 것이다. 기후변화로 인한 수온 상승과 바닷물의 산성화도 수산물 개체수 감소에 크게 영향을 준다. 여기에 인류의 지나친 남획은 수산물의 씨를 말리고 있다. 우리나라의 예를 보더라도 확실하게 알 수 있다. 해양수산부의 2017년 통계[11]를 보자. 2016년 우리나라 연근해 어획량은 총 92만 3,447톤으로 최고 어획량을 기록했던 1986년의 172만 톤에 비하면 절반 수준이다. 엄청나게 어획량이 줄어든 것이다. 연근해뿐만 아니라 원양 어획량도 2007년 71만 톤을 기록한 후 계속 줄어들고 있다. 2016년에는 45만 톤밖에 안 된다.

수산물이 사라지는 것에는 기후변화와 환경파괴 외에 인간의 탐욕도 상당한 몫을 한다. 전 세계적으로 주요 수산물은 어획량의 범위를 정해 놓고 있다. 그러나 어부의 31.4%는 개체수가 줄어들 정도로 남획하고 있

---

11 해양수산부, "2016년 연근해 어획량", 해양수산부, 2017.

다. 그중 심각한 것은 치어의 남획이다. 자원고갈에 가장 나쁜 것은 어린 물고기를 잡는 행위다. 우리나라의 경우 2016년 연근해 어업에서 미성어(어린 물고기, 치어)가 함께 잡히는 비율이 90%가 넘었다고 한다.

또 해양수산부 통계에 따르면, 바다낚시 배가 1997년 2,825척에서 2016년에는 4만 5,000여 척으로 무려 16배나 증가했다. 낚시 어선은 많은 사람이 타고 낚시하는 시간이 길어 수산물 고갈에 더 큰 영향을 미친다. 많은 사람들이 겨우 배에 올라 취미 삼아 낚시하는데 왜 시비하느냐고 말한다. 그러나 2016년 낚시로 잡은 어획량이 무려 11만 6,000톤이다. 우리나라 전체에서 잡히는 어획량의 12.5%에 달할 정도로 엄청나다. 특히 이들이 즐겨 잡는 광어, 우럭, 감성돔, 주꾸미 등의 산란기에 낚시 어선이 집중되고 있어 더 큰 문제인 것이다.

● 기후변화로 남극의 펭귄도 사라지고 있다

지구온난화의 위협 앞에 북극곰만 서 있는 것은 아니다. 빙하가 많이 녹아서 사라지는 동물 중에 펭귄도 있다. 남극에 살고 있는 황제펭귄은 귀 주위에서 짙게 시작돼 목과 가슴까지 엷게 물들인 황금빛 깃털과 평균 키 1.2m, 몸무게 35kg의 당당한 몸체가 특징이다. 현재 위성관측에 의한 황제펭귄 개체수는 약 60만 마리 정도다. 미국 매사추세츠 주에 있는 세계적 해양연구소인 우즈홀해양학연구소Woods Hole Oceanographic Institution의 스테파니 즈누브리에Stephanie Jenouvrier 박사의 연구팀의 연구를 보자.[12] 이 팀

---

12 Stephanie Jenouvrier, Marika Holland et al., "Projected continent-wide declines of the emperor penguin under climate change", *Nature Climate Change*, 2014.

황제펭귄 집단의 성장은 그들이 번식하고 새끼를 낳아 키우는 해빙의 상태에 크게 좌우된다. 따라서 황제펭귄이 오랫동안 적응해온 해빙 상태가 어떤 방향으로든 급격히 변화하는 것은 펭귄에게 나쁜 영향을 줄 수밖에 없다. 바다를 덮고 있는 얼음(해빙)의 감소는 황제펭귄의 서식지 자체를 축소시키고, 황제펭귄의 먹이인 크릴의 서식 조건을 악화시킨다. 이런 요인들이 황제펭귄이 개체수를 줄어들게 만든다.

은 기후변화의 영향으로 2100년까지 세계의 45개 황제펭귄 집단에서 모두 개체수가 줄어들고, 이들 집단 가운데 3분의 2가량에서는 현재 개체수의 절반 이하로 줄어들 것이라고 주장한다. 이들의 연구 내용은 저명 학술저널인 《네이처 클라이밋 체인지》에 실렸다. 이 연구팀은 과거 50여 년간의 관찰 자료와 45개 집단 서식지에 대한 위성 관측 자료, IPCC(기후변화에 관한 정부 간 협의체)의 기후 모델 등을 이용한 남극 해빙海氷(바다 얼음)의 변화 전망 등을 바탕으로 활용했다.

황제펭귄 집단의 성장은 그들이 번식하고 새끼를 낳아 키우는 해빙의 상태에 크게 좌우된다. 따라서 황제펭귄이 오랫동안 적응해온 해빙 상태가 어떤 방향으로든 급격히 변화하는 것은 펭귄에게 나쁜 영향을 줄 수밖에 없다. 바다를 덮고 있는 얼음(해빙)의 감소는 황제펭귄의 서식지 자체를 축소시키고, 황제펭귄의 먹이인 크릴의 서식 조건을 악화시킨다. 이런 요인들이 황제펭귄 개체수를 줄어들게 만든다. 연구팀은 해빙이 많이 줄어드는 지역에 살고 있는 황제펭귄 개체수가 급격히 줄어들고 있는 것을 밝혀냈다. 남위 70도선에서 적도 방향 쪽 서식지에 근거를 둔 황제펭귄 집단은 2100년까지 90% 이상 줄어들 수도 있다는 것이다. 황제펭귄이 사라지는 가장 주요한 이유가 기후변화로 인해 해빙이 감소하고 먹이가 사라진다는 것이다. 여기에 심각한 환경파괴도 한몫을 한다.

"남극 킹펭귄, 기후변화·남획으로 금세기 내 멸종 위기" 프랑스 스트라스부르 대학University of Strasbourg과 국립과학연구센터CNRS, Centre national de la rechershe scientifique의 셀린 르 보엑Celine Le Bohec이 이끄는 연구팀이 과학학술지 《네이처 클라이밋 체인지》에 게재한 논문 내용이다.[13] 연구팀은 기후변화로 남극의 환경이 크게 바뀌고 있다고 말한다. 이로 인해 킹펭귄의 70%가 사라지거나 다른 살 곳을 찾아 떠나야 하는 상황에 내몰리고 있다고 밝혔다. 현재의 온실가스 배출량이 줄어들지 않는 한 킹펭귄이 멸종에 직면하는 상황에 부닥칠 수도 있다는 것이다.

● 대왕고래와 바다거북, 대왕조개도 줄어든다

대왕고래도 기후변화에 영향을 받는다. 대왕고래는 남극해에서 주로 생활을 하는데 남극 지역의 기후변화가 커지면서 대왕고래의 개체수에 부

---

13 Celine Le Bohec et al., "Climate-driven range shifts of the king penguin in a fragmented ecosystem", *Nature Climate Change*, 2018.

정적인 영향을 주고 있다. 해수 온도가 상승하면서 발생하는 해수의 산성화는 크릴새우 생존에 매우 나쁜 영향을 미친다. 크릴새우가 줄어들면서 크릴새우를 먹고 사는 대왕고래의 수도 줄어들고 있다. 여기에다가 기후변화로 인해 남극 전선대도 더 남쪽으로 이동해가고 있다. 현재보다 200~500km나 더 남쪽인 전선대까지 더 이동해야 한다는 말이다. 이동 거리가 늘어나면 에너지가 더 필요하고 영양을 축적하는 시기가 짧아진다. 기후변화가 대왕고래의 생존에 큰 영향을 미치고 있는 것이다.

자연 다큐멘터리 영상에서 자주 나오는 동물이 바다거북이다. 해설자는 바다거북이 수천만 년 전에도 생존했고 공룡이 멸종되었을 때에도 살아남은 강인한 동물이라고 말한다. 그러나 오늘날 기후변화와 환경파괴로 큰 곤경에 처한 동물이라고 말한다. 바다거북은 자기가 태어난 섬으로 돌아와 해변에 알을 낳는다. 문제는 기후변화로 기온이 상승하면서 해변 모래밭의 기온이 지나치게 뜨거워지고 있다는 점이다. 많은 알들이 아예 부화되지 못한 채 말라 간다. 부화되는 경우에도 알에서 나오는 것은 대부분 암컷이다. 바다거북의 성별은 모래사장에 산란된 알의 부화온도에 따라 달라진다. 뜨거우면 암컷, 보통이면 수컷이 된다. 또한 기후변화는 폭풍 발생 빈도와 위력을 높인다. 폭풍 위력의 증가로 인한 산란지 해변이 황폐화되면서 산란된 알들이 파괴된다. 또 폭풍으로 인한 대규모 범람이 해초지와 산란지를 사라지게 만든다. 호주 퀸즐랜드의 경우 해수면 상승 영향으로 산란지가 침식되었다. 이로 인해 푸른바다거북의 생장률과 번식률이 낮아지면서 개체수가 줄어들고 있는 것이다.

태평양과 인도양의 따뜻한 바다에 주로 사는 조개 중 대왕조개가 있다. 대왕조개는 생태계의 생존에 많은 도움을 주고 산호초가 형성되는 데도 도움이 된다. 먹이를 걸러먹는 과정에서 바닷물을 여과해주는 청소부 역

대왕고래는 남극해에서 주로 생활을 하는데, 남극 지역의 기후변화가 커지면서 대왕고래의 개체수가 줄어들고 있다. 해수 온도가 상승하면서 발생하는 해수의 산성화는 크릴새우 생존에 매우 나쁜 영향을 미친다. 크릴새우가 줄어들면서 크릴새우를 먹고 사는 대왕고래의 수도 줄어들고 있다. 게다가 기후변화로 인해 남극 전선대가 더 남쪽으로 이동하고 있는데, 이동거리가 늘어나면 에너지가 더 필요하고 영양을 축적하는 시기가 짧아진다. 기후변화가 대왕고래의 생존에 큰 영향을 미치고 있는 것이다.

바다거북은 수천만 년 전에도 생존했고 공룡이 멸종되었을 때에도 살아남은 강인한 동물이다. 그러나 오늘날 기후변화와 환경파괴로 큰 곤경에 처했다. 바다거북은 자기가 태어난 섬으로 돌아와 해변에 알을 낳는다. 문제는 기후변화로 기온이 상승하면서 해변 모래밭의 기온이 지나치게 뜨거워져 많은 알들이 부화되지 못한 채 말라간다는 것이다. 부화된다 하더라도 기온이 너무 뜨거워 알에서 나오는 것은 대부분 암컷이다. 기온 상승 이외에 폭풍 위력 증가로 산란된 알 파괴, 해수면 상승으로 인한 산란지 침식 등으로 바다거북의 개체수가 줄어들고 있다.

할도 한다. 그리고 산호초에 사는 다른 동물의 먹이가 된다. 자연생태계에 매우 이로운 생물이다. 그런데 대왕조개가 점점 줄어들고 있다. 싱가포르국립대학NUS, National University of Singapore을 주축으로 한 다국적 연구팀이 대왕조개의 생태에 대해 연구했다. 이들은 세계적으로 대왕조개가 멸종위기에 처해 있는 것을 확인했고, 이 내용을 2017년 12월 11일자 《사이언스 데일리》가 보도했다.[14] 연구팀은 2014년부터 2016년까지 3년 동안 12종류의 대왕조개 분류와 분포, 개체수, 현황 등을 조사했다. 연구팀은 대왕조개가 급격히 줄어드는 원인으로 사람을 꼽았다. 19세기 중반부터 사람들은 대왕조개를 식용으로 잡았다. 식용으로 남획하는 것 외에 기후변화도 한몫 했다. 대왕조개의 서식지 파괴, 산호초 훼손 등이 영향을 미친 것이다.

기후변화는 심해에 사는 생물에게도 영향을 미친다. 바다 밑 깊숙이 들어가면 얼음같이 차다. 그런데 이곳에서도 끓는 뜨거운 물이 바다에서 솟아오른다. 심해열수구(마그마의 열로 뜨거워진 물이 솟아오르는, 일종의 해저 온천)다. 그런데 이런 극한 환경에서 살아가는 생물이 있다. 예티게yeti crab(학명 Kiwaidae)라 불리는 게로 온몸이 하얀 털로 덮여 있어서 전설의 설인雪人인 예티yeti를 연상시킨다고 해서 이름이 붙여졌다. 2018년 3월 영국 옥스퍼드 대학University of Oxford 연구팀은 예티게가 환경 개발과 기후변화로 인해 멸종 위협을 당하고 있다고 주장했다. 연구팀은 연구 내용을 과학 저널 《플로스 원PLoS ONE》에 게재했다.[15] 예티게는 심해저에 살고

14 https://www.sciencedaily.com/releases/2017/12/171211120442.htm

15 Christopher Nicolai Roterman et al., "A new yeti crab phylogeny: Vent origins with indications of regional extinction in the East Pacific", *PLoS ONE*, 2018.

끓는 뜨거운 물이 심해저에서 솟아오르는 심해열수구라는 극한 환경에서 살아가는 예티게도 기후변화와 환경 개발로 인해 멸종 위협을 당하고 있다. 예티게는 심해저에 살고 있어 인간의 개발이나 기후변화에 큰 영향을 받지 않는 것으로 알려져 있었으나, 놀랍게도 예상과 달리 지구 환경 변화로 인한 심해저 산소 농도의 변화와 해저 산맥의 열수 활동 변화로 멸종 위기를 맞고 있다.

있어 인간의 개발이나 기후변화에 큰 영향을 받지 않을 것으로 알려졌다. 그러나 놀랍게도 예상과 달리 오히려 더 취약하다는 것이다. 지구 환경 변화로 인한 심해저 산소 농도의 변화와 해저 산맥의 열수 활동 변화가 그 이유라고 밝혔다. 도대체 지구 어느 곳에 사는 동물이 안전할까?

제4장
지구에서 사라지는 동물들

● 기후변화로 멸종 위기에 처한 자이언트 판다

미국의 뉴저지 주립대 연구팀은 기후변화로 2070년이면 자이언트 판다 Giant Panda(대왕 판다) 서식지의 절반이 사라질 것이라고 발표했다.[16] 밍수 Ming Xu 교수가 이끄는 연구팀은 2100년까지 지구 기온이 평균 1℃ 정도 오른다는 가장 보수적인 시나리오로 모델링해보았다. 그랬더니 2070년 까지 자이언트 판다가 살 수 있는 서식지의 절반 이상이 줄어들 것이라 는 결과가 나왔다. 사실 세기말까지 지구 기온이 1℃ 상승한다는 것은 최 고로 보수적인 시나리오를 상정했을 때다. IPCC(기후변화에 관한 정부 간 협의체)는 지구 기온이 4.6℃, 우리나라 기온은 5.7℃까지 상승할 것으로 예상하고 있다. 자이언트 판다의 먹이는 99%가 대나무이며, 판다 한 마 리가 하루 평균 38kg의 대나무 잎을 먹어치운다. 그러니까 판다를 키우 기 위해서는 대나무 숲을 울창하게 키워야 하는데, 대나무는 기후변화에

---

[16] https://www.rutgers.edu/

대한 적응력이 매우 낮다. 기후변화로 대나무 숲의 분포가 이동할 경우 자이언트 판다는 위험에 처할 가능성이 높다. 대나무 군집이 파편화된 특성을 보이기 때문에 더 위험하다. 대나무는 그 종에 따라 15~120년 만에 한 번 꽃을 피우고 생육하는 종으로, 다른 식물에 비해 재생산 주기가 매우 한정적이다. 그러기에 기후변화에 대한 적응 속도가 느리다. 이런 여러 가지 이유로 연구팀은 지금 자이언트 판다가 가장 많이 사는 중국의 친링秦嶺 산맥의 대나무 3종이 지금보다 기온이 좀 더 상승하면 멸종하게 될 것이라고 보는 것이다.

세계자연기금WWF에 따르면 기후변화가 진행되면서 판다의 서식지에서 사라지는 대나무 종이 상당수에 이르고 있다고 한다.[17] 기후변화로 인해 서식지를 옮겨가는 대나무 종도 있으나 대부분은 사라지는 것이다. 기후변화로 인해 대나무의 분포 및 종 다양성이 감소하면서 자이언트 판다의 먹이 확보가 어려워지고 있다. 세계자연기금은 중국의 친링, 다샹링大相嶺, 충라이산 산악지대에서 대나무 숲 면적과 다양성이 감소하고 있다고 주장한다. 자이언트 판다가 인간의 탐욕으로 인한 환경파괴와 지구온난화로 인한 기후변화로 멸종 위기에 처한 것이다.

생물종의 다양성이 왜 중요한가? 생태계 내의 동식물은 저마다의 생태적 지위에서 먹이사슬의 한 축을 구성하고 그 안에서 일정한 균형을 이루고 살아간다. 하지만 다양한 종이 공존하는 생태계 균형이 깨지면 먹이사슬이 깨지고 결국 생태계 전반에 걸친 질서가 교란된다. 생물종이 단순한 경우는 한 종의 멸종에 의해 생태계가 빠르게 무너지는 반면, 생물종이 다양한 경우는 생태계의 각 구성 요소 사이에 주고받는 영향이 더 복

---

17 WWF, "Impact of Climate Change on Species", WWF Report, 2016.

자이언트 판다의 먹이는 99%가 대나무이며, 판다 한 마리가 하루 평균 38kg의 대나무 잎을 먹어치운다. 세계자연기금에 따르면 기후변화가 진행되면서 판다의 서식지에서 사라지는 대나무 종이 상당수에 이르고 있다고 한다. 기후변화로 인해 대나무의 분포 및 종 다양성이 감소하면서 자이언트 판다의 먹이 확보가 어려워지고 있다. 세계자연기금은 중국의 친링, 다샹링, 충라이산 산악지대에서 대나무 숲 면적과 다양성이 감소하고 있다고 주장한다. 자이언트 판다가 인간의 탐욕으로 인한 환경파괴와 지구온난화로 인한 기후변화로 멸종 위기에 처한 것이다.

잡하고 견고하기 때문에 설사 한 종의 멸종이 생태계를 크게 위협하지 못한다. 이처럼 생물종의 다양성은 생태계의 평형을 유지하는 데 아주 중요하다.

지구상에 생명체가 등장한 이래로 빙하기와 간빙기의 반복에 따른 기후변화나 지진 혹은 화산과 같은 지각 변동 등 자연적인 요인에 의해 몇몇 생물종이 사라졌지만, 그 규모가 매우 작고 속도가 느려 생태계 전반에 큰 영향을 주지는 않았다. 그러나 최근에 대규모로 빠르게 진행되고 있는 생물종의 감소는 인간의 무분별한 활동의 영향이 크다. 생물종이 풍부한 숲을 무분별하게 벌채하거나 습지를 매립해 농장지나 공장 지역, 목장지 등으로 전환하면서 생물 서식처가 감소하고 농약과 비료의 지나친 사용과 쓰레기 및 폐수의 배출로 인해 환경이 오염되고 있으며, 온난화 가스 배출로 인해 지구 기온이 상승하여 생물이 적응하지 못하고 멸종 위기를 맞고 있다. 다양한 생물과 함께 살아가는 아름다운 지구를 만들기 위해 온실가스를 줄이고 환경을 살리려는 노력이 무엇보다 중요한 시점 이다.

● 고릴라나 오랑우탄과 같은 유인원도 멸종 위험에 놓였다

"고릴라가 사라진대요!" 국제자연보전연맹IUCN, International Union for Conservation of Nature and Natural Resources은 최근 멸종위기종의 위험 상태를 평가한 '적색 목록'을 발표했다.[18] 이들은 8만 2,954종을 평가한 결과 29%인 2만 3,928종이 멸종 위험에 놓였다고 밝혔다. 그중 인간과 닮은꼴인 유인원 6종 가운데 4종이 멸종 위험에 가깝다고 한다. 아프리카 동부지역에 살고 있는 고릴라에는 그라우어 고릴라Grauer's gorilla와 마운틴 고릴라Mountain gorilla 두 종이 있다. 그라우어 고릴라는 1994년 이후 개체수의 77%가 사라지면서 3,800마리만 남았다. 그라우어 고릴라는 기후변화뿐만 아니라 환경파괴 (농경지 조성과 내전, 콜탄 채굴로 인한 산림 파괴), 그리고 식량 부족으로 인한 그라우어 고릴라 사냥 때문에 개체수가 많이 줄었다. 마운틴 고릴라 역시 겨우 880마리밖에 남아 있지 않다.

이외에도 '위급' 판정을 받은 유인원에는 서부 고릴라, 보르네오 오랑우탄, 수마트라 오랑우탄 등이 있다. 인도네시아와 말레이시아의 오랑우탄은 환경파괴의 최대 피해자다. 대규모 우림을 베어내면서 생존 환경이

---

18 http://www.iucnredlist.org/

피폐해져 사라지는 것이다. 수마트라 오랑우탄의 경우 기후변화에도 영향을 받는다. 이들이 살고 있는 인도네시아의 산림이 기후변화의 영향을 크게 받기 때문이다. 인도네시아의 밀림과 섬들은 기후변화로 강수량이 크게 늘어날 것으로 예상된다. 기후 모델에 따르면 2025년까지 연간 강수량이 크게 증가할 것으로 예상된다. 산사태와 홍수의 위험이 높아지면서 오랑우탄들의 서식지가 파괴되는 것이다. 강수량 증가는 서식지에도 부정적인 영향을 미치지만, 오랑우탄이 좋아하는 식물의 성장 속도와 번식 주기에도 영향을 미친다. 이로 인해 먹을 수 있는 먹이가 줄어들면서 암컷의 생식 능력에도 변화가 예상된다고 세계자연기금은 말한다.[19] 이외에 엘니뇨로 인한 심각한 가뭄도 있고, 오랑우탄의 서식지에 큰 영향을 주는 산불의 위험도 증가하고 있다. 1997년 인도네시아 칼리만탄Kalimantan의 대형 산불로 인한 수백만 헥타르의 산림이 전소되면서 이 지역에 살던 오랑우탄의 개체수가 급격히 감소한 것이 좋은 예다.

기후변화가 인간이 만든 재난이라면 인간의 탐욕으로 파괴되는 환경은 재앙이다. 생물종이 사라지는 가장 큰 원인은 인간의 탐욕으로 인한 환경파괴다. 동물이나 식물이 살아갈 수 없는 환경을 인간이 만드는 것이다. 여기에 더해 기후변화로 인해 동물들의 서식지가 파괴되거나 줄어들면서 동물 멸종이 심각해지고 있다. 이런 연구들은 과거의 기후변화가 어떻게 동물들의 멸종에 개입했는지를 보여주는 사례들을 담고 있다. 가장 대표적인 사례가 10만 년 전 사라진 거대 원숭이다. 키가 3~4m, 몸무게는 400~500kg의 '킹콩'만한 크기의 원숭이가 갑자기 사라졌다. 이 원숭이는 100만 년 전 번성했던 남아시아의 거대 원숭이인데 10만 년 전 갑

---

19 WWF, "Impact of Climate Change on Species", WWF Report, 2016.

인도네시아의 밀림과 섬들은 기후변화로 강수량이 크게 늘어날 것으로 예상된다. 이로 인해 홍수와 산사태의 위험이 높아지면서 수마트라 오랑우탄들의 서식지 파괴도 더욱 늘어날 전망이다. 강수량 증가는 오랑우탄의 서식지뿐만 아니라 오랑우탄이 좋아하는 식물의 성장 속도와 번식 주기에도 악영향을 미친다. 이로 인해 먹을 수 있는 먹이가 줄어들면서 오랑우탄 암컷의 생식 능력에도 변화가 예상된다고 세계자연기금은 말한다. 이외에도 엘니뇨로 인한 심각한 가뭄과 산불 위험의 증가는 오랑우탄의 서식지에 큰 영향을 미친다.

자기 사라진 것이다. 이들이 갑자기 사라진 원인이 기후변화에 적응하지 못했기 때문이라고 전문가들은 보고 있다. 전문가들은 이 거대 원숭이가 숲에서 과일이나 열매만 섭취했고 고기는 먹지 않았다고 한다. 그러다가 12만 년 전 홍적세가 닥치면서 이들이 살던 열대 지역이 사바나 지역으로 변해버렸다. 과일이나 열매가 줄어들었고. 이들은 이에 적응하지 못하면서 사라졌다는 것이다. 거대 원숭이의 멸종 원인 중에 기후변화가 가장 큰 역할을 했다는 것이다.

● 기후변화로 죽어가는 사자와 호랑이

기후변화는 고릴라나 원숭이 등의 영장류 외에도 최고의 포식자인 고양 잇과 동물도 멸종으로 내몰리고 있다. 고양잇과 동물로는 사자, 호랑이, 표범, 재규어, 치타, 살쾡이, 퓨마, 스라소니, 오실롯^{ocelot} 등이 있다. 이들은 오스트레일리아와 남극 대륙을 제외한 거의 모든 대륙에 살고 있다. 포유 류 중 먹이사슬의 맨 꼭대기를 차지하는 대표적인 육식동물로 감각기관 이 매우 잘 발달되어 있어 사냥을 잘하다 보니 오랫동안 최고의 포식자 로 살아온 것이다. 그런데 이들의 개체수가 매년 줄어들고 있다. 가장 큰 원인은 사람들의 무분별한 포획 때문이지만 기후변화에 적응하지 못하 기 때문이기도 하다.

고양잇과 동물 중 첫 번째로 무서운 것은 사자라고 할 수 있다. 고대 이 집트인들은 사자를 불가사의한 힘이나 왕의 위엄을 상징하는 동물로 여 겼다. 사자는 수명이 10~14년 정도이고 전형적인 육식동물로 물소나 얼 룩말, 임팔라 등 중대형 동물이나 코끼리와 같은 대형 동물을 잡아먹기도 한다. 주로 사는 곳은 사하라 아래쪽의 아프리카 지역과 인도다. 열의 손 실을 막아주는 역할을 하는 사자의 갈기는 기후에 따라 다르다. 남쪽의 따 뜻한 지역에 사는 사자는 작고 얇은 갈기를 가지고 있고, 반면 차가운 북 쪽 지역에 사는 사자의 경우 열 손실을 막기 위해 풍성한 갈기를 가진다. 우리나라 동물원에 있는 사자의 갈기를 보면 매우 풍성한 것은 이 때문이 다. 그런데 최근 사자의 개체수가 급속히 줄어들고 있다. 기후변화로 인한 가뭄으로 아프리카에 전염병이 만연하고 있기 때문이다. 사자들에게는 디

최근 사자의 개체수가 급속히 줄어들고 있다. 기후변화로 인한 가뭄으로 아프리카에 전염병이 만연하고 있기 때문이다. 극심한 가뭄으로 인한 영양실조로 면역력이 떨어져 해충에 감염된 버팔로들을 잡아먹은 사자들이 해충에 감염되어 죽어가고 있는 것이다. 동아시아와 남아시아에 살고 있는 또 다른 맹수 호랑이 역시 최근 기후변화로 인한 해수면 상승과 해안 침식으로 호랑이 서식지인 순다르반스가 파괴되면서 개체수가 크게 줄고 있다.

스탬퍼distemper라는 전염병이 6~7년마다 주기적으로 발생한다. 보통 별다른 증상은 없는데, 1994년과 2001년에 발생한 이 전염병으로 사자들이 이례적으로 많이 죽었다. 이것은 당시 극심한 가뭄으로 인해 버팔로들이 영양실조로 면역력이 떨어져 진드기 등 해충에 대거 감염되었기 때문이다. 포식자인 사자는 해충에 감염되어 힘이 빠진 버팔로들을 손쉽게 사냥하는 것까지는 좋았다. 그러나 감염된 버팔로를 먹은 사자들 역시 해충에 감염되었다. 해충에 감염된 많은 사자들이 면역력이 떨어져 죽어갔다.

또 다른 고양잇과 동물은 동아시아와 남아시아에 살고 있는 호랑이다. 우리나라에서는 호랑이가 단군신화에도 나오고 효와 보은의 동물로 묘사되기도 한다. 그런데 아시아의 맹수인 호랑이가 최근에 기후변화로 인해 서식지가 파괴되면서 개체수가 줄어들고 있다. 예를 들어, 인도와 방글라데시에는 호랑이 서식지인 순다르반스Sundarbans가 있다. 이곳은 세계 최대 맹그로브 습지로 약 250여 마리의 호랑이가 서식하는 지역이다. 최근 기후변화로 인한 해수면 상승과 해안 침식으로 순다르반스가 파괴되면서 호랑이 개체수가 줄어들고 있다. 맹그로브 숲이 파괴되면 호랑이의 주 먹이인 악어, 물고기, 큰 게 등이 줄어든다. 또 해수면 상승으로 염분의 유입이 많아지면 나무들이 색을 잃고 잎들이 야윈다. 그러면 호랑이가 맹그로브 나무 사이에서 위장하는 것이 어려워진다. 결국 호랑이는 먹이를 구하기가 어려워지고 밀렵꾼들에게도 쉽게 포착된다. 이로 인해 개체수가 줄어들고, 먹이를 구하기 위해 호랑이들이 마을에 접근해 사람을 공격하는 횟수가 증가하고 있다. 가끔 TV를 보면 인도나 방글라데시에서 호랑이에게 물려죽는 사람들이 나오는 경우가 많이 있는데, 알고 보면 기후변화의 영향 때문인 것이다.

고양잇과에서 세 번째로 무서운 것이 표범이다. 주로 사막, 습지, 숲, 바위 지역에 사는데 북아프리카, 아라비아 반도, 서남아시아, 인도, 중국, 러시아, 자바 섬 등에 분포한다. 그런데 기후변화로 인한 눈표범snow leopard 멸종 위기가 가장 심각하다. 히말라야에 서식하는 눈표범이 기후변화로 인해 개체수가 줄어들고 있다. 눈표범은 수목 한계선이 끝나는 지점부터 설선snow line이 시작하는 지점 사이에 서식한다. 그런데 기후변화로 인해 기

고양잇과 동물 중 기후변화로 인한 눈표범의 멸종 위기가 가장 심각하다. 히말라야에 서식하는 눈표범은 수목 한계선이 끝나는 지점부터 설선이 시작하는 지점 사이에 서식한다. 그런데 기후변화로 인해 기온이 따뜻해지고 습해지면 수목 한계선과 설선이 높은 곳으로 상승하게 된다. 그러면 눈표범은 고도가 더 높은 곳으로 올라가 생활해야 한다. 그러나 높은 고도에는 초목이 부족하고 눈표범의 주 먹이가 되는 초식동물 또한 부족하다. 따라서 동물학자들은 현재 속도로 기온 상승이 지속될 경우 눈표범은 얼마 지나지 않아 사라질 것으로 추정한다.

온이 따뜻해지고 습해지면 수목 한계선과 설선이 높은 곳으로 상승하게 된다. 그러면 눈표범은 고도가 더 높은 곳으로 올라가 생활해야 한다. 그러나 높은 고도에는 초목이 부족하고 따라서 눈표범의 주먹이가 되는 초식동물 또한 부족하다. 따라서 동물학자들은 현재 속도로 기온 상승이 지속될 경우 눈표범은 얼마 지나지 않아 사라질 것으로 추정한다.

스라소니도 표범과 비슷하다. 스라소니도 높은 고도에 위치한 산림이나 평원에 주로 살고 있다. 스라소니는 추위에 적응하여 두꺼운 털을 가지고 있고, 깊이 쌓인 눈 위에서 사냥하기에 좋은 발을 가지고 있다. 그런데 온난화가 지속되면서 산 위에 적설 면적이 적어지고 있다 보니 스라소니의 주 먹이인 토끼들의 개체수가 줄어들면서 스라소니의 수도 줄어든다는 것이다.

● 이상기후로 대량 떼죽음을 당하는 초식동물들

기후변화는 육식동물뿐만 아니라 초식동물에게도 큰 영향을 미친다. 2015년 5월에 몽골, 우즈베키스탄, 카자흐스탄 등 중앙아시아 초원을 누비고 사는 소과科의 동물 '사이가Saiga 영양'이 20여 만 마리나 떼죽음을 당했다. 코끼리를 닮은 주름진 긴 코가 특징인 '사이가 영양'은 20세기 초반까지 중앙아시아 초원지대에서 번성했지만, 사람들이 마구 잡아들이면서 그 수가 5만 마리까지 줄어들었다. 국제적인 보호 노력으로 최근에는 수십만 마리 수준으로 늘어난 상태였다.

많은 과학자들은 이번 사이가 영양 대량 떼죽음이 지구온난화와 관련된 이상기후 때문일 가능성이 높다고 보고 있다. 영양의 사체에서 박테리아 이상 증식에 따른 내부 출혈이 발견되었기 때문이다. '사이가 영양'의 대량 폐사 원인으로 지목된 박테리아가 파스튜렐라균pasteurellosis이라고 한다. 그런데 파스튜렐라균은 평소에는 해가 없다가 이상기후가 지속되면 독성을 뿜는 변종으로 돌연변이가 일어난다는 것이다. 여기에다가 초식동물의 경우 이상기후로 스트레스가 높아지면 평소 면역력으로 쉽게 물리치던 체내 박테리아 공격에 무력해진다고 한다. 그러니까 기온이 높아지면서 무해하던 박테리아균이 독성을 가진 변종으로 변하고 이에 영양의 면역력이 떨어지면서 대량 떼죽음이 일어났다고 보는 것이다. 이런 사태가 발생하자 몽골과 카자흐스탄 등 중앙아시아 관련 국들은 최근 국제회의를 열고 '사이가 영양'의 이동경로 보장 등 개체 보전을 위한 5개년 계획에 합의했다고 한다.

기후변화는 아시아 지역에서 또 다른 초식동물을 산꼭대기로 몰고 가고 있다. 티베트 고원과 히말라야 산맥의 비탈에 살고 있는 소와 비슷한 야크Yak가 그것이다. 미국 몬태나 대학University of Montana과 미국 야생동물보호협회 연구팀은 지난 1850년부터 1925년까지 티베트 지역을 탐험한 영국, 프랑스, 스웨덴, 독일, 러시아 등 약 60개의 원정대가 관측한 야생 야크의 기록을 분석했다.[20] 연구팀은 1920년대까지만 해도 초원지대에 많이 살던 야생 야크가 고산지대로 옮겨간 것은 사람들의 무분별한 사냥 때문임을 밝혀냈다. 살기 위해 사람들이 오르기 힘든 고지대로 옮겨갔는데, 최근에는 지구온난화로 인한 기온 상승이 고지대로 몰린 야생 야크들을 더 높은 눈 쌓인 고지대로 몰고 올라간다는 것이다. 티베트 지역의 기온 상승은 다른 지역보다 2~3배 정도 빨리 상승하고 있다. 만일 더 기온이 상승해 더 이상 올라갈 고지대가 없어지면 야생 야크들은 멸종할 수밖에 없다고 연구팀은 보고 있다. 야생동물이 사라지면 지구는 어떻게 변해갈까?

20 Joel Berger, George B. Schaller, Ellen Cheng, Aili Kang, Michael Krebs, Lishu Li, Mark Hebblewhite, "Legacies of Past Exploitation and Climate affect Mammalian Sexes Differently on the Roof of the World – The Case of Wild Yaks", *Scientific Reports*, 2015, DOI:10.1038/srep08676

제5장
해양생물의 보금자리
산호가 사라진다

● 수온 상승은 산호의 백화현상을 부른다

"과거에 엘니뇨가 언제 발생했는지를 알려주는 생물이 산호입니다."

기후학자들은 과거에 어떤 기후가 있었는지를 알아내기 위해 다양한
방법을 사용한다. 그런데 산호가 태평양에서 발생한 옛날 엘니뇨에 대
한 자료를 알려준다. 이것이 가능한 것은 동태평양 바다에 수백 년 이상
된 산호초가 많이 남아 있기 때문이다. 산호에도 나무처럼 성장테가 기
록되어 있다. 성장테의 동위원소 함량을 분석하면 산호가 천천히 성장할
때 해수 온도의 변화를 알 수 있다. 한랭한 물에 사는 산호는 무거운 산
소동위원소인 O-18을 많이 함유하고, 온난한 물에 사는 산호는 가벼운
O-16을 많이 함유한다. 엘니뇨 시기에는 산호의 O-18 함유량이 적어
지고, 라니냐 시기에는 많아진다. 산호동위원소 분석을 통해 12~14세기
의 엘니뇨는 지금보다 적었던 것을 밝혀냈다. 그런데 이런 귀중한 역사를
간직한 산호가 사라지고 있다.

산호가 사라지는 원인은 무엇일까? 산호에게 가장 취약한 환경은 수온 상승이다. 산호초는 열 스트레스에 취약하다. 바닷물의 온도가 약 1~3℃ 상승하면 산호초가 백화현상으로 사라진다.[21] 두 번째 원인은 바닷물이 산성화되는 것이다. 바다는 이산화탄소를 흡수한다. 바닷물에 녹은 이산화탄소가 바닷물을 산성화시킨다. 1750년 이후 해수의 pH가 평균 0.1 감소했다. 미국 해양대기청 과학자들은 바닷물의 산성화로 인한 산호초의 골격 부식을 경고하고 있다. 바다 산성화가 산호초를 황폐화시키고 있는 것이다. 세 번째 원인은 급격한 해수면의 상승이다. 산호는 햇빛을 필요로 한다. 그런데 해수면이 너무 빨리 상승하면 산호초들이 햇빛을 받기 어려워진다.

산호초는 각질이 해저에 쌓여 시멘트의 원료가 되는 석회암을 만들고, 열대우림처럼 이산화탄소를 흡수하여 지구온난화를 방지하는 역할을 하기도 하며, 바닷속 다양한 생물종이 살기 좋은 서식 조건을 형성하기에 중요하다. 그런데 이런 산호초가 최근 수온 상승, 바닷물의 산성화, 해수면의 상승 등으로 급격하게 사라지고 있다.

"온실가스인 탄소 배출량을 줄여 지구온난화 속도를 늦추지 않으면 전 세계의 모든 산호초가 이번 세기 안에 사라질 수도 있습니다."

2017년 7월 유네스코 세계유산센터World Heritage Center는 보고서를 발표했다.[22] 온실가스가 지금처럼 배출된다면 세계자연유산으로 지정된 29개의

---

21 산호가 죽어가는 백화현상이 해수 온도의 상승 때문에 나타난다. 산호와 그 기생 조류들이 살아 있는 유기체의 '아포프토시스[apoptosis: 고사(枯死) 혹은 세포소멸(細胞消滅)]'라는 자기 방어 시스템을 작동하는 현상이다. 산호와 이에 기생하는 조류가 높은 수온으로 스트레스를 받으면 산호를 먹여 살리는 조류가 죽거나 혹은 산호로부터 떨어져나가기 때문에 백화현상이 발생하는 것이다.

22 https://www.theguardian.com/environment/2017/jun/24/paris-agreements-15c-target-only-way-to-save-coral-reefs-unesco-says

최근 산호가 급격히 사라지는 원인은 무엇일까? 첫 번째 원인은 수온 상승이다. 산호초는 열 스트레스에 취약하다. 바닷물의 온도가 약 1~3℃ 상승하면 산호초가 백화현상으로 사라진다. 두 번째 원인은 바다의 산성화다. 바다는 이산화탄소를 흡수한다. 바닷물에 녹은 이산화탄소가 바닷물을 산성화시킨다. 1750년 이후 해수의 pH가 평균 0.1 감소했다. 미국 해양대기청 과학자들은 바닷물의 산성화로 인한 산호초의 골격 부식을 경고하고 있다. 바다의 산성화가 산호초를 황폐화시키고 있는 것이다. 세 번째 원인은 급격한 해수면의 상승이다. 산호는 햇빛을 필요로 한다. 해수면이 너무 빨리 상승하면 산호초들이 햇빛을 받기 어려워진다. 사진은 백화현상이 발생한 산호초의 모습.

산호초 지역 중 적어도 25곳이 2040년까지 10년마다 두 차례씩 심각한 백화현상을 겪을 것이라는 것이다.[23] 아울러 유네스코는 전 세계 산호초의 4분의 3에서 지난 3년 동안 심각한 백화현상이 발생하고 있다고 밝혔다.

세계의 산호초가 죽어간다는 보고서가 끊임없이 나오는 것은 그만큼 생태계가 위험하기 때문이다.

23 https://www.dailysabah.com/environment/2017/06/24/coral-reefs-could-disappear-by-2040-says-un-report

"산호초의 백화현상 발생 빈도가 기후변화로 인해 최근 40년 새 5배로 증가했습니다."

호주 제임스 쿡 대학James Cook University의 테리 휴즈Terry P. Hughes 교수팀의 연구 내용이다.[24] 연구 결과는 2018년 1월에 과학학술지《사이언스》에 게재되었다. 연구팀은 전 세계 산호초 100개를 조사했다. 그랬더니 놀랍게도 오직 6개만이 1980년 이후 발생한 백화현상을 피했다는 것이다. 우려되는 것은 1980년대 이전에는 백화현상이 특정 지역에 한정된 규모로만 발생했다. 그러나 그 이후 심각한 백화현상이 25~30년 주기에서 5.9년 주기로 단축되면서 글로벌화하고 있다는 것이다.

릭 스튜어트-스미스Rick D. Stuart-Smith 호주 태즈메이니아 대학University of Tasmania 교수 연구팀도 호주의 자연유산인 산호초 지대가 대규모 백화현상으로 파괴되고 있다고 밝혔다.[25] 2018년 7월《네이처》에 게재된 연구 내용에 따르면, 연구팀은 세계에서 가장 큰 산호초 지대인 호주 '그레이트 배리어 리프Great Barrier Reef' 일대를 2016년 대규모 백화현상 전후로 조사했다. 그랬더니 살아 있는 산호초 표면이 최대 51%까지 줄어들었다는 것이다. 수심이 4m 미만인 곳에서 가장 심했지만 10m 이상 깊이에서도 비슷한 양상을 보였다고 밝혔다.

24 Terry P. Hughes, Kristen D. Anderson1 et al., "Spatial and temporal patterns of mass bleaching of corals in the Anthropocene", *Science Journals*, 2018.

25 Rick D. Stuart-Smith, Christopher J. Brown et al., "Ecosystem restructuring along the Great Barrier Reef following mass coral bleaching", *Nature*, 2018.

● 해양 열파와 해양 산성화도 산호초 파괴의 범인들이다

바다의 폭염을 '해양 열파[26]'라고 부른다. 스위스 베른 대학University of Bern 의 토마스 프뢸리허Thomas L. Frölicher 교수 연구팀은 과학전문지 《네이처》에 해양 열파에 관한 논문을 게재했다.[27] 연구팀은 해양 열파의 발생 빈도와 범위, 온도 상승이 심각해지고 있다고 말한다. "해양 열파는 산호초를 파괴해 암초를 중심으로 형성된 해양 공동체를 파괴한다. 산호 백화현상은 어족 자원에 중대한 피해를 입힐 수 있으며 이에 따라 경제와 사회에도 심각한 영향[28]을 미칠 수 있다"고 밝혔다. 이들 논문과 비슷한 의견도 2018년 4월 《네이처》에 실렸다. 호주 제임스 쿡 대학 산호초연구협의회 연구로, 이 연구팀은 2016년 발생한 해양 열파의 영향을 분석했다.[29] 그랬더니 호주 북동부 '그레이트 배리어 리프'가 큰 타격을 받은 것으로 나타났다.

앞에서 잠깐 언급한 바닷물의 산성화도 산호초에 영향을 미친다. IPCC(기후변화에 관한 정부 간 협의체)는 보고서에서 바다 산성화가 해양 생태계를 망가뜨리고 있다고 지적하고 있다. 보고서에 따르면, 현재 바다 산성화가 급속히 진행되고 있다. 지구상의 온실가스가 산업혁명 이전 상태로 정상화된다 하더라도 이미 산성화된 바닷물을 원상태로 되돌리려

---

26 해양 열파는 수일에서 최대 한 달까지 수천 km^2에 걸쳐 해양 표면 온도가 상승하는 현상으로 짧게는 수일에서 길게는 한 달까지 지속되는 바다의 폭염 현상이다.

27 Thomas L. Frölicher, Erich M. Fischer & Nicolas Gruber, "Marine heatwaves under global warming", *Nature*, 2018.

28 금융컨설팅업체인 딜로이트는 호주 대보초의 경우 560억 호주달러(425억 달러, 48조 5,000억 원)의 실질 경제적 가치를 지니고 있다는 보고서를 내놓기도 했다. 보고서는 대보초가 호주에서 일자리 6만 4,000개를 떠받쳐주면서 호주 경제에 49억 달러를 기여했다고 밝혔다.

29 Terry P. Hughes, James T. Kerry et al., "Global warming transforms coral reef assemblages", *Nature*, 2018.

면 많은 시간이 걸린다. 2009년 코펜하겐 기후변화회의에서는 '코펜하겐 진단서'가 발표되었는데, 그중 중요한 안건으로 해양 산성화가 제출되었다. 해양 산성화가 빠르게 진행되어 생태계가 광범위하게 파괴되고 있다는 내용이었다. 멕시코에서 열린 칸쿤 유엔 기후변화협약 제16차 당사국 총회에서도 해양 산성화에 대한 우려가 제기되었다. 현재 바다가 역사상 가장 빠른 속도로 산성화되고 있다는 것이었다. 보고서의 수석 저자인 캐롤 털리Carol Turley 박사는 "만일 이런 속도로 바다 산성화가 이뤄진다면 21세기 말에는 산성도가 120% 증가할 것"이라고 경고했다.

그렇다면 왜 이런 바다의 산성화가 진행되는 것일까? 첫째는 이산화탄소의 증가 때문이다. 사람들이 화석연료를 사용하면서 대기 중에 배출된 이산화탄소의 3분의 1은 대기 중에 남는다. 그리고 3분의 1은 육지의 숲 등에, 나머지 3분의 1은 바다로 흡수된다. 지금까지는 대기와 바다는 이산화탄소를 주고받으며 균형을 유지해왔다. 그러나 인간이 배출하는 이산화탄소의 양이 많아지다 보니 바다는 옛날보다 더 많은 이산화탄소를 흡수하고 있다. 많은 양의 이산화탄소가 수소이온농도를 낮추어주는 탄산이온을 소모하므로 바닷물의 산성도는 높아질 수밖에 없다.

그럼 바다의 산성화로 인해 어떤 일이 발생할까? 바닷속에 많이 녹아들어간 이산화탄소는 궁극적으로 석회석 성분 중의 탄산이온을 소모시킨다. 바다에 살고 있는 조개류의 껍데기는 석회석으로 되어 있다. 산성화된 바닷물이 조개류의 껍질 생성을 방해하거나 조개류의 껍질을 녹인다는 말이다. 현재 거미불가사리는 산성화된 바다에서 뼈를 유지하는 데 더 많은 에너지를 쏟느라 알을 적게 낳고 있다. 불가사리 알은 청어의 주요 먹이인데 알이 적어지다 보니 청어의 개체수도 줄어든다. 바다 산성화는 작은 물고기인 크라운피시clownfish의 경우 방향감각과 후각을 손상시킨다. 산호도 골격 형성에 어려움을 겪는다. 이런 여러 가지 현상들이 아우러지면서 해양 생태계가 뿌리째 흔들리게 되는 것이다.

지금까지는 해수면 가까이에 있는 산호의 백화현상이 주로 보고되었었다. 그런데 기후변화는 심해에 있는 산호초마저 백화현상을 피할 수 없게 만든다. 루이즈 로차[Luiz A. Rocha] 캘리포니아과학아카데미[California Academy of Sciences] 연구원이 이끈 미국-호주 공동 연구진은 심해 산호초 백화현상에 대한 연구를 발표했다. 이들은 2018년 7월《사이언스》에 연구 내용을 게재했는데, 해저 30~150m 깊이에 있는 심해 산호초도 다양한 생태계 파괴를 겪고 있다는 것이다.[30] 연구팀은 바하마 럼케이[Rum Cay] 섬 인근 해저 85m 깊이에서 산호초가 백화현상이 일어난 것을 발견했다. 지금까지 심해는 해안가 바다보다 수온이 낮고 대류가 약해서 안전할 것으로 생각해 왔다. 그러나 실제로는 심해 산호초도 기후변화와 환경파괴로부터 안전하지 못하다는 것이다. 기후변화 외에도 산호초를 죽이는 것이 있다. 전 세계의 바다를 떠다니는 쓰레기와 플라스틱이 그 주범이다. 매년 전 세계에서 버려지는 플라스틱 쓰레기는 약 5,000만 톤이며 바다 위를 떠다니는 플라스틱 쓰레기는 3,500만 톤이나 된다.

"산호초 복원하면 주변 물고기도 많아진다." 2018년 1월 한국과학기자협회 홈페이지에 실린 기사 제목이다. 미국 하버드대 학부생인 앤 오펠[Ann H. Opel]이 산타크루즈[Santa Cruz] 섬의 산호초 지역에서 직접 잠수해 들어가 주변 어류 개체수와 군락 특성을 살폈다. 그랬더니 산호초를 복원하면 주변의 어류 개체수가 늘어나더라는 것이다. 그의 연구는 국제 학술지

---

30 Luiz A. Rocha1, Hudson T. Pinheiro et al., "Mesophotic coral ecosystems are threatened and ecologically distinct from shallow water reefs", *Science Journals*, 2018.

《해양생물학Marine Biology》 2017년 12월호에 실렸다.[31] 오펠은 "산호초는 생물학적으로 중요할 뿐 아니라 인간에게도 중요하지만 지금은 산호초들이 기후변화, 환경오염 등 수많은 인위적 요인으로 위협받는 실정"이라고 말했다. 산호초는 4,000종 이상의 물고기가 서식하는 장소다. 오펠의 연구에 의하면 산호초를 이식해 군락을 복원한 뒤 일주일이 지나면 물고기 개체수가 늘어나고 물고기 종의 다양성이 높아졌다. 시간이 지남에 따라 추가 물고기 종이 방문하기 시작해 어류 공동체 특성이 바뀌기도 했다. 산호가 주는 유익함을 실증적으로 정량적으로 연구한 사례로, 파괴된 산호초를 복구하는 노력이 필요하다는 것을 잘 보여준다.

---

31 Ann H. Opel, Colleen M Cavanaugh et al., "The effect of coral restoration on Caribbean reef fish communities", *Marine Biology*, 2017.

제5부
인간이 환경파괴를 부른다

제1장
산림파괴는
극심한 환경재앙이다

● 대형 산불은 최악의 환경파괴를 부른다

"세계에서 조림造林에 가장 성공한 나라는?" 세계적인 산림 전문가들은 한결같이 한국과 이스라엘을 꼽는다. 북한과 비교하면 천국과 지옥이라는 표현까지 사용한다. 산림이 풍부하다 보니 북한에 비해 남한이 자연재해 피해가 적다. 우리나라는 동해안에 몇 년에 한 번 발생하는 대형 산불을 제외하고는 큰 산불이 없는 편이기 때문인지 산불에 대한 경계심이 작다. 그러나 지금 전 세계는 대형 산불로 몸살을 앓는다.

최악의 산림파괴는 대형 산불이 주범이다. 대형 산불은 매년 엄청난 숲을 사라지게 만든다. 대형 산불의 원인은 지구 기온의 상승이다. 2016년 5월 캐나다 앨버트Albert 지역에 강력한 대형 산불이 발생했다. 산불이 발생했을 때 이 지역은 이상고온인 35℃를 기록했다. 기후학자들은 기온이 높아질수록 산불은 점점 더 많이 일어난다고 주장한다. 왜 그럴까? 최근 기후변화로 기온이 높아지고 있다. 이로 인해 눈이 일찍 녹게 되고 땅과

수목이 더 일찍 마르게 되면서 산불 발생 시기도 빨라지고 있다. 기온 상
승이 연쇄반응으로 최악의 산불을 일으킨다는 것이다.

미국 캘리포니아 대학 어바인 캠퍼스University of California, Irvine의 펠리시아
치앙Felicia Chiang 교수 연구팀은 2018년 8월 1일 학술지《사이언스 어드밴
시스Science Advances》에 "건조한 가뭄 지역의 경우 다른 지역보다 기온이 4배
가량 더 빨리 상승하기 때문에 지구온난화 진행 속도가 훨씬 빠르다"고
기고했다.[1] 가뭄과 고온이 동시에 겹치면서 대형 산불과 농업 인프라 붕
괴 등 극단적 재앙을 초래할 수 있다는 것이다.

세계적인 대형 산불은 점점 더 많이, 그리고 더 강하게 발생하고 있다.
2016년에 세계적인 대형 산불이 많이 발생했다. 4월에 호주 태즈매니아
Tasmania에 대형 산불이 발생했다. 당시 4월인데도 40℃를 넘는 폭염과 강
풍이 그 원인이었다. 4월 미국 오클라호마Oklahoma –캔자스Kansas의 대형 산
불도 기온 상승이 주범이었다. 2017년에도 세계적인 대형 산불은 도처
에서 발생했다. 가장 대표적인 것이 미국 캘리포니아 주의 벤추라Ventura에
서 발생한 산불이었다. 당시《연합뉴스》는 "美 캘리포니아 또 '통제불능'
산불…여의도 면적 70배 태우고 확산"이라고 보도했다.[2] 건물 150채가
불에 탔고, 주민 2만 7,000명이 대피했다. 28만 3,800에이커(1,148km^2)
의 면적이 잿더미로 변했다. 캘리포니아 주지사는 비상사태를 선포했다.

그런데 2018년에는 전해보다 더욱 극심한 대형 산불이 전 세계를 강

---

1 Felicia Chiang, Omid Mazdiyasni1 and Amir AghaKouchak, "Amplified warming of
droughts in southern United States in observations and model simulations", *Science
Advances*, 2018.

2 http://www.yonhapnews.co.kr/bulletin/2017/12/06/0200000000AKR20171206005952075.
HTML?input=1195m

2018년에는 전해보다 더욱 극심한 대형 산불이 전 세계를 강타했는데, 그 원인은 전 지구를 달굴 정도의 뜨거운 폭염 때문이었다. 지구온난화로 인한 기온 상승은 연쇄반응으로 건조한 가뭄과 그로 인한 대형 산불을 불러일으킨다. 이러한 대형 산불은 단번에 넓은 면적의 산림을 복구 불가능하게 파괴한다.

타했다. 2018년 8월, 미국 캘리포니아에서 역대 최악으로 기록된 대형 산불이 발생했다. 캘리포니아 주 샌프란시스코 북쪽의 멘도시노 콤플렉스Mendocino Complex 산불이 2017년 벤투라 산불의 기록을 갱신한 것이다. 무려 29만 692에이커(1,176㎢)의 지역이 불탔는데 이는 서울 면적의 2배나 된다. 이번 산불은 국제우주정거장ISS, International Space Staion에서도 관측되었다. NASA는 대형 산불 사진을 공개했다. 유럽우주국ESA, European Space Agency 소속 우주비행사 알렉산더 게르스트Alexander Gerst의 카메라에 잡힌 영상으로 거대한 연기기둥이 찍혔다.[3] 지속적으로 대형 산불이 발생하는 원인은 낮은 습도, 강한 바람, 극심한 폭염 등이 원인인 것으로 보인다. 미국뿐만 아니라 가뭄과 폭염에 시달리는 남미의 칠레도 대형 산불로 인한 피해가 심각하다. 전문가들은 칠레의 경우 최근 폭염과 가뭄이 발생하고 있는데 불에 타기 쉬운 수목들로 대체되고 있기에 앞으로 더 자주 강한 대형 산불이 발생할 것으로 예상하고 있다.

대형 산불이라면 빠지지 않는 호주도 전전긍긍하고 있다. 호주도 2018년 대형 산불이 많이 발생했는데 뜨겁고 건조한 날씨가 이어졌기 때문이다. 호주 기상청은 2018년 1~7월까지 기온이 1910년 이래 가장 높았다고 발표했다. 전문가들은 호주에서 더 극심한 산불이 자주 발생하고 호주 전체 대륙으로 확산될 것이라고 예상한다.

2018년 7월에 유럽의 스칸디나비아 반도와 그리스의 산악지대가 대형 불길에 휩싸였다. 2018년은 전 세계를 강타한 가뭄과 폭염으로 인한 재난의 연속이었다. 특히 전 세계인들의 가슴을 아프게 했던 대형 산불이 그리스 산불이다. 프란치스코 교황까지 이들을 위한 깊은 슬픔의 애도와 기도를 보낼 정도로 피해가 컸다. 2018년 7월 그리스 수도 아테네 인근에서 발생한 격렬한 산불로 90명 이상이 숨졌다. 특히 아테네 북동부 해안 휴양도시 마티Mati에서 발견된 새카맣게 탄 시신 26구를 본 사람들은 경악했다. 서로 껴안고 웅크린 채 숨진 시신들이 발견되었기 때문이다. 아테네 방송에서는 이번 대형 산불을 성경에나 나올 만한 수준의 재난으로 묘사했을 정도였다. 대형 산불은 북유럽과 스페인과 포르투갈에도 발

---

3 https://www.nasa.gov/image-feature/goddard/2018/californias-mendocino-complex-of-fires-now-largest-in-states-history

생해 엄청난 피해를 가져왔다.

그런데 마크 라이너스Mark Lynas에 따르면[4] 그런 산불이 앞으로는 남유럽과 지중해를 찾는 휴가객들에게 보기 흔한 광경이 될 것이라고 한다. 여러 기후변화 시뮬레이션의 결과를 보면, 아열대의 건조대가 사하라 사막에서 북상하면서 그 일대가 점점 더 건조하고 더워질 것으로 보이기 때문이다. 평균 기온이 2℃ 상승한 세계에서는 지중해 일대의 모든 국가들에서 자연 발화로 화재가 발생할 위험 기간이 2주에서 6주로 늘어날 수 있으며, 최악의 피해를 입는 곳은 기온이 가장 많이 올라가는 내륙이 될 수 있다. 북아프리카와 중동에서는 사실상 1년 중 대부분이 '화재 위험 기간'으로 분류될 것이다. 그리고 앞으로 산불은 타는 듯이 더운 기온 때문에 더욱 가속화될 것이다. 프랑스, 터키, 북아프리카, 발칸 반도의 내륙에서는 수은주가 30℃ 이상 올라가는 날의 수가 5~6주 늘어날 것으로 보인다. 밤 기온이 25℃ 이하로 떨어지지 않는 '열대야'는 한 달 정도 늘어날 것으로 보이며, 전 지역에서 여름이 4주 정도 더 길어질 수 있다. 이런 현상 때문에 대형 산불의 발생 가능성은 더 높아질 것이다.

대형 산불은 엄청난 인명 및 재산 피해를 가져온다. 산불과 산림벌목은 환경생태계를 파괴시키고 재앙을 부른다. 나무를 보호해야 지구온난화의 주범인 온실가스를 줄일 수 있다. 큰 자연재난의 피해도 줄일 수 있다. "산, 산, 산, 나무, 나무, 나무" 필자의 대학 시절 식목 구호다. 전 세계적으로 나무를 보호하고 환경을 지키려는 노력이 정말로 필요한 때다.

---

4 마크 라이너스, 이한중 역, 『6도의 악몽』, 세종서적, 2008.

● 열대우림이 사라지면?

"사랑하는 아내 제인과 밀림을 지키기 위해 타잔, 그가 이제 인간에게 맞선다!" 아프리카 밀림을 떠나 런던에서 사랑하는 연인과 함께 문명사회에 완벽하게 적응한 타잔이다. 그러나 탐욕에 휩싸인 인간들은 그를 다시 밀림으로 불러들인다. 연인과 밀림을 지키기 위한 타잔의 모습은 인상적이다. 이 영화는 벨기에 식민지인 콩고가 그 배경이 되었다. 최근에 필자가 본 영화 가운데 열대밀림이 가장 아름답게 녹아 든 영화이다. 고무를 얻기 위해 엄청난 밀림을 파괴하는 장면이 충격적이었다.

타잔의 무대인 열대우림은 무엇을 말하는 걸까? 열대림이란 위도상으로 적도 주변의 저지대에 밀집한 삼림을 말한다. 가장 넓은 지역이 아마존 강 유역이며, 타잔 영화의 배경이 된 콩고 분지 일대, 그리고 보르네오 섬 등이 열대우림의 본거지다. 뜨거운 기온과 엄청난 강수량으로 나무가 잘 자라면서 식생 밀도가 가장 높고 아름드리나무가 빽빽하게 들어차 있다. 그러다 보니 다양한 생물종이 열대우림에서 살아간다. 열대우림은 지구온난화의 가장 큰 문제인 이산화탄소를 줄이는 중요한 역할도 한다.

그런데도 열대우림이 심각하게 파괴되고 있다고 이철환은 주장한다.[5] 인구 증가에 따른 개발의 필요성과 열대우림에서의 전통적인 생활방식 고수가 그 원인이다. 특히 아마존 지역의 열대우림이 파괴되고 있는 것은 목초지 조성과 농경지 확보 등이 가장 큰 이유다. 브라질은 경제개발을 이유로 벌목하고 있고 광물 자원 채굴을 위해 열대우림을 파괴하고 있다. 전 세계의 삼림이 사라지고 있는데, 그중 가장 심각한 것이 열대우림

---

5 이철환, 『뜨거운 지구를 살리자』, 나무발전소, 2016.

지역이다. 열대우림 지역은 나무가 많아 많은 양의 산소를 내뿜고 광합성으로 이산화탄소를 흡수하여 '지구의 허파'라 불리며, 많은 생물이 서식하는 생태계의 보고寶庫다. 놀랍게도 매일 서울 여의도 면적(840헥타르)의 38배에 해당되는 열대우림이 사라지고 있다. 전 세계의 열대우림 면적은 15억 헥타르나 되었었다. 그러나 이제는 그 절반도 안 되는 약 6억 헥타르만 남은 것으로 추정된다. 그러다 보니 IPCC는 2014년 보고서[6]에서 세기말까지 전 세계 숲의 70%가량이 사라질 수 있다고 예상하고 있다.

세계자연기금WWF은 매년 사라지는 산림 면적은 남한 면적보다 넓은 11만~15만 km^2로 추산한다. 이미 40%에 가까운 산림이 파괴된 지구환경은 지구위험한계선을 넘었다고 전문가들은 보고 있다. 특히 아마존의 열대우림이 벌목과 화재로 많이 줄어들고 있는 것은 심각한 일이 아닐 수 없다. 안영인은 지난 30년간 브라질 정부의 개발정책에 따라 삼림이 무분별하게 파괴되었다고 말한다.[7] 2017년 한 해 동안 파괴된 아마존 열대림의 면적은 1만 6,900km^2로 남한 전체 임야 면적의 4분의 1에 해당하는 넓이다. 엄청나지 않은가? 세계자연기금은 아마존 열대우림이 현재와 같은 속도로 계속 파괴될 경우 172년 뒤면 이 지역의 열대우림이 완전히 사라질 것이라고 밝혔다. 국제환경기구인 브라질 아마존 환경연구소Ipam는 2015년 8월~2016년 7월에 아마존 열대우림 7,989km^2가 파괴되었다고 밝혔다. 이는 1시간에 128개 축구경기장 넓이에 해당하는 열대우림이 사라진 것과 같다.

그런데 세계 산림 파괴 속도는 점점 빨라지고 있다. 세계자원연구소

6 IPCC, "CLMATE CHANGE 2014 Synthesis Report", IPCC, 2014.

7 안영인, 『시그널, 기후의 경고』, 엔자임헬스, 2017.

WRI, World Resources Institute[8]는 "20년 전 존재하던 세계의 숲 가운데 5분의 1만이 온전하게 남아 있으며, 그중 40%는 앞으로 20년 안에 완전히 사라질 것으로 예측했다. 그러나 최근 위성탐사 결과 파괴 속도가 훨씬 빨라지고 있다"고 밝히고 있다. "2017년에 매초 축구경기장 하나 면적의 산림이 유실된 것으로 드러났다." 세계산림감시[GFW, Global Forest Watch][9]가 2018년 6월에 발표한 내용이다. 세계자원연구소[WRI]가 개설한 웹사이트의 위성 조사를 보면 심각하다. 대형 산불과 불법 벌채와 개간 등에 따른 지구촌의 산림파괴가 증가하고 있다. 그러다 보니 기후도 영향을 받고 야생동물도 죽어가는 것이다. 매초 축구경기장 하나 면적의 산림이 사라지는 것은 매일 뉴욕시 면적이 사라지는 것을 뜻한다. 2017년에 사라진 산림 면적은 2,940만 헥타르로 2001년 세계산림감시[GFW]의 감시가 시작된 이래 두 번째로 컸다.[10] 이들은 산림 감소의 대부분이 불법적으로 이뤄진다고 밝히고 있다. 브라질의 정치적 불안정으로 벌채 단속이 느슨해진 것이 열대우림 유실을 증가하게 만들었다는 것이다. 콜롬비아에서도 정정政情이 불안해지면서 지난해 산림 유실이 46%나 치솟았다. 콩고 민주공화국의 엄청난 우림도 기록적인 감소를 기록했다. 이런 산림 벌채는 야생동물의 서식지를 파괴하면서 지난 40년간 야생동물이 절반으로 줄어들게 한 가장 큰 원인이라고 세계자연기금은 말한다.

8 https://www.wri.org/

9 https://www.globalforestwatch.org/

10 https://www.globalforestwatch.org/

● 열대우림을 파괴하는 것은 인류 삶을 파괴하는 것이다

"나무가 국가를 살리고 사람을 풍요롭게 한다." 카리브해에 히스파니올라Hispaniola라는 섬이 있다. 쿠바의 오른편에 위치한 섬으로 두 나라가 공존하고 있다. 아이티가 히스파니올라 섬의 서쪽, 도미니카 공화국이 동쪽에 위치하고 있다. 2016년 10월 초강력 허리케인 '매튜Matthew'가 히스파니올라 섬을 강타했다. 태풍으로 인해 아이티는 1,000명이 죽고 엄청난 피해를 입은 데 반해, 바로 옆에 위치한 도미니카 공화국은 4명만 죽고 피해는 매우 적었다. 규모 7.0의 지진이 히스파니올라 섬을 덮쳤던 2011년에도 아이티에서는 약 30만 명이 목숨을 잃었으나, 도미니카에서는 사망자가 한 명도 발생하지 않았다.

무엇이 이 같은 차이를 만든 것일까? 홍수나 태풍 등의 자연재해를 경감시키는 것이 삼림이다. 그런데 아이티는 무분별하게 광범위한 지역의 나무를 벌목하여 전 국토가 거의 민둥산이 되어버렸고, 반대로 도미니카 공화국은 삼림을 잘 보존했다. 그 결과, 허리케인과 지진 등 자연재해가 발생했을 때 같은 섬에 있는 두 나라는 극명하게 차이가 났던 것이다. 삼림 전문가들은 아이티와 도미니카 공화국의 삼림 차이는 남한과 북한의 삼림 차이와 비슷하다고 말한다.

삼림이 사라지면 수많은 피해가 발생하게 된다. 안영인은 열대우림의 가장 큰 가치는 지구의 기온을 조절하는 것이라고 말한다.[11] 열대우림이 지구의 땀샘 역할을 한다는 것이다. 사람들은 기온이 올라가면 땀을 배출해 체온을 조절한다. 이처럼 열대우림은 증산작용을 통해 수증기를 공기

---

11 안영인, 『시그널, 기후의경고』, 엔자임헬스, 2017.

열대우림의 가치는 대단하다. 첫째, 지구의 기온을 조절한다. 열대우림은 증산작용을 통해 수증기를 공기 중으로 배출해 지구의 기온을 떨어뜨린다. 둘째, 열대우림은 폭우가 내려도 물을 원활히 땅속으로 침투시켜 일시에 지표로 물이 흘러가는 것을 방지한다. 셋째, 열대우림은 강수량 조절 기능도 가지고 있다. 넷째, 열대우림은 광합성을 통해 온실가스인 이산화탄소를 흡수하고 산소를 배출한다. 그런데 열대우림이 줄어들면서 이산화탄소 흡수량이 줄어들고 기후변화가 심각해지고 있다.

중으로 배출해 지구의 기온을 떨어뜨린다. 미국 버지니아 대학 연구팀은 열대우림이 완전히 사라질 경우 지구의 평균기온은 0.7℃가 추가로 상승할 것으로 예상하고 있다고 말한다. 열대우림은 물 조절에도 좋은 가치를 지닌다. 비를 30% 정도 차단할 뿐만 아니라 토양을 좋게 만들기 때문에 물 저장 공간이 많이 생긴다. 폭우가 내려도 물을 원활히 땅속으로 침투시켜 일시에 지표로 물이 흘러가는 것을 방지한다. 따라서 홍수와 산사태 방지에 크게 기여한다. 열대우림은 강수량 조절 기능도 가지고 있다. 열대우림이 30% 미만으로 파괴될 때는 열대우림 지역의 강수량이 늘어난다. 그러나 열대우림이 30% 정도 파괴될 때를 정점으로 해서 그 이후부터는 열대우림 지역의 강수량이 줄어들기 시작한다. 열대우림이 50% 이상 파괴되면 열대우림 지역의 강수량이 급격하게 줄어들며, 열대 지역뿐 아니라 중위도 지역 강수량에도 큰 변화가 나타날 것으로 기후전문가들은 예상한다.

열대우림의 또 다른 중요한 가치 중 하나가 온실가스인 이산화탄소를 흡수한다는 것이다. 열대우림은 광합성을 통해 이산화탄소를 흡수하고 산소를 배출한다. 그런데 열대우림이 줄어들면서 이산화탄소 흡수량이 줄어들고 지구는 기후변화가 심각해지고 있다. 그런데 이산화탄소를 흡수하는 것만 문제가 아니다. 열대우림이 저장하고 있던 이산화탄소가 배출되는 것도 문제다. 현재 아마존 열대우림과 땅에는 1,500~2,000억 톤의 온실가스가 저장되어 있다고 추정한다. 만약 아마존 열대우림이 파괴될 경우 500억 톤이 넘는 이산화탄소가 배출될 것으로 본다. 이 정도의 양은 전 세계에서 1년에 배출되는 온실가스의 2배 정도나 된다. 엄청 심각하다는 말이다.

그렇다면 열대우림이 파괴되면 어떤 피해가 발생할까? 먼저 원주민의 생활 터전이 사라진다. 500여 년 전까지 아마존 열대우림에는 약 1,000만 명의 인디언이 살았다. 그런데 오늘날 그 수는 20만 명으로 줄어들었다. 둘째, 기후변화를 일으켜 생태계를 위협한다. 열대우림 지역은 우기와 건기로 나뉘는데, 열대우림은 우기 때 내린 빗물을 저장했다가 건기때 물을 흘려보낸다. 댐의 역할을 하는 것이다. 그런데 열대우림이 사라지면 비가 올 때 물이 땅속으로 침투되지 않아 지표면으로 물이 유출된다. 물이 갑자기 불어나면서 홍수, 산사태 피해가 커질 가능성이 매우 높아진다. 따라서 강력한 태풍의 영향을 받거나 호우가 내리면 큰 피해가발생한다. 토양층이 강렬한 햇빛과 폭우에 노출되어 토양이 유실된다. 또가뭄과 홍수 피해가 늘어나면서 동물과 사람들의 삶의 터전이 사라진다. 기후변화와 열대우림 파괴의 동시적 위협은 열대우림의 급속한 사바나 savannah(대초원)화를 야기한다. 결국 종의 다양성 상실은 물론 과다한 탄소배출로 이어지면서 악순환이 계속된다. 여기에 더해 열대림이 사라지면서 희귀 야생동물의 서식처도 사라진다. 또한 열대우림에서만 자라는 희귀 의약품 원료를 구하기가 어려워진다. 최근에 전 세계에 번지고 있는 지카바이러스도 아마존 열대우림 벌목으로 모기들이 도시에 서식하면서 번진다는 주장도 있다. 산림파괴를 줄이는 노력이 정말 시급하다.

제2장
물 부족과 오염으로 죽어간다

"산골짜기에서 강이 발원해 지류들이 합류하고, 마침내 바다로 흘러간다는 구식 지리학은 이제 허구나 다름없는 이야기가 되었다. 도도하게 흐르던 강의 모습은 간데없고, 초라한 갈색 물줄기만이 모래 속에서 찔끔찔끔 흐르고 있다. 책 속에 있는 지도는 이제 더 이상 현실을 반영하지 못한다."

북아메리카에서 다섯 번째로 긴 강인 리오그란데[Rio Grande]강의 모습이다. 물길이 사라진 300km 남짓의 구간에는 '잊혀진 강'이라는 슬픈 이름이 붙었다. 세계에서 네 번째로 큰 내해인 아랄해[Aral Sea]는 이곳으로 흘러드는 두 강이 말라버려 점차 사막으로 변하고 있다. 미국 콜로라도[Colorado]강은 댐 건설 이후 유량이 점차 줄어들었다. 프레드 피어스[Fred Pearce]의 『강의 죽음』에 나오는 내용이다.[12] 이 책을 읽으면서 큰 충격을 받았다. 저자는 강물이 줄어드는 64개국 현장을 다니면서 체험한 생생한 이야기를 풀어놓는다. 강들이 말라가는 원인에 대해 저자는 인간의 탐욕 때문이라고

---

12 프레드 피어스, 김정은 역, 『강의 죽음: 강이 바닥을 드러내면 세상에 어떤 일이 벌어질까?』, 브렌즈, 2010.

말한다. 댐이라는 콘크리트의 구조물로 물길을 바꾸고 좁은 수로에 가둬 두는 통제 욕망 때문이라는 것이다.

● 물 오염이 심각하다

세계는 물 부족으로 신음하고 있다. 물 부족은 기후변화로 인해 많은 나라들이 가뭄과 사막화가 진행되고 있기 때문에 발생한다. 여기에 인간의 과도한 '수자원 착취'도 물 부족을 불러온다. 물이 부족하다 보니 무리하게 멀리서 물을 끌어오고, 지하수를 무분별하게 파서 사용한다. 애덤 스미스Adam Smith는 물과 다이아몬드의 역설을 이야기한다. 사람들이 살기 위해 가장 필요한 것이 물이다. 그런데 어느 나라나 물 값은 거의 공짜다. 반면에 장식용으로밖에 사용할 수 없는 다이아몬드는 엄청난 가격으로 거래된다. 그는 '재화의 희소성과 교환가치'라는 개념을 도입하여 이 현상을 설명한다. 즉, 물을 사용함으로써 얻게 되는 가치는 크다. 그러나 너무 흔하기 때문에 그 가치만큼 값을 치르지 않아도 쉽게 구한다. 그러나 다이아몬드는 너무 희소하기 때문에 엄청난 교환가치를 가진다는 것이다. 그런데 애덤 스미스가 요즘에 살면 조금 다르게 말할 것이다. 물의 가치가 전보다 훨씬 높아졌기 때문이다. 유럽에 가서 물을 사려면 1리터에 2유로 정도 주어야 한다. 그러나 휘발유는 2유로가 채 안 된다. 기름값보다 물값이 더 비싸지기 시작하고 있는 것이다. 그러다 보니 이젠 유조선에 기름을 실어 나르는 것보다 물을 실어 나르는 것이 수익이 높아지는 시대가 되었다. 스페인은 벌써 유조선에 물을 실어 수입하고 있는 형편이다. 그런데 부족한 물도 문제지만 오염된 물도 문제다.

"세계의 모든 물 가운데 97%가량이 마시거나 농사짓기에 부적당한 바닷물입니다." 러시아의 수문학자 이고르 알렉산더 시클로마노프Igor Alexander Shiklomanov의 말이다. 그의 주장에 따르면 나머지 3% 중에서 1%는 소금기 있는 지하수로 쓸모없는 물이다. 2%만이 먹을 수 있는 민물인데, 이 중 1.25%는 오염으로 인해 별 도움이 되지 않는다. 전 세계 물의 겨우 0.75%만이 신선한 지하수라고 한다. 지하수가 아닌 대기 중에 있는 구름, 수증기, 비는 모두 합쳐도 모든 물 양의 0.01%밖에 되지 않는다. 인간 은 건강하게 사용할 수 있는 물이 부족하면서 각종 질병에 노출될 수밖에 없다.

인도의 예를 보자. 인도가 강물이 마르면서 물 부족에 시달리자 국제구 호단체들이 90만 개 이상의 우물을 파주었다. 우물은 가난한 사람들에게 는 생명수나 다름없었다. 그런데 문제는 지하 암반에 들어 있던 비소까지 끌어 올리는 바람에 수많은 인도인이 중금속 중독에 시달리게 되었다. 세 계보건기구WHO, World Health Organization는 개발도상국에서 발생하는 질병의 약 80%는 물과 관련이 있다고 말한다. 180만 명의 5세 이하 어린이들이 더러운 물로 인해 죽어간다는 것이다. 어린이들 사망 원인의 30%는 수 인성 전염병의 일종인 설사증이다. 물로 인한 사망자의 88%는 아프리카 와 동남아시아에서 발생하고 있다. 방글라데시의 경우 2,500만 명이 비 소에 오염된 치명적인 물을 먹고 있다. 베트남도 경제개발로 메콩강 상수 원이 오염되어 주민들이 비소로 오염된 지하수를 마신다. 세계보건기구 는 비소 오염수 문제가 인도 보팔Bhopal 독가스 누출 사고(사망자 1만 5,000 명)를 넘어서는 환경재앙의 비극으로 보고 있다.

우리 인근 국가인 중국의 물 문제도 정말 심각하다. 이미 450곳이 넘 는 도시들이 물 부족을 겪고 있다. 3억 명은 식수 공급을 충분히 받지 못 하고 있다. 물 부족뿐만 아니라 물 오염도 심각하다. 중국의 강들 중 거

의 절반은 심각하게 오염된 상태다. 중국 지표수의 5분의 1 이상이 농업
용으로도 부적절할 만큼 심각하게 오염되어 있다. 비단 중국만의 문제일
까? 가뭄이 심각한 아프리카는 더하다. 먹을 물을 구하기 위해 몇 십 리
까지 물통을 이고 걸어야만 한다. 이들이 사용하는 하루 물은 겨우 3~5
리터가 되지 않는다. 그나마도 오염되어 먹을 수 있는 물은 거의 없다. 수
많은 아프리카 어린이들이 물 오염으로 인한 질병으로 죽어가는 이유다.

● 물 부족은 심각해지고 분쟁은 증가할 것이다

"2050년쯤이면 지구촌 4명 중 1명 정도가 물 부족에 직면할 것이다."
2018년 5월 7일부터 9일까지 스위스 제네바에서 국제수문학회의가 열
렸다. 여기에서 전문가들은 기후변화 등으로 물 부족 문제는 더 심각해
질 것이라고 전망했다. 따라서 물 부족으로부터 인류를 지키기 위해 물
예측과 관리 등의 실질적 행동에 나서야 한다고 주장했다.

"2050년에 이르면 전 세계 4명 중 1명은 고질적 물 부족에 시달리고
매년 홍수 등으로 1,200억 달러 이상의 비용이 발생할 것이다. 물 부족에
의한 가뭄은 경제 성장을 떨어뜨리는 등 물의 지속 가능한 관리가 이루
어져야 한다."

해리 린스Harry Lins 세계기상기구 수문위원회 위원장의 말처럼 물 문제
는 정말 심각하다. 회의에서 세계기상기구의 페테리 탈라스Petteri Taalas 사
무총장은 "기후변화로 극심하고 예측 불가능한 날씨가 예상되면서 미래
세대에는 신선한 물 공급에 큰 차질이 빚어질 것"이라고 예상했다. 물 부
족을 해결하기 위해서는 국제적인 효과적 물 관리 시스템을 마련해야 한
다는 것이다.

가뭄이 심각한 아프리카는 먹을 물을 구하기 위해 몇 십 리까지 물통을 이고 걸어야만 한다. 이들이 사용하는 하루 물은 겨우 3-5리터가 되지 않는다. 그나마도 오염되어 먹을 수 있는 물은 거의 없다. 수많은 아프리카 어린이들이 물 오염으로 인한 질병으로 죽어가는 이유다. 전문가들은 기후변화 등으로 물 부족 문제는 더욱 심각해질 것이며, 수질 저하 문제까지 불거져 지역 및 국가 간의 '물 확보 전쟁'으로까지 비화할 수 있다고 보고 있다. 인간은 물 없이는 살 수 없다. 물 부족 문제는 생명과 직결된 인간이 직면한 최대의 위기가 아닐 수 없다.

　　유엔은 2050년 중동·북아프리카 지역의 1인당 물 사용 가능 양이 50%까지 줄어들 것으로 예상한다. 마실 물이 절대적으로 부족해지면 질병은 자연적으로 늘어난다. 각종 세균이 득실거리는 물이라도 먹어야 살 수 있기 때문이다. 오염된 물은 수인성 전염병을 창궐시킨다. 국제구호단체 월드비전에 따르면 매일 20초마다 어린이 한 명이 수인성 전염병 때문에 사망하고 있다.[13] 세계보건기구WHO는 매년 오염된 물로 인해 태어난 지 한 달 이내에 숨지는 신생아가 50만 명이 넘는다고 밝혔다. 결국

13 http://magazine.worldvision.or.kr/

물 부족 문제가 인류가 직면한 최대 위기라는 것이다. 세계 인구는 급증하고 가뭄과 수질 저하 문제까지 불거져 지역·국가 간 갈등이 심화되고 있어 '물 확보 전쟁'으로까지 비화할 수 있다고 전문가들은 보고 있다.

NASA는 독일항공우주센터DLR, Deutsches Zentrum für Luft- und Raumfahrt e.V.와 공동으로 물 부족 연구를 하고 있다. 위성이 매월 보내온 데이터를 분석한 결과를 보면 지구상의 담수는 점점 줄어들고 있다고 한다. 습한 지역은 더 습해지고 건조한 지역은 더욱 건조해지고 있어서 물 부족으로 고통받는 지역은 더 심각해질 것이라고 본다. 연구팀은 인간이 사용할 수 있는 담수 고갈 현상은 지구온난화로 인한 기후변화가 큰 영향을 주고 있다고 본다.

"인간, 기후에 이어 지구 담수 분포까지 바꾼다." NASA 고다드 우주비행센터Goddard Space Flight Center의 연구팀은 2018년 2월 과학저널《네이처》에 세계 담수 변화에 대한 논문을 실었다.[14] 이들은 2002년 이후 14년 동안의 인공위성 관측 결과, 농업, 광업 등 인간의 물 이용, 강수, 지하수 자료 등을 분석했다. 이들이 연구한 지역은 미국 캘리포니아 남서부, 중국 북서부, 아프리카 보츠와나 북서부의 오카방고 델타Okavango Delta 등 세계 34개 지역이다. 이 지역의 담수 변화를 추적했더니 인간이 지구 담수 분포까지 바꾸고 있는 것으로 드러났다. 중위도의 건조한 지역에서는 물이 줄어들어 말라가면서 물 부족이 심각해진다는 것이다. 특히 관개농업 확대에 따른 물 이용 변화는 많은 지역에서 담수량을 감소시키는 주요 원인이라고 주장한다.

아프리카의 사하라 사막은 매년 약 10km씩 북쪽으로 확장되고 있

---

14 http://www.nature.com/search?journal=nature&subject=climate−sciences&page=9

다. 중국의 신장 위구르, 네이멍구, 티베트 등 내륙 지역은 사막화로 인한 물 부족에 시달리고 있다. 유엔 사막화방지협약UNCCD, United Nations Convention to Combat Desertification은 2025년이면 전 세계 인구 중 18억 명이 완전한 물 부족 상태absolute water scarcity를 경험하게 될 것이라는 우울한 전망을 내놓고 있을 정도다.[15] 미국의 환경·인구 연구기관인 국제인구행동연구소PAI, Population Action International는 "현재 5억 5,000만 명이 물 부족 국가나 물 기근 국가에 살고 있고, 2025년까지 이 수가 24억~34억 명으로 확대될 것이다"라고 주장한다. 현재 아프리카나 동남아·중동 국가들이 물 문제로 고통받고 있다. "인도와 파키스탄이 핵전쟁을 벌일 것이다." 미 국방성 미래예측에 나오는 내용이다. 현재 인도와 파키스탄은 히말라야의 빙하가 녹아 내려오는 물에 식수를 상당히 의존하고 있다. 그런데 기후변화로 앞으로 30년 내에 히말라야의 빙하가 다 녹을 전망이다. 결국 물 분쟁이 일어나면 핵전쟁이 일어날 가능성이 매우 높다는 것이다.

권세중 등은 인도와 파키스탄만 물 분쟁 위험 지역이 아니라고 말한다.[16] 동남아시아의 메콩강은 인도차이나 반도 국가들에게 물을 공급하는 매우 중요한 수원이다. 티벳 고원에서 발원해 인도차이나 반도까지 이어진 강으로 동남아시아 내륙에서 가장 큰 강이기도 하다. 미얀마, 캄보디아, 라오스, 태국, 베트남은 메콩강에 의지해 살아간다. 그런데 최근에 중국이 상류 쪽에 댐을 건설해서 인도차이나 국가들과 갈등을 빚고 있다. 티그리스-유프라테스강을 둘러싸고는 터키와 시리아, 이라크, 이란이 갈등을 빚고 있다. 요단강은 이스라엘이 파이프로 엄청난 양의 강물을 끌어

---

15 https://www.unccd.int/

16 권세중 외, 『2030 에코리포트』, 도요새, 2017.

들이면서 요르단에 이르기도 전에 말라버렸다. 이스라엘과 요르단이 날선 신경전을 벌인다. 중앙아시아의 아무다리아Amu Dar'ya강에 걸친 아프가니스탄과 타지키스탄, 우즈베키스탄도 물 분쟁을 벌인다.

국가 간 물 분쟁만 심각한 것이 아니다. 현재 아시아와 중동에서 벌어지는 테러단체들이 물 부족을 이용한다는 것이다. 보코하람Boko Haram[17]과 같은 테러단체들이 온난화가 초래한 자연 재앙, 물과 식량 부족을 악용해 활동 참여자들을 쉽게 구하고 민간인 장악력을 높이고 있다는 것이다. 물을 구하기 힘들게 하는 기후변화가 테러리즘의 '무기'가 되고 있는 것이다.

6년째 총성이 멈추지 않는 시리아에서 태동한 ISIslamic State(이슬람국가)도 물을 이용한다. 시리아는 최근 가뭄으로 물 부족이 심각해졌다. 그러자 IS는 2015년 정부군을 공격하기 위해 댐의 수문을 닫아버렸다. 또 살고 있는 주민들을 쫓아내려고 물길을 바꿔 홍수를 일으키기도 했다. IS의 상수도 시설 파괴로 시리아 정부가 제한 급수를 실시하자 암시장에서 물값이 25배나 올랐다. 시리아의 라카Raqqa에서는 물에 세금을 붙여 테러 자금을 모으기도 했다. 보코하람은 정부군이 점령한 지역의 우물이나 개울에 독을 타서 물을 사용하지 못하게 했다. 물을 무기로 활용하는 것이다. 아프가니스탄 역시 내분의 절반 이상이 땅과 물 때문에 일어나고 있다. 강우량 감소로 사막화가 계속되면서 목초지를 두고 유목민과 목축민들의 갈등이 끊이지 않는 것이다.

우리나라는 어떤가? 강우량은 연평균 1,274mm로 세계 평균 973mm보다 다소 높다. 그러나 인구밀도가 높아 국민 1인당 사용할 수 있는 물

---

17 2002년 결성된 나이지리아의 이슬람 극단주의 테러 조직으로 이슬람 신정국가 건설을 목표로 하고 있다.

은 세계 평균의 10분의 1에 불과하다. 그래서 국제기구에서도 우리나라를 '물 부족 국가'로 분류하고 있는 것이다. 우리나라는 주로 자연 하천수에 의존하는 나라다. 따라서 약간의 가뭄이 들어도 광범위한 지역에서 물 공급 문제가 발생할 가능성이 매우 높다. 그런데도 물 부족 국가인 우리나라 사람들의 물 사용량은 선진국 수준이다. 2010년 기준으로 물 사용량을 보면 이탈리아가 383리터, 일본이 357리터, 우리나라가 365리터다. 아프리카 물 부족 지역 사람들의 100배가 넘는 물을 흥청망청 사용하고 있는 것이다. 물은 한계가 있는 자원이다. 지구온난화로 인한 기후 변화가 초래하는 물 부족 문제와 인간의 환경파괴로 인한 물 오염 문제는 결코 남의 문제가 아니다. 인간은 결코 물 없이는 살 수 없다. 물 문제(물 부족 및 물 오염 문제)는 인간의 생명과 직결된 문제임을 자각하고 즉각 행동에 나서야 한다.

제3장
대기오염이 심각하다

인간이 오염시키는 지구의 모습을 가장 잘 보여주는 것이 동물이다. 동물들은 살아남기 위해 인간이 배출하는 오염물질의 피해를 최소화하려고 노력한다. 19세기 영국 공업지대의 얼룩나방은 회색에 반점이 있는 무늬였다. 그런데 영국의 석탄 매연이 심해지면서 나무껍질이 검게 바뀌자, 나무에 앉은 나방이 눈에 잘 띄어 새의 손쉬운 먹이가 되었다. 그러자 얼룩나방은 돌연변이를 일으켜 색깔이 짙은 잿빛을 띤 얼룩나방으로 바뀌었다. 당연히 얼룩나방은 살아남아 번성했다.

뉴칼레도니아 앞바다에 사는 물뱀도 원래는 검고 흰 줄무늬가 뚜렷했는데, 오염물질로부터 자신을 방어하기 위해 돌연변이를 일으켜 검은색으로 변신했다. 고이란Agostino Goiran 등이 물뱀의 허물을 분석해보니 코발트, 망간, 납, 아연, 니켈 같은 중금속이 많이 들어 있었다.[18] 이곳은 광산개발과 산업화로 폐수가 많이 들어오는 곳이다. 그런데 검은색을 띠는 멜

---

18 Agostino Goiran et al., "Industrial Melanism in the Seasnake Emydocephalus annulatus", *Current Biology*, 2017.

라닌 색소는 중금속을 잘 흡착한다. 물뱀은 해로운 중금속이 몸에 침투하는 것을 막기 위해 돌연변이를 택한 것이다. 물뱀은 다량의 중금속이 흡착된 검은색 허물을 벗음으로써 허물에 축적된 다량의 중금속을 배출한다. 오염이 심한 대도시 비둘기의 경우 검은 빛깔이 많은 것도 이 때문이라는 연구 결과가 있다. 이 물뱀은 해로운 중금속이 몸에 침투하는 것을 막기 위해 검은색으로 변신하는 진화를 했던 것이다. 우리는 인간이 배출하는 오염물질이 생태계의 동식물은 물론 인간에게도 큰 위협이 되고 있음을 알아야 한다.

● 침묵의 암살자 오존

1943년 7월 26일 새벽, LA 시민들은 이상한 냄새를 맡으며 잠에서 깨어났다. 숨을 쉬기가 어려울 정도로 공기가 이상했다. 하늘이 뿌옇게 변한 가운데 가슴 통증을 호소하는 사람들과 눈병 환자가 급증했다. 지역 대표 언론인《LA 타임스》가 나서서 원인을 조사하기 시작했다. 아리에 장 하겐 스미트Arie Jan Haagen-Smit 박사가 그 원인을 알아냈다. 자동차 배기가스에서 나온 오염물질이 완전히 분해되지 않고 공중에 쌓여 있다가 오존을 만들었다는 것이다. 그는 자동차 배기가스에 있는 이산화질소가 대기 중에서 자외선과 만나 광화학반응을 일으켜 오존이 만들어진다고 주장했다. 미국인의 자랑이자 문명의 이기인 자동차가 바로 내 생명을 위협하는 존재라는 것을 깨닫는 순간이었다.

오존은 산소 원자 3개가 결합한 형태의 가스상 물질이다. 오존은 지구에서 2개의 얼굴을 가진 물질이다. 성층권에 있는 오존은 지구로 들어오는 자외선을 차단해주는 좋은 일을 한다. 그러나 지표에서 만들어지는 오

오존은 산소 원자 3개가 결합한 형태의 가스상 물질이다. 오존은 지구에서 2개의 얼굴을 가진 물질이다. 성층권에 있는 오존은 지구로 들어오는 자외선을 차단해주는 좋은 일을 한다. 그러나 지표에서 만들어지는 오존은 건강에 매우 유해한 물질이다. 이와 같은 유해한 오존은 자동차 배기가스의 질소산화물과 석유화학공장에서 배출되는 휘발성 유기화합물 등이 광화학반응을 일으키면서 만들어진다. 고농도 오존은 주로 기온이 높고 일사량이 많은 여름에 주로 나타난다. 그러나 최근 들어서는 기후변화로 인한 기온 상승으로 봄부터 가을까지 오존주의보가 이어진다. 지구온난화 여파로 지표면의 평균기온은 계속 높아지고 오염물질 배출량도 늘고 있기 때문이다.

존은 건강에 매우 유해한 물질이다. 미국 환경청은 오존의 역할과 위해성을 재치 있는 구호로 설명했다. "오존: 높은 곳에 있는 좋은 오존, 우리 옆에 있는 나쁜 오존Good up-high, Bad near-by." 미세먼지는 마스크로 어느 정도 막을 수 있지만, 오존은 도저히 막을 방법이 없다. 가스성 물질인 오존은 사람들이 인식하지 못하는 사이에 건강을 해치므로 '침묵의 암살자'라는 별명으로 불린다.

우리가 생활하는 공간에서도 오존은 만들어진다. 오존은 자동차 배기가스의 질소산화물(NOx)과 석유화학공장에서 배출되는 휘발성 유기화합물(VOCs) 등이 광光화학반응을 일으키면서 만들어진다. 다른 물질과 쉽게 반응하는 특성 때문에 하수 살균, 악취 제거 등에 쓰인다. 그러나 오존이 호흡을 통해 인체에 들어오면 천식, 폐기종 등 호흡기질환이 악화된다. 여기에 심장질환을 일으키거나 심혈관계질환을 악화시킨다. 특히 어린이, 노약자, 호흡기질환자와 같은 취약 계층에게는 치명적인 대기오염 물질이다. 또 강력한 산화력을 가지고 있어서 눈과 피부를 자극하고, 피부염을 유발하기도 한다. 오존에 심하게 노출될 경우 조기 사망으로 이어질 수도 있다. 배현주의 "기후변화와 대기오염으로 인한 건강영향 연구" 보고서[19]에 따르면, 오존 농도가 0.01ppm 높아질수록 하루 사망 위험이 0.79~1.12% 증가하는 것으로 나타났다.

우리나라에서는 온통 미세먼지에만 관심이 있다. 그러다 보니 오존의 위험이 매년 증가하는데도 무관심이다. 오존주의보 발령 횟수는 2012년 66회에서 2016년 247회로 급증했고, 2017년에는 276회로 역대 최고치를 기록했다. 매년 건강에 해로운 오존의 양이 증가하고 있는 것이다. 고농도 오존은 주로 기온이 높고 일사량이 많은 여름에 주로 나타난다. 그러나 최근 들어서는 기후변화로 인한 기온 상승으로 봄부터 가을까지 오존주의보가 이어진다. 지구온난화 여파로 지표면의 평균기온은 계속 높아지고 오염물질 배출량도 늘고 있기 때문이다. 수도권 기준 첫 오존주의보는 2012년에는 6월 3일, 2015년에는 5월 27일, 2016년에는 5월 17일, 2017년에는 5월 1일, 2018년에는 4월 19일로 매년 앞당겨졌고, 무더웠던 2016년에는 오존주의보가 9월 말까지 이어졌다. 그만큼 연평균 오존 농도는 더 높아지고 있는 것이다.[20]

---

19 배현주, "기후변화와 대기오염으로 인한 건강영향 연구", 한국환경정책평가연구원, 2011.

20 http://news.donga.com/3/all/20180527/90275390/1#csidx719b8e54c14873c90bd6f701f5aa7f6

오존은 건강에 영향을 미치는 대기오염물질인 동시에 온실가스이기 때문에 지구온난화를 더 가속시킨다. 지구온난화가 가속되면 지표면에 더 많은 오존이 만들어지는 악순환이 발생한다. 또 산화력이 강해 초미세먼지(PM2.5)를 만드는 데도 관여한다. 미국이나 중국이 미세먼지와 오존을 통합관리하고 있는 것은 이러한 오존의 위험성을 잘 알고 있기 때문이다.

● 심각한 오염물질 라돈

"라듐radium이 범죄자 손에 들어가면 위험한 물질이 될 수도 있다. 그래서 우리는 이 자리에서 스스로에게 물어야 한다. 자연의 비밀을 캐는 것이 인류에게 얼마나 도움이 될까? 그 비밀을 안다고 하더라도 제대로 활용할 수 있을 만큼 인류는 성숙한가?" 1903년 노벨물리학상 시상 기념연설에서 마리 퀴리Marie Curie의 남편인 피에르 퀴리Pierre Curie의 말이다. 그는 부인인 퀴리 부인과 함께 방사성 물질 '라듐'을 발견했다. 퀴리는 방사성 물질이 '양날의 검'이 될 수 있음을 걱정했다고 한다. 인류에게 이로운 점이 많으면서도 또한 엄청난 해를 끼칠 수 있음을 알았기 때문일 것이다.

2018년 우리나라를 들끓게 했던 최대 환경 이슈는 라돈radon 침대다. 한 회사에서 만든 침대에서 방사능인 라돈이 검출된 것이다. 라돈은 라듐이 붕괴하면서 생성되는 방사성 비활성 기체로, 우리 생활 주변에 많이 존재한다. 따라서 우리는 자연스럽게 라돈에 노출되어 있다. 우리가 살아가면서 받는 자연 방사선 피폭량의 반 정도가 라돈에 의한 것이다. 보통 일반적인 대기 상태에서는 라돈의 피폭은 염려할 필요가 없다. 피폭량이 그렇게 많지 않고 공기의 순환이 라돈의 양을 줄여주기 때문이다.

라돈 침대가 문제가 되자 원자력안전위원회는 문제의 침대 매트리스 위 2cm, 10cm, 50cm 지점의 라돈 방사능 측정값을 내놨다. 각각 엎드려 잘 경우, 누워 잘 경우, 앉아 있을 경우의 코 높이에 해당한다. 하루 10시간씩 365일간 엎드린 자세로 매트리스 2cm 높이에 코를 두고 자는 경우에 피폭량은 13.7mSv(밀리시버트)이었다. 누워 호흡하는 10cm 높이 선량은 2cm 때의 20~50%로 줄어든다고 원자력안전위원회는 밝혔다. 그러면서 CT 한 번 찍어도 2~10mSv 선량을 쬔다면서 큰 영향은 없다고 했다. 그러자 국민들은 더 분노했다. 방사선이 나와서는 안 되는 매트리스에서 나왔는데도 그 정도면 무해하다는 원자력안전위원회의 설명에 분노했던 것이다. 사실 국민들은 원자력안전위원회의 객관적 수치보다 주관적 느낌에 기반해 행동하는 경향이 있으나, 내 침대 매트리스에서 라돈 방사선이 연간 수 mSv 이상 수준으로 나오고 있다면(원자력안전위원회의 기준으로 보면 별 영향 없음) 정부를 성토하지 않을 사람이 어디 있겠는가.

그럼 국민들이 걱정할 만큼 라돈은 정말 위험할까? 라돈(Rn)은 우라늄(U), 토륨(Th), 라듐(Ra), 폴로늄(Po)에 이어 다섯 번째로 발견된 방사성 원소다. 방사성 원소는 방사능을 가진 원소로 원자핵이 α선, β선, γ선 등의 방사선을 방출하고 붕괴하면서 안정해진다. 그런데 라돈이 위험한 것은 붕괴하면서 발생하는 또 다른 방사성 붕괴 산물 때문이다. 라돈 가스 자체는 비활성 기체로, 몸 안에 들어왔어도 숨을 뱉을 때 대부분 다시 밖으로 나간다. 그러나 라돈의 붕괴로 만들어지는 붕괴 산물은 위험하다. 라돈은 α선을 방출하며 붕괴하는데, 이때 물질은 (+) 전하를 띤다. 이 물질은 공기 중의 작은 먼지에 달라붙어 사람의 폐 속으로 들어간다. 몸 안에 들어와 혈관이나 폐의 상피세포에 달라붙어 밖으로 거의 배출되지 않는다. 그런데 폐에 붙은 붕괴 산물은 다시 α선을 방출하며 또 다른 원소로 바뀐다. α선은 폐 세포의 DNA를 파괴하고 폐암을 일으키는 주범이다.

의학적으로 라돈은 우리의 건강에 어떤 영향을 미칠까? 라돈이 건강에 미치는 영향은 2009년 『실내 라돈에 대한 WHO 핸드북』에 나오는데, 그 주요 내용을 살펴보자. 첫째, 유럽, 북미, 아시아에서 실내 라돈과 폐암에 대한 연구를 진행한 결과, 라돈이 폐암을 유발한다는 증거는 강력하다. 둘째, 라돈은 흡연에 이어 폐암의 두 번째 원인이다. 셋째, 농도와 계산법에 따라 다르지만, 라돈의 폐암 발생률은 3~14%로 추정된다. 넷째, 라돈이 안전하다는 최저 수준은 없고, 라돈 노출이 많을수록 폐암 위험은 비례해 증가한다. 국제방사선방호위원회ICRP, International Commission on Radiological Protection가 권장한 일반인 선량 한도는 연 1mSv다. 세계보건기구WHO 핸드북의 넷째 기준에 맞는 수치로 보인다. 통상 우리나라 사람들은 자연에서 연간 3mSv의 방사선에 피폭된다. 세계 평균인 연간 2.4mSv보다 높다. X선 촬영 시 0.1~0.5mSv의 방사선에 피폭된다. 방사선의학계에서는 1~2Sv(시버트)의 방사선에 피폭되면 메스꺼움이나 식욕 부진 등의 증상이 나타난다고 말한다. 2~3Sv에 노출되면 30일 뒤 사망률이 35% 정도된다. 50~80Sv 세기의 방사선에 노출되면 수 초~수 분 내 사망한다.

"극저선량의 방사선이라 할지라도 장기적으로 노출되면 백혈병 발생위험이 증가한다." 2015년 의학학술지 《랜싯The Lancet》에 발표된 미국과 프랑스 등 국제공동 연구진 논문에 나오는 내용이다.[21] 30만 명 이상의 핵산업시설 근로자를 대상으로 한 대규모 임상연구여서 신뢰성이 높았

---

21 Prof Kenji Kamigya, Kotaro Ozasa et al., "Long-term effects of radiation exposure on health", *The Lancet*, 2015.

다. 연구 대상 근로자들은 자연방사선으로 인한 피폭을 제외하고 연간 방사능 노출 허용치를 소폭 넘어서는 평균 1.1mSv의 방사선에 노출되었다고 한다. 연구 결과는 방사선 노출량이 증가할수록 백혈병 위험이 증가하지만 지극히 낮은 수준의 방사선에도 이 관계가 성립하더라는 것이다. 이것은 방사선 피폭과 관련한 '알라라ALARA 원칙'과도 일치한다. 1973년 국제방사선방호위원회가 처음 제시한 알라라ALARA 원칙은 "As low as Reasonably Achievable"의 약어로 방사능 피폭 수준을 합리적인 수준까지 가능한 한 낮게 줄이라는 원칙이다. X선이나 CT처럼 어쩔 수 없이 방사선에 피폭되는 경우를 제외하고는 아무리 적은 양이라도 가능한 한 방사선 피폭량을 줄이라는 것이다.

라돈 침대가 국민적 공분을 불러일으키자, 환경부는 라돈 기준을 강화하겠다고 밝혔다. 2019년 9월부터 다중이용시설 권고기준(148Bq/m³)보다 느슨한 공동주택 권고기준(200Bq/m^3)을 다중이용시설에 맞추기로 했다. 한 가지 우리나라 국민들이 너무 음이온을 좋아하지 않았으면 좋겠다. 이번 라돈 침대 사태도 침대 매트리스에 몸에 좋다는 음이온 파우더를 사용했기 때문에 발생한 것이다. 음이온 파우더의 원료로 쓰인 모자나이트에서 방사성 물질 라돈이 검출된 것이다. 음이온은 몸에 좋다고 알려졌지만, 과학적으로 증명된 바는 없다.

제4장
미세먼지가 사람을 죽인다

1952년에 발생한 런던 스모그^{London smog} 사건은 엄청나게 많은 사람을 죽였다. 1952년 12월 5일부터 12월 10일까지 차가운 고기압이 밀려오면서 기온이 뚝 떨어졌다. 대기가 안정되면서 런던은 차가운 안개로 뒤덮였다. 런던 시민들은 평소보다 많은 석탄을 난방에 사용했다. 여기에다가 디젤버스에서 배출된 오염물질이 정체되었다. 또한 다량의 석탄 그을음과 황산가스가 2차 입자성 물질로 변하면서 많은 미세먼지가 발생했다. 이것들이 결합하여 장기간 스모그가 지속되었고, 이로 인해 총 1만 2,000명이 사망하는 대참사가 발생했다. 이후 영국 의회는 1956년에 청정대기법^{Clean Air Act}을 제정했다. 언제부터인가 미세먼지로 골머리를 앓게 된 우리나라도 미세먼지를 대기오염물질로 규제하고 있다.

『먼지 보고서』라는 책에서 옌스 죈트겐^{Jens Soentgen}과 크누트 푈츠케 ^{Knut Voelzke}는 먼지에 대한 모든 것을 이야기한다. 저자는 먼지의 본질은 모든 물질적인 것의 발단이자 종착역이라고 한다. 먼지의 실체는 매연, 황사, 꽃가루, 화산재, 섬유, 각질, 산업먼지, 우주먼지 등이며, 먼지의 발생은 우주, 자연, 인간 모두가 근원지라고 한다. 그러나 최근에는 석탄산업, 철강산업, 경유차 등에서 배출하는 미세먼지의 양이 급격히 증가하고 있다고 한다. 이로 인한 영향으로 알레르기, 아토피, 호흡기질환, 반도체산업, 지구온난화 등의 문제가 따른다는 것이다. 그렇다면 우리나라에서는 어디에서 미세먼지가 가장 많이 배출될까?

환경부에서 발표한 자료[22]에 의하면 우리나라의 경우 2012년에 전국 미세먼지(PM_{10}) 배출량은 약 12만 톤이다. 미세먼지의 경우 제조업의 연소 공정에서 전체의 65%가 배출된다. 그 다음으로 자동차를 비롯한 이동오염원에서 많이 배출되었다. 초미세먼지($PM_{2.5}$)는 약 7만 6,000톤으로 산정되었다. 초미세먼지의 경우도 제조업 연소에서 전체 배출량의 절반 이상이 배출되나 미세먼지보다는 적다. 오히려 비도로이동오염원과 도로이동오염원이 각각 16%로 큰 배출원임을 알 수 있다. 도로이동오염원 중에 화물차가 69%로 압도적으로 초미세먼지를 많이 배출하고 있다. 그 다음이 경유차량[RV]으로 22%이다. 비도로이동오염원 배출량을 보면 선박이 48%로 압도적으로 초미세먼지를 많이 배출한다. 그 다음이 건설장비로 37%다. 많은 국민들이 미세먼지에 대해 관심을 갖는 것은 미세먼지가 건강에 매우 해롭기 때문이다.

● 미세먼지는 심장질환자와 호흡기질환자에게 치명적이다

인공심장박동기는 체내에 삽입되어 24시간 심장의 리듬을 기록하고 감시한다. 따라서 심장이 불규칙하게 뛰는 순간을 정확하게 포착한다. 이런 원리를 이용해서 연세의대 연구팀이 인공심장박동기를 삽입한 160명의

---

22 환경부, "바로 알면 보인다. 미세먼지, 도대체 뭘까?", 2016.

기록과 미세먼지의 관련성을 분석했다. 그 결과, 미세먼지 노출 2시간째 부정맥이 가장 많이 발생했다. 또 미세먼지 농도가 10μg 올라갈 때마다 부정맥 위험은 2.5배씩 증가했다. 바로 미세먼지가 우리 몸의 자율신경[23]을 깨뜨리기 때문이다.

인제대학교의 이혜원은 연구[24]를 통해 심뇌혈관질환에 따른 사망과 미세먼지가 연관성이 있다고 발표했다. 이 연구는 미세먼지가 심뇌혈관계질환에 의한 사망에 미치는 영향을 지역별로 분석했다. 연구 결과 미세먼지 발생이 증가할수록 심뇌혈관계질환에 의한 사망 발생이 증가하는 것으로 나타났다. 미세먼지 농도가 1단위(27.53μg/m³) 증가할 때마다 심뇌혈관계질환에 의한 사망 발생이 1~3% 증가했다. 추정된 효과 크기로는 울산광역시가 미세먼지 농도 27.53μg/m³이 증가할 때 사망 발생이 3.1% 증가해 가장 큰 영향을 받았다.

미세먼지는 호흡기질환자와 천식환자에게 매우 나쁜 영향을 미친다. OECD가 발표한 '2017년 건강 통계' 자료를 보면 미세먼지가 호흡기질환에 큰 영향을 미치고 있음을 알 수 있다. 우리나라의 호흡기질환 사망률이 인구 10만 명당 2010년 67.5명에서 2013년 70명으로 증가한 것이다. 우리나라의 호흡기질환 사망률은 OECD 평균(인구 10만 명당 64명) 보다 높은 수준이다. 우리나라의 호흡기질환 사망률이 높아지는 원인으로 미세먼지 등의 대기오염물질이 영향을 주었을 것으로 OECD는 추정하고 있다.

질병관리본부는 미세먼지 농도가 10μg/m³ 증가할 때마다 만성폐쇄성

---

23 자율신경계는 놀라면 맥박수가 빨리 올라가고, 편안하면 맥박수가 떨어진다. 그런데 미세먼지가 많은 날에는 이것이 잘 안 되어서 리듬이 불규칙하게 될 위험이 높아진다.

24 이혜원, "심뇌혈관질환에 따른 사망과 미세먼지와의 관련성 연구", 인제대학교 대학원, 2017.

최근 석탄산업, 철강산업, 경유차 등에서 배출하는 미세먼지의 양이 급격히 증가하고 있다. 이로 인해 알레르기, 아토피, 호흡기질환, 반도체산업, 지구온난화 등의 문제가 잇따르고 있다. 많은 국민들이 미세먼지에 대해 관심을 갖는 것은 미세먼지가 건강에 매우 해롭기 때문이다. 많은 연구를 통해 미세먼지가 호흡기질환, 심뇌혈관질환, 치매 등에 악영향을 미친다는 것이 밝혀지고 있다.

폐질환COPD, Chronic Obstructive Pulmonary Disease로 인한 입원률이 2.7% 사망률은 1.1% 증가한다고 밝히고 있다. 천식환자의 경우 미세먼지가 $10\mu g/m^3$ 증가할 때 응급실에 입원하는 경우도 29% 증가하며 폐암 발생률도 9% 증가한다고 한다. 인제대의 최윤정[25] 등은 서울 지역의 미세먼지 고농도일에 천식 사망자가 증가함을 밝혀냈다. 이들은 서울 지역에서 미세먼지 고농도일에 천식 사망자가 발생한 사례를 분석했다. 미세먼지의 경우 연구기간 동안 일평균기준을 초과한 날은 총 443일로 매년 약 35일 발생하는 것으로 나타났다. 이 기간 동안 천식 사망자 수는 총 461명으로 나타

25 최윤정 외, "서울 지역 미세먼지 고농도에 따른 천식 사망자 사례일의 종관기상학적 분류", 인제대학교 환경공학과, 2017.

나 연평균 약 36명의 천식 사망자가 발생하는 것으로 나타났다. 서울 지역의 경우, 천식 사망자 발생은 일평균기준 농도값을 초과하는 고농도 현상이 발생한 이후 3일째와 5일째, 그리고 2일째 되는 날 순서대로 많이 나타났다.

● 수면부족, 치매, 사망률 증가도 미세먼지 때문이다

수면이 부족하면 면역력이 떨어지면서 암세포나 바이러스 등에 취약해진다. 그런데 미세먼지에 많이 노출되면 수면의 효율성이 뚝 떨어진다는 연구 결과[26]가 나왔다. 미국 워싱턴 대학의 마사 빌링스Martha Billings 연구진은 2016년까지 5년 동안 미국 6개 도시에서 1,800여 명의 집 근처 미세먼지를 측정했다. 그리고 일주일 동안 손목에 장비를 채우고 참가자들의 잠자는 시간과 깨어 있는 시간을 관찰했다. 결과는 놀라웠다. 미세먼지와 이산화질소 등 공기의 질이 수면 효율성에 영향을 미치더라는 것이다. 높은 수준의 이산화질소와 미세먼지에 노출된 그룹은 수면 효율성이 낮을 확률이 각각 60%와 50% 높아진다는 것이다. 미세먼지가 높을 경우 잠들기 시작한 이후에도 숙면을 취하지 못한다는 의미다.

"도로 근처에 오래 살수록 초미세먼지에 많이 노출되어 치매 위험이 높다." 캐나다 공중보건 연구진이 11년간 장기 추적조사를 한 결과[27]다.

---

26 Martha E. Billings, Diane R. Gold, Peter J. Leary et al., "Relationship of Air Pollution to Sleep Disruption: The Multi-Ethnic Study of Atherosclerosis (MESA) Sleep and MESA-Air Studies", *ATS Journal*, 2017.

27 Hong Chen, Jeffrey C Kwong, et al., "Living near major roads and the incidence of dementia, Parkinson's disease, and multiple sclerosis: a population-based cohort study", *The LANCET*, 2017.

도로 가까이 사는 사람일수록 치매 위험이 높았다는 것이다. 주요 도로에서 50m 이내에 사는 사람은 200m 밖에 사는 사람보다 치매 위험이 최대 12% 높아지는 것으로 나타났다. 도로 옆이 더 위험한 것은 차량에서 배출되는 미세먼지의 90% 이상이 초미세먼지이기 때문이다. 초미세먼지 입자는 뇌로 직접 침투할 수 있다. 초미세먼지가 뇌 속으로 들어가면 염증반응이 일어나고 신경세포를 손상시켜 알츠하이머성 치매를 유발할 수 있다. 어린이들에게는 두뇌에 나쁜 영향을 주고 노인들에게는 치매의 위험성을 높인다.

　미세먼지는 사망률에도 큰 영향을 미친다. 최근 서울대의 김옥진[28] 등이 이에 대한 연구를 했다. 이들은 외국의 코호트 연구 외에 우리나라 미세먼지 상태, 사망률의 연관성을 연구하여 미세먼지가 사망률에 많은 영향을 미치고 있음을 밝혀냈다. OECD가 2016년 발표한 자료[29]에서 2060년 대기오염으로 인한 사망자가 가장 크게 증가할 나라로 우리나라를 꼽고 있다. 초미세먼지에는 '안전한 수준'이라는 기준이 존재하지 않는다고 미국 하버드 대학 보건대학원의 퀴안 디[Qian Di] 연구팀이 밝혔다.[30] 이들은 초미세먼지 농도가 조금만 높아져도 노약자의 사망률이 크게 오른다는 결과를 얻었다.

28　김옥진 등, "미세먼지 장기 노출과 사망",서울대학교 보선대학원, 2018.

29　OECD, "Air pollution to cause 6~9 million premature deaths and cost 1% GDP by 2060", OECD, 2016.

30　Qian Di, MS; Lingzhen Dai, ScD; Yun Wang, et al., "Association of Short-term Exposure to Air Pollution With Mortality in Older Adults", *JAMA*, 2017.

● 임신부와 태아에게 더 해로운 미세먼지

"미세먼지는 모낭을 통해 깊숙이 침투해서 피부 노화를 앞당깁니다." 한 피부과 병원의사의 말처럼 피부 속으로 들어간 미세먼지는 염증반응을 일으킨다. 습진 같은 피부질환을 심하게 할 뿐 아니라 피부 노화도 앞당 긴다. 독일 훔볼트 대학Humboldt Universität Berlin의 피오렌차 란칸Fiorenza Rancan 등 은 실험을 통해 초미세먼지가 모낭을 통해 피부 깊숙이 침투할 수 있다 는 사실을 확인했다.[31] 미세먼지는 피부뿐만 아니라 눈에도 심각한 악영 향을 미친다. 미세먼지는 알레르기성 결막염 발병 위험을 높인다. 호흡기 를 위해 미세먼지 마스크를 쓴다고 해도 눈을 위해 눈에 마스크를 쓸 수 는 없지 않은가? 미세먼지는 알레르기성 결막염 발병 위험을 높인다. 건 강보험심사평가원의 자료를 보면 2011~2015년 해마다 약 180만 명이 알레르기성 결막염으로 병원을 찾아 진료를 받았다.

최근 중국 베이징北京의 임신부들이 공기가 맑은 지방으로 가고 남편만 기러기아빠로 남는다고 한다. 임신부와 태아에게 초미세먼지가 해롭다 는 것을 잘 알고 있기 때문이다. "태아 시기의 미세먼지 노출이 어린이 때 인지기능장애의 원인이 된다." 이화여대, 인하대, 단국대 등의 공동연구 팀의 연구 결과[32]다. 임신 중기 이후에 임신부가 미세먼지에 더 많이 노출 될수록 출산하는 아기의 머리 둘레가 작아진다는 것이다. 결국 인지기능

31 Fiorenza Rancan, Qi Gao, Christina Graf et al., "Skin Penetration and Cellular Uptake of Amorphous Silica Nanoparticles with Variable Size, Surface Functionalization, and Colloidal Stability", Humboldt Universität Berlin, 2012.

32 Dirga Kumar Lamichhane, Jia Ryu, Jong-Han Leem et al., "Air pollution exposure during pregnancy and ultrasound and birth measures of fetal growth: A prospective cohort study in Korea", *Science of The Total Environment*, 2018.

장애의 원인이 되는 두뇌 형태의 변화를 가져온다는 것이다.

바르셀로나 지구건강연구소와 네덜란드 에라스무스 대학 의학센터의 모니카 구엔즈Mònica Guxens 등의 공동연구팀도 비슷한 결과를 발표했다.[33] 이들은 네덜란드의 6~10세 아이 783명을 대상으로 연구했다. 태아기 때의 미세먼지 노출이 태아 두뇌에 미치는 영향을 영상 촬영으로 조사했다. 그랬더니 태아기 때 노출된 초미세먼지 농도가 연평균 $5\mu g/m^3$ 높을 때마다 뇌 오른쪽 반구 일부 영역의 대뇌피질이 0.045mm 얇아지는 것을 발견했다. 태아기 때 초미세먼지에 노출된 어린이들은 주의력결핍과 잉행동장애 같은 장애가 더 많이 발생할 수 있다고 한다.

미세먼지는 태아의 뇌 발달에도 악영향을 미친다. 스페인 국제건강연구소의 연구에 따르면, 임신부가 들이마신 미세먼지가 태아의 두뇌 피질[34]에도 손상을 입힌다는 것이다. 초미세먼지에 장기간 노출된 산모의 태아는 노화 속도가 정상인보다 빠르고 수명이 짧아질 수 있다고 주장한다. 벨기에 대학의 드리에스 마르텐스Dries S. Martens 교수팀은 미세먼지 농도가 높은 지역에 사는 산모의 아이는 수명을 결정하는 텔로미어 길이가 더 짧다는 연구[35]를 발표했다. 이 경우 아이들이 수명이 짧아질 가능성이 높다고 한다. 미세먼지를 '조용한 살인자'라고 부르는 이유는 바로 이 때문이다. 인간의 건강과 수명에 악영향을 미치는 미세먼지를 줄이려는 노력과 미세먼지에 대한 고강도 대비책 마련이 시급하다.

---

33 Mònica Guxens, Małgorzata J. Lubczyńska, "Air Pollution Exposure During Fetal Life, Brain Morphology, and Cognitive Function in School-Age Children", *Biological Psychiatry Journal*, 2018.

34 피질 영역이 손상되면 집중력이 떨어지거나 충동적인 행동을 할 확률이 높아진다.

35 Dries S. Martens, Bianca Cox, Bram G. Janssen, "Prenatal Air Pollution and Newborns' Predisposition to Accelerated Biological Aging", *JAMA*, 2017.

제5장
환경오염은 부메랑이다

많은 사람들에게 충격을 준 사진이 있다. 영국《데일리 메일Daily Mail》등 외신이 공개한 북태평양 하와이 인근에 위치한 미국령 미드웨이 섬에서 촬영한 대형 조류 알바트로스 사진이다. 놀랍게도 죽은 알바트로스의 몸통 부근에는 일회용 라이터, 병뚜껑 등 플라스틱 쓰레기가 가득했다. 이 사진은 미국의 사진작가이자 영화제작자인 크리스 조단Chris Jordan이 찍었다. 조단은 플라스틱 쓰레기가 환경에 큰 영향을 미치고 있다는 다큐멘터리를 제작하는 과정에서 이 사진을 찍었다고 한다. 사람들은 자기가 무심코 버리는 쓰레기는 자연에 아무 영향도 주지 않을 것이라고 생각한다. 그러나 그렇지 않다. 알바트로스의 몸속에서 나온 쓰레기가 내가 버린 것일 수도 있고 또 그것이 나한테 부메랑이 되어 돌아올 수도 있다.

● 생선회와 조개에 미세 플라스틱이 들어 있다

"해산물을 먹는 사람은 매년 1만 1,000개의 미세 플라스틱 조각을 삼키고 있다." 벨기에 헨트 대학Universiteit Gent의 연구진이 내놓은 충격적인 발표다. 정말 해산물에서 그렇게 많은 미세 플라스틱이 나올까? 우리나라에서도 조개 등에서 미세 플라스틱이 발견되었다. 2017년 11월 한국해양과학기술원은 경남 진해만 주변 해안에 서식하는 바지락 100g에서 34개, 담치에서는 12개의 미세 플라스틱을 검출했다.[36] 연구진은 국내산 조개류 섭취를 통해 인체에 쌓이는 미세 플라스틱 양이 매년 210여 개에 이를 것으로 추정했다. 이렇게 된 것은 우리나라 바다와 연안이 매우 심각하게 플라스틱으로 오염되어 있기 때문이다. 해양수산부는 전국 20개 연안의 바닷물 1리터에서 평균 6.67개의 미세 플라스틱이 검출되었다고 밝혔다. 2017년에 전국 18개 해안의 바닷물 1리터에서 확인한 미세 플라스틱은 평균 11.8개였다. 우리나라의 미세 플라스틱 오염 수준이 하와이의 2배, 브라질·칠레·싱가포르의 100배 이상이 될 정도로 심각하다. 그러니 해산물에서 미세 플라스틱이 많이 나올 수밖에 없는 것이다.

"가로, 세로 각각 50cm 범위의 해수욕장에서 채취한 플라스틱의 개수가 300개가 넘었다." 2018년 8월 30일《한국일보》기사 내용이다.[37]《한국일보》는 경남 거제시 흥남해수욕장에서 한국해양과학기술원 남해연구소의 협조로 미세 플라스틱 현황을 조사했다. 가로, 세로 각각 50m, 깊이 5m 범위에서 채취한 모래를 직경 5mm 크기의 채로 거른 후 다시 직경 1mm짜리 채에 통과시켰다. 이 과정에서 검출된 플라스틱 조각은 육안으로 확인할 수 있는 것만 300개가 넘었고, 그중 직경 1mm 이상, 5mm 이하의 미세 플라스틱이 절반에 달했다. 이처럼 미세 플라스틱은 우리가 알지 못하는 사이에 우리 주변으로 들어오고 있다. 눈에 보이지

---

36 http://www.kiost.ac.kr/prog/researchBusiness/kor/sub04_09_01/list.do
37 http://www.hankookilbo.com/News/Read/201808291116075309

2017년 11월 한국해양과학기술원은 경남 진해만 주변 해안에 서식하는 바지락 100g에서 34개, 담치에서는 12개의 미세 플라스틱을 검출했다. 연구진은 국내산 조개류 섭취를 통해 인체에 쌓이는 미세 플라스틱 양이 매년 210여 개에 이를 것으로 추정했다. 이렇게 된 것은 우리나라 바다와 연안이 매우 심각하게 플라스틱으로 오염되어 있기 때문이다. 미세 플라스틱은 환경에서 쉽게 분해되지 않기 때문에 문제가 더욱 심각하다. 사람들이 무심코 버린 플라스틱 쓰레기가 부메랑이 되어 사람들을 공격하고 있는 것이다.

않을 정도로 잘게 부서진 미세 플라스틱은 해양생물뿐 아니라 먹이사슬의 가장 위 단계인 인간까지도 위협한다.

그렇다면 미세 플라스틱은 어디서 생길까? 미세 플라스틱은 크기가 5mm 이하의 매우 작은 플라스틱을 말한다. 형태는 조각^{fragment}이나 알갱이^{sphere}, 섬유^{fiber} 등으로 다양하다. 생성 기원에 따라 1차 미세 플라스틱과 2차 미세 플라스틱으로 나뉜다. 1차 미세 플라스틱은 상업적인 목적으로 미세하게 합성한 것이다. 치약, 세안제, 스크럽제 같은 생활용품에 포함된다. 2차 미세 플라스틱은 큰 플라스틱 제품이 파도, 해류, 바람, 자외선 등에 의해 자연적으로 분해되어 매우 작아진 것이다. 그러다 보니 미세 플라스틱은 해저, 북극 해빙처럼 전 세계의 모든 바다에 존재한다.

"매년 바다에 버려지는 플라스틱 쓰레기 950만 톤 중에서 미세 플라스틱이 15~31%를 차지하고 있다." 세계자연보전연맹IUCN,International Union for Conservation of Nature and Natural Resources의 주장이다. 이들은 지난 50년간 전 세계 플라스틱 쓰레기가 늘어나면서 미세 플라스틱 양도 많아졌다고 한다. "매년 최소 800만 톤의 플라스틱이 바다에 버려지는데, 이 상태가 지속될 경우 2050년에는 바다에 사는 물고기보다 플라스틱이 더 많아질 것이다." 2016년 세계경제포럼WEF, World Economic Forum에서 내놓은 보고서의 내용이다.

● 외국의 비싼 생수에도 미세 플라스틱이 들어 있다

그렇다면 미세 플라스틱은 바다에만 있을까? 그건 아니다. 미세 플라스틱은 플라스틱 제품이 있는 곳이라면 어디든지 만들어진다. 자동차 타이어가 굴러갈 때, 합성섬유 옷을 세탁할 때도 미세 플라스틱이 만들어진다. 이는 2017년 7월 목포해양대 연구팀의 '한국의 미세 플라스틱 추정 배출량' 연구에서도 잘 나타난다.[38] 국내 인조잔디 850만m²에서 나오는 플라스틱 입자가 3,200~5,400톤, 전국 차량 타이어에서 나오는 입자가

---

38 이혜성·김용진, "우리나라 미세 플라스틱의 발생잠재량 추정 - 1차 배출원 중심으로", 한국해양학회, 2017.

4만 9,600~5만 5,300톤이나 된다는 것이다.

미세 플라스틱은 배출되면서 토양과 공기를 오염시킨다. 그 후에 강과 바다로 유입된다. 엄청난 양의 미세 플라스틱이 환경과 생태계를 심각하게 오염시키는 것이다. 미세 플라스틱은 환경에서 쉽게 분해되지 않기 때문에 문제가 더욱 심각하다.

흥미로운 것은 미세 플라스틱이 유명 브랜드의 생수에서도 검출된다는 것이다. 다음은 2018년 3월 20일 《서울신문》 기사 내용이다.[39] 미국 프레도니아 뉴욕 주립대 연구진은 미국, 멕시코, 브라질, 중국, 인도, 태국, 인도네시아, 레바논, 케냐 등에서 생산되는 생수 250종을 조사했다. 그랬더니 93%에 이르는 생수에서 미세 플라스틱이 검출되었다는 것이다.[40] 에비앙Evian, 다사니Dasani, 네슬레 퓨어 라이프Nestle Pure Life처럼 세계적으로 유명한 생수도 포함되어 충격을 주었다. 미세 플라스틱은 생수 1리터당 10.4개가 나왔는데 크기는 0.1mm 정도였다.

미세 플라스틱이 혹시 수돗물에서도 나오는 것은 아닐까? 2017년 11월 23일 《중앙일보》는 미국의 미네소타 대학에 의뢰해 전 세계 14개국 수돗물을 검사했다는 보도했다.[41] 그중의 83%에서 1리터당 평균 4.3개의 미세 플라스틱이 검출되었다고 한다. 우리나라의 환경부에서 수돗물과 먹는 샘물의 미세 플라스틱 오염도를 조사했다. 다행히 가정집의 수돗물에서는 미세 플라스틱이 검출되지 않았다. 그러나 일부 정수장, 수돗

39 http://www.seoul.co.kr/news/newsView.php?id=20180321024004&wlog_tag3=naver

40 Sherri A. Mason et al., "Synthetic polymer contamination in bottled water", *FREDONIA*, 2018.

41 https://news.joins.com/article/22142405

물, 먹는 샘물에서는 리터당 최대 0.6개의 미세 플라스틱이 검출되었다. 이것이 사실이라면 걱정할 수준은 아니다.

그러나 미세 플라스틱에 대한 미래 전망은 어둡다. 2017년 7월 13일 자유아시아 방송에 시민환경연구소의 백명수 부소장이 출연했다. 그는 시장조사업체 유로모니터 인터내셔널Euromonitor International의 조사자료를 인용하면서 전 세계 페트병 소비가 급증하고 있다고 말했다.[42] 10년 전만 해도 3,000억 개였던 전 세계 페트병 소비는 2016년에 4,800억 개로 급증했다는 것이다. 2021년에는 무려 5,833억 개의 소비가 예상된다고 한다. 유로모니터 인터내셔널은 현재 분당 100만 개씩 소비되는 페트병이 기후변화만큼이나 심각한 환경 위기를 가져올 것이라고 경고하고 있다. 문제는 이렇게 많이 소비되는 페트병이 제대로 수거되지 않는다는 것이다. 2017년에 전 세계에서 소비된 페트병의 절반도 채 수거되지 않았다. 나머지 페트병은 땅에 매립되거나 바다에 버려진다. 한화자산운용은 2016년 5월 11일 이벤트에서 엘런 맥아더 재단Ellen MacArthur Foundation의 연구를 인용한 글을 실었다. 이에 따르면 매년 500만~1,300만 톤의 플라스틱이 바다에 버려져 새나 해양생물체의 먹이가 된다고 한다. 바다에 버려지는 페트병은 수산물을 통해 인간에게 영향을 주기에 때문에 문제가 된다. 우리의 식탁도 안심할 수 없는 것이 수산물의 내장과 배설물에서 상당한 양의 미세 플라스틱이 확인되었기 때문이다. 이젠 젓갈류나 바닷물을 증발시켜서 생산한 천일염에도 미세 플라스틱의 오염을 걱정해야 하는 것이다.

---

42 https://www.rfa.org/korean/weekly_program/environment/environmentnow-07132017100128.html

그럼 우리나라 사람들이 사용하는 플라스틱은 어느 정도나 될까? 우리나라는 1인당 연간 플라스틱 소비량 1위, 포장용 플라스틱 사용량 2위 국가다. 2016년 통계청 발표에 따르면 국가별 1인당 연간 플라스틱 소비량은 일본(66.9kg), 프랑스(73kg), 미국(97.7kg)을 제치고 한국이 1위(98.2kg)를 차지했다. 2018년 2월 한국순환자원유통지원센터가 발표한 자료에 따르면 연간 포장용 플라스틱 사용량은 2017년 기준 64.12kg으로 미국(50.44kg)과 중국(26.73kg)보다 많았다. 정말 엄청난 플라스틱 사용량이다. 자원순환정보시스템 자료에 따르면, 2011년 하루 3,949톤이던 전국 플라스틱 폐기물 발생량은 2016년 5,445톤까지 늘었다. 플라스틱을 포함해 재활용품으로 버려지는 쓰레기는 전체의 30~40% 정도만 재활용된다. 다량의 플라스틱이 버려져 환경오염을 가져오는 것이다.

● 빨대를 없애자

"환경보호는 나의 작은 실천에서부터 시작된다." 2018년 6월 5일 '세계 환경의 날'에 문재인 대통령이 한 말이다. 문 대통령은 유엔이 올해 환경의 날 공식 주제를 '플라스틱 오염으로부터의 탈출'로 정한 데 맞춰 '플라스틱 없는 하루'를 지내보자고 제안했다. 문 대통령은 "플라스틱과 일회용품은 참 편리하지만 편리함 뒤에 폐기물이 되었을 때는 우리 후손과 환경에 긴 고통을 남긴다"고 했다. 맞는 말이다. 플라스틱은 얼마나 편리한가? 그러나 버려졌을 때는 그것이 고통으로 되돌아오는 것이다.

미세 플라스틱으로 인한 환경오염 및 건강 위해가 대두되면서 각국은 플라스틱 제품 사용을 금지하는 정책을 시작했다. 영국은 해양 생태계를 파괴하는 미세 플라스틱 사용을 금지하기로 했다. 이에 영국 왕실은 엘리

자베스 여왕의 주도로 왕실이 주관하는 각종 행사와 왕족의 거처에서 빨대와 플라스틱병 사용을 금지하기로 했다.

유럽연합ᴱᵁ도 최근 빨대 등 일회용 플라스틱 사용 전면 금지안을 발표했다. 바다 쓰레기의 85%를 차지하는 환경오염물질인 플라스틱 사용을 줄이겠다는 것이다. 2019년 5월까지 유럽의회와 유럽연합 회원국 승인을 목표로 한 규제다. 여기에는 플라스틱 숟가락·포크·접시와 플라스틱을 사용한 면봉, 풍선 등도 포함되어 있다.

대만은 2030년까지 요식업계의 일회용 플라스틱 제품 사용을 전면 금지하기로 했다. 2018년 1월 1일부터 실시한 비닐봉지 무상 제공 금지 조치의 연장선상이다. 매장 내에서 식사할 때 부분적으로 플라스틱 빨대와 수저의 제공을 금지한다. 앞으로는 플라스틱 빨대와 수저는 유료 판매로 전환하고 그 이후 전면적 사용 금지로 확대할 예정이다. 대만의 전향적 정책은 일회용 플라스틱을 2020년까지 전면 금지하겠다는 프랑스의 2006년 발표 이후 두 번째다. 이것은 대만의 식문화가 외식에 의존하기 때문이다. 인구의 68% 이상이 외식에 의존하다 보니 일회용품으로 인한 환경오염 문제가 심각하다. 무분별하게 사용되는 플라스틱 빨대, 수저, 컵 등이 버려져 해양 생태계 파괴를 가져오기 때문이다.

케냐에서도 환경보호를 이유로 비닐봉지 사용을 2017년 8월 28일부터 금지시켰다. 비닐을 먹은 동물들이 질식하거나 병에 걸리는 사례가 지속적으로 발생하고 있기 때문이다. 만일 비닐봉지를 사용할 경우 위반자에게는 최대 징역 4년 또는 최고 3만 8,000달러(약 4,300만 원)의 벌금이 부과된다. 이것은 세계에서 비닐봉지 사용에 따른 가장 강력한 수준의 처벌이다.

우리나라는 2018년 5월 재활용 쓰레기 수거 대란을 겪고 난 뒤 환경부가 종합 대책을 발표했다. 플라스틱 사용 줄이기를 목표로 법규를 동원해 페트병과 일회용컵 재활용률 등을 높이겠다는 것이다. 과거 5년 정도 시행하다가 사라졌던 일회용컵보증금제도도 2019년에 부활한다. 하지만 기껏 100원 안팎일 보증금으로 일회용컵 사용이 얼마나 줄어들까? 빨대까지 없애겠다는 외국의 예를 따라가면 어떨까? 요즘은 일회용 컵 사용을 자제하기 위해 테이크아웃이 아니라면 매장 내에서는 잔을 사용하는 것을 원칙으로 하고 플라스틱 빨대 대신 종이빨대를 사용하는 등환경을 생각하는 커피 매장이 늘고 있다. 이런 환경을 생각하는 작은 노력들이 미세 플라스틱 없는 세상을 만드는 데 큰 도움이 될 것이다.

● 수은오염이 당신의 생명을 노린다

무심코 버리는 수은 건전지가 북극 툰드라 지역을 오염시킬 수 있다고 한다. "북극 땅속 수은 양이 저위도 지역에 비해 5배 많은 것으로 조사되었다." 미국 국립과학재단[NSF, National Science Foundation]의 지원을 받은 매사추세츠 주립대 로웰 캠퍼스 다니엘 오브리스트[Daniel Obrist] 연구팀의 연구 내용이다.[43] 이들의 연구는 2017년 7월 《네이처》에 게재되었다. 연구팀은 북극 툰드라 지역의 토양이 온대 지역에서의 산업 활동으로 배출된 수은을 흡수하고 있음을 밝혀냈다. 이렇게 흡수된 수은은 축적되면서 북극 토양의 수은 양이 중위도 지역보다 무려 5배나 많았다는 것이다. 지구의 토양에 남아 있는 수은은 석탄 등의 자원을 태우면서 발생한다. 중위도나 저

---

43 Daniel Obrist, Yannick Agnan et al., "Tundra uptake of atmospheric elemental mercury drives Arctic mercury pollution", *Nature*, 2017.

위도 지역은 잦은 강수로 수은이 씻겨 내려가지만 북극 땅의 동토대는 그대로 토양 안에 축적된다. 이렇게 축적된 수은은 북극 야생생물의 신경계와 면역계에 치명적 영향을 준다. 또한 북극 생물을 식량으로 이용하는 원주민들의 몸속에 쌓인다. 수은은 건강에 치명적인 것으로 알려져 있는 물질이다. 우리가 무심코 태우고 버리는 오염물질이 북극의 에스키모 생명을 위협하고 지구의 환경을 파괴하고 있는 것이다.

공장도 없고 사람도 별로 살지 않는 북극권의 토양에서 치명적인 수은이 다량 발견된 것이 이젠 놀랍지도 않다. 인간이 배출하는 오염물질이 지구 어느 곳에나 쌓여가고 있기 때문이다. "사람과 접촉이 없는 태평양 심해의 바다 생물이 중국의 오염된 강에서 잡은 게보다 독성물질 수치가 더 높은 것으로 나타났다." 뉴캐슬 대학 앨런 제미슨Alan J. Jamieson 연구팀의 연구 내용으로 2017년 2월 영국 과학전문지《네이처 이콜로지 앤드 에볼루션Nature Ecology & Evolution》에 게재되었다.[44] 연구팀은 태평양 마리아나 해구Mariana Trench 10km 해저에서 로봇 잠수정으로 갑각류를 채취해 검사했다. 알다시피 마리아나 해구는 세계에서 가장 깊은 곳이다. 그런데 이 깊은 심해에서 채취한 갑각류에서 나온 독성물질이 중국의 오염된 강에서 채취한 게보다 독성물질 오염 수치가 50배나 높게 나타난 것이다. 이것은 무엇을 의미하는 것일까? 바로 지구의 위, 아래 모든 곳이 오염되었다는 것이다. 얼마 전 에베레스트의 8,000m 높이에서 엄청나게 많은 쓰레기가 발견되었다는 기사를 본 적이 있다. 지구에서 가장 높은 곳이나 가장 깊은 곳이나 인간이 버린 쓰레기와 오염물질로 병들어가고 있는 것이다.

---

44 Alan J. Jamieson, Tamas Malkocs et al., "Bioaccumulation of persistent organic pollutants in the deepest ocean fauna", *Nature Ecology & Evolution*, 2017.

우리나라는 부끄러운 지표를 많이 가지고 있다. 특히 미세먼지나 환경오염지표를 보면 그렇다. OECD의 최신 보고서 '녹색성장지표 2017^{Green Growth Indicators 2017}'를 보자.[45] 한국의 환경오염으로 인한 경제손실 규모가 OECD가 조사한 46개국 가운데 세 번째로 크다는 것이다. 우리나라는 46개 조사 대상국 가운데 터키와 인도에 이어 세 번째였다. 환경은 환경대로 오염되고 그로 인한 상당한 경제적 피해까지 입고 있는 것이다. 세계적인 환경오염국이라는 오명이 정말 부끄럽지 않은가.

---

45 Green Growth Indicators 2017, OECD, 2017.

제6부
암담한 미래에 대응하라

제1장
기후변화에 대응하라

영화 〈바람계곡의 나우시카〉는 황폐화된 지구를 구하기 위해 인간과 자연이 상생하는 길을 모색하는 에코 판타지물이다. 거대 산업 문명이 붕괴하고 천년의 세월이 흘렀다. 지구는 황폐해진 대지와 썩은 바다, 유독한 독기를 내뿜는 균류의 숲으로 뒤덮여 있다. 지구상에 남은 건 독성이 가득한 곰팡이들과 거대하게 변질된 곤충류들, 그리고 여기저기 살아가는 극소수의 인간뿐이다. 자연을 지배하려 들지 않고, 자연과 교감하며 공동체를 이루며 살아가는 나우시카 마을 사람들이 이 영화의 주인공이다. 이들은 거대한 비행기로 바람계곡을 침략한 악한 왕국과 맞서 싸운다. 이 애니메이션의 감독인 미야자키 하야오宮崎駿가 말하고 싶은 것은 무엇일까? 현대 문명이 야기한 여러 가지 문제는 결국 바람을 활용하는 바람계곡의 사람들처럼 자연을 활용하는 것이 유일한 해결책이라는 것이다.

● 우주태양광발전과 핵융합에너지에 투자하자

기후변화와 환경파괴를 막는 가장 좋은 방법은 신재생에너지의 사용을 늘리는 길이다. 이집트와 중동지역을 여행하면서 일조량도 많고 일조시간도 길으니 저 넓은 사막과 황야에 태양광발전소를 지었으면 좋겠다는 생각을 한 적이 있다. 태양에너지는 화력발전과 같이 화석연료를 필요로 하지 않기 때문에 지구온난화의 원인인 이산화탄소를 전혀 배출하지 않는 그야말로 청정에너지이기 때문이다. 그런데 지구에 설치한 태양광발전소는 태양빛을 대기권을 통해서 받기 때문에 에너지 효율에 한계가 있다. 또 해가 지면 발전을 할 수 없다는 점도 있다. 이런 지상 태양광발전소의 한계를 극복하기 위해 우주 공간에 태양광 패널을 설치한 인공위성을 띄우고 인공위성에 설치된 태양광 패널을 통해 모은 에너지를 지구로 전송하는 우주태양광발전space-based solar power이 고안되었다. 생산한 전력은 레이저나 마이크로웨이브 형태로 지구로 전송한다. 전문가들은 우주에서 태양광발전을 할 경우 지상과 똑같은 크기의 태양전지판에서 최대 10배 이상 많은 전력을 생산할 수 있다고 한다. 그러니까 한반도 1.5배 넓이의 우주태양광발전소만 있으면 2030년경에 지구에서 필요한 모든 전력을 만들 수 있는 것이다. 깨끗한 에너지를 무한히 얻을 수 있기 때문에 많은 투자가 이루어지고 있다.

일본은 2030년까지 우주태양광발전 시스템을 궤도에 올리려는 계획을 갖고 있으며, 현재 무선으로 10kW(킬로와트)의 전기를 500m 떨어진 곳까지 보내는 데 성공했다. 중국 역시 2040년을 목표로 동일한 계획을 추진 중이다. 일본의 건설회사 시미즈清水建設의 달 태양광 발전 프로젝트는 달의 적도 주위에 태양 전지판을 설치하고 전기를 지구로 전송하는 것을 목표로 한다.[1] 일본의 우주태양광발전소의 최종 목표는 전력

1 박영숙 외, 『세계미래보고서 2018』, 비즈니스북스, 2017.

우주태양광발전은 우주 공간에 태양광 패널을 설치한 인공위성을 띄우고 인공위성에 설치된 태양광 패널을 통해 모은 에너지를 지구로 전송하는 발전 방법으로, 생산한 전력은 레이저나 마이크로웨이브 형태로 지구로 전송한다. 전문가들은 우주에서 태양광발전을 할 경우 지상과 똑같은 크기의 태양전지판에서 최대 10배 이상 많은 전력을 생산할 수 있다고 한다. 그러니까 한반도 1.5배 넓이의 우주태양광발전소만 있으면 2030년 경에 지구에서 필요한 모든 전력을 만들 수 있는 것이다. 위 그림은 NASA가 제안한 차세대 우주태양광발전소인 '선타워(Suntower)' 개념도.

1GW(기가와트)를 생산하는 것이다. 이 정도면 중형 원자력발전소 1기가 생산하는 전력량과 비슷하다고 한다. 전력생산단가도 1kWh(킬로와트시)당 8엔으로 현재 일본에서 드는 전력생산비용의 6분의 1밖에 되지 않는다고 한다. 물론 실제로 우주태양광발전 에너지가 실용화되는 시기는 2030년 이후쯤이라고 전문가들은 보고 있다.

앞에서도 언급했지만 지상의 태양광발전에는 단점이 있다. 태양이 떠 있는 낮에만 발전이 가능하다는 것은 태양에너지의 상용화를 막는 가장 치명적인 걸림돌로 작용하고 있다. 단점을 해결하기 위해 과학자들은 낮에 만들어진 태양에너지를 밤에도 사용할 수 있는 방안을 연구해왔다. 바로 에너지저장시스템ESS, Energy Storage System이다. 그러나 아직까지는 비용이 많이 들고 관리가 어려워 널리 보급되지 못하고 있다. 여기에 대한 대안으로 최근에 떠오른 기술이 용융염 발전이다.

현재 세계 최대의 용융염 태양열발전소는 미국 네바다 사막에서 가동되고 있는 크레센트 듄스 태양열발전소Crescent Dunes Solar Energy Project다. 미국의 신재생에너지 전문 기업인 솔라 리저브Solar Reserve 사가 만들었다. 총 1만 7,500개의 반사경과 165m 높이의 거대한 탑으로 구성되어 있다. 거대한 탑은 반사경을 통해 반사된 태양빛을 탑 위로 모으기 위한 것이다. 그런데 이 발전소는 다른 태양열발전소와는 다르다. 일반적인 태양열발전소는 만들어진 에너지를 바로 물을 끓이는 데 사용한다. 물을 수증기로 만들어 발전기 터빈을 돌려 전기를 생산하기 때문이다. 그러나 용융염 태양열발전소는 물을 끓이기 전에 질산염 혼합물을 녹여 용융염을 만드는데 에너지를 먼저 사용한다. 용융염을 만드는 것은 태양열을 통해 만들어진 에너지를 저장하기 위해서다. 저장된 에너지는 저녁 10시간 동안 인근 지역의 7만 5,000가구에 전기를 공급할 수 있다. 그러니까 저장된 에너지를 이용하면 밤에도 태양광발전을 하는 것과 같은 것이다. 호주에서는 미국 크레센트 듄스 태양열발전소보다 훨씬 더 큰 발전소를 사우스오스트레일리아South Australia 주에 위치한 사막에 건설할 계획이다.

우리나라 사람이 주도적으로 연구하고 있는 에너지가 있다. 영화 〈아이언맨〉과 〈스파이더맨〉, 그리고 〈설국열차〉에도 나오는 핵융합에너지다. 영화에서처럼 엄청난 에너지를 지속적으로 공급하는 '꿈의 에너지'

미국 신재생에너지 전문 기업인 솔라 리저브 사가 네바다 사막에 만든 세계 최대 용융염 태양열발전소인 크레센트 듄스 태양열발전소. 일반적인 태양열발전소는 만들어진 열에너지로 물을 끓여 수증기로 만든 후 발전기 터빈을 돌린다. 하지만 용융염 태양열발전소는 열을 보존하기 위해 바로 물을 끓이는 대신 질산염 혼합물을 녹여 용융염 상태로 만든다. 이렇게 녹은 용융염은 많은 열에너지를 보존할 수 있다. 따라서 이를 이용해서 물을 수증기로 만들면 밤에도 전기 생산이 가능하다.

다. 화석연료처럼 온실가스를 배출하지 않고 원자력발전소처럼 원전 사고와 핵폐기물 처분 걱정도 없다. 그렇다면 핵융합에너지의 정체는 무엇일까? "태양에서 일어나는 반응이다. 우리가 사용하는 에너지의 근원이 바로 핵융합에너지다. 수소(H) 원자핵 4개가 뭉쳐 헬륨(He)이 만들어지는 과정에서 에너지가 나온다. 이 융합 과정에서 아인슈타인$^{Albert Einstein}$의 특수상대성이론 $E=mc^2$에 따라 엄청난 에너지가 만들어진다. 쉽게 말한다면 핵융합발전은 아주 작은 '인공 태양'을 만들고, 거기서 나오는 에너지를 사용하겠다는 것이다. 우리나라도 이런 기술에 투자하면 어떨까? 미래의 가장 효율 높은 기후변화 대책이기 때문이다.

● 바이오매스 기술 개발이 필요하다

전 세계적으로 신재생에너지 산업이 크게 성장하고 있다. 가장 큰 이유는 지구온난화를 불러일으키는 온실가스를 줄이기 위해서다. 그러나 아직까지는 석유, 석탄 등 화석연료보다 비용이 높다 보니 크게 확대되지는 못하고 있는 형편이다. 그러나 결국 미래 에너지는 환경을 보존하는 에너지가 되어야 한다는 시대적 요구 외에도 지속적으로 신재생에너지 생산 비용이 하락하고 있기 때문에 금명간 화석연료의 경제성을 뛰어넘을 것으로 예상되고 있다. 신재생에너지는 태양열, 풍력, 조력 등이 주가 되는데, 여기에서는 바이오매스에너지를 이야기해보도록 하겠다.

바이오매스biomass는 우리나라말로 번역하면 생물체량生物體量 또는 생물량이라고 부른다. 지구상의 생물권에는 동식물의 시체를 미생물이 분해해 무기물로 환원시키는 물질 순환 사이클이 있다. 이 미생물을 대신해 인간이 이것을 에너지나 유기 원료로 이용하는 것이다. 바이오매스를 에너지원으로 이용하면 에너지를 저장할 수 있고, 재생이 가능하다. 지구 어느 곳에서나 얻을 수 있고, 적은 자본으로도 개발이 가능하며, 환경에도 좋다. 그러나 1세대 바이오매스[2]의 경우 넓은 면적의 토지가 필요하고

---

2 1세대 바이오매스는 주로 사탕수수나 옥수수 같은 곡물로, 브라질에서는 사탕수수 착즙액으로부터 생산된 에탄올을 자동차 연료로 사용하고 있다.

브라질에서는 1세대 바이오매스인 사탕수수(왼쪽 사진) 착즙액으로부터 에탄올을 생산해 자동차 연료로 사용하고 있다. 왼쪽 사진은 브라질 사탕수수 플랜테이션 농장 모습이고, 오른쪽 사진은 사탕수수 착즙액으로부터 생산한 에탄올을 자동차 연료로 판매하는 주유소의 모습.

2세대[3]나 3세대 바이오매스[4]는 아직 기술력이 따라가지 못하고 있다. 그러나 석유나 천연가스가 나지 않는 우리나라에서 효율적인 2세대나 3세대 바이오매스 기술이 개발된다면 엄청난 경제 효과가 있다고 본다.

2세대 바이오매스는 흔히 바이오부탄올이라고 불린다. 원래 이 기술은 바이츠만Chaim Weizmann, 1874-1952이라는 이스라엘 초대 대통령이자 유명한 과학자가 만들어낸 물질이다. 바이츠만은 1915년 그가 발견한 박테리아로 옥수수 전분 같은 탄수화물을 발효시켜 아세톤과 부탄올 같은 유기용매를 얻는 방법을 개발했다. 바이츠만이 추출해낸 물질 중에 아세톤이 나오는데, 이것은 코다이트cordite라는 폭약을 제조하는 데 꼭 필요한 용매였다. 영국은 바이츠만이 개발한 발효 공정으로 제1차 세계대전 기간 동안

---

3 2세대 바이오매스는 폐목재나 톱밥, 볏집 등 목질계로, 이것에서 셀룰로오스를 분해해 알코올을 만든다.

4 해수와 담수에 널리 분포하는 미세조류에서 바이오 연료를 얻는 것으로, 세계적으로 많은 연구가 이루어지고 있다. 미세조류는 육지 식물에 비해 바이오 연료 생산성이 5~10배가량 높고 생장 속도가 빨라 바이오 연료를 생산하는 효율적인 자원이지만 아직은 생산 공정에 많은 비용이 든다는 단점이 있다.

아세톤 3만 톤을 만들어 전쟁의 승리에 큰 보탬이 되었다. 그런데 이때 나오는 산물은 대략 아세톤^{acetone}이 3, 부탄올^{butanol}이 6, 에탄올^{ethanol}이 1 의 비율이었다. 그래서 각 화합물의 약자를 써서 이 공정을 'ABE 발효'라 고 부른다.

전쟁이 끝나고 바이츠만은 이 공정을 돈을 받고 민간 회사에 판다. 그 러나 석유와의 가격 경쟁에서 밀리면서 1983년 남아공의 마지막 발효공 장이 폐쇄되었다. 그러다가 최근에 화석연료가 내뿜는 온실가스로 인한 지구온난화 문제가 대두되면서 다시 바이오 연료에 대한 관심이 높아지 기 시작했다. 잊혀졌던 바이츠만의 ABE 공정이 되살아나면서 이제는 부 탄올이 중심이 되었다. 왜냐하면 부탄올은 휘발유를 대체할 수 있는 뛰어 난 연료이기 때문이다. 바이오부탄올은 단위무게당 낼 수 있는 에너지가 가장 많고 휘발유와 어떤 비율로도 섞인다. 1세대인 바이오에탄올보다 2 세대인 부탄올이 더 환경적이고 추출 에너지가 덜 들어간다. 그럼에도 상 용화되지 못한 것은 부탄올은 클로스트리디움 아세토부틸리쿰^{Clostridium} ^{acetobutylicum}이라는 박테리아가 만드는데 반응 조건이 까다롭고 수율이 낮 기 때문이다. 최근에 과학자들은 '대사공학$^{metabolic\ engineering}$'이라는 생명공 학기술을 써서 클로스트리디움 아세토부틸리쿰을 본격적으로 개조하기 시작했다. 바이오디젤을 만들 때 나오는 부산물인 글리세롤을 먹게 한다 든가, 목재의 셀룰로오스를 소화할 수 있게도 만들기 시작한 것이다. 우 리나라에서는 카이스트 생명화학공학부가 세계적인 바이오부탄올 연구 팀으로 알려져 있는데, GS칼텍스는 이 연구팀과 GS칼텍스 연구팀이 공 동으로 연구한 내용을 기반으로 여수에 세계 최초로 2세대 바이오매스 를 쓰는 바이오부탄올 시범공장을 만들었다. 이런 기술들은 오래지 않아 상용화될 것으로 예상된다. 이런 연구가 더 활발하게 이루어져 우리나라가 에너지 자립국이 되었으면 좋겠다.

3세대 바이오매스에 대한 연구와 실용화도 이루어지고 있다. 2017년 11월, 미국 시카고 오헤어 국제공항O'Hare International Airport에 조금 독특한 비행기가 착륙했다. 수많은 언론의 스포트라이트를 받은 이 비행기는 중국 하이난 항공海南航空의 HU497편 보잉 787기였다. 베이징을 출발해 미국 시카고까지 11시간 41분간의 항로를 비행한 이 항공기의 기름은 폐식용유로 만든 '바이오 항공유'였다. 3세대 바이오매스의 원료는 폐식용유, 미세조류 등이다. 이미 많은 국가와 항공사들이 바이오 항공유 개발 경쟁에 뛰어들면서 실용화 단계를 거치고 있다. 각국의 바이오매스 연구 대상은 여러 종류의 바이오매스 중 광합성을 하는 '녹색 미세조류'다. 녹색 미세조류에서 '지질'을 뽑아내어 바이오 항공유를 만드는 것이다. 최근 연구단이 새롭게 주목하는 대상은 '비녹색 미세조류'다. 비녹색 미세조류는 광합성 대신 당류糖類를 영양분으로 하여 증식한다고 한다. 녹색 미세조류와 비녹색 미세조류는 배양에서 차이가 있지만 '지질 추출 과정'과 '연료로의 전환 과정'은 같다. 녹색 미세조류 배양 기술을 개발하는 데 시간이 오래 걸리기 때문에 먼저 비녹색 미세조류를 대상으로 추출과 전환 단계 연구를 진행한다고 한다. 이럴 경우 두 미세조류에 대한 경제적이고 효율적인 연구와 시간 단축이 가능하다는 것이다. 미세조류는 항공유뿐만 아니라 식량 생산이나 화장품의 원료로도 뛰어난 물질이다. 우리나라도 이런 기술 개발에 많은 투자를 했으면 좋겠다.

제2장
선진국들은 왜 신재생에너지에
목을 매는가

"기후변화를 막기 위한 온실가스 저감 대책에는 신재생에너지밖에 없다." 나오미 클라인Naomi Klein은 그의 저서인 『이것이 모든 것을 바꾼다』[5]에서 최근 발표된 재생에너지 관련 연구 결과를 소개한다. 연구에 따르면, 전 세계 에너지 수요를 재생에너지인 풍력, 수력, 태양광으로 100% 공급이 가능하다고 한다. 빠르면 2050년까지 기술적으로 경제적으로도 달성할 수 있다는 것이다. 온실가스 배출량을 감축하기 위해 굳이 새로운 원자력발전소를 건설할 필요가 없다는 이야기다. 원자력발전소를 새로 짓겠다는 것은 오히려 신재생에너지로 가는 길을 지연시킬 수 있다는 것이다. 나오미 클라인은 원자력에너지[6]보다 재생에너지를 늘리는 것이 훨씬 빠르고 경제적이라고 말한다. 그녀의 이론은 우리나라 원자력 정책과 닮

---

5 나오미 클라인, 이순희 역, 『이것이 모든 것을 바꾼다: 자본주의 대 기후』, 열린책들, 2016.

6 우라늄을 채굴하고 운송하고 정련하는 과정, 원자력발전소를 건설하는 과정에는 엄청난 양의 화석연료가 투입된다. 원자력발전소 1기를 설계하고 건설하는 데 소요되는 10~19년 동안에는 줄곧 화석연료로 생산한 전력이 소모된다는 것이다.

은 점이 있다.

● 획기적인 선진국의 재생에너지 정책

"신재생에너지로 건강을 선택한 캐나다". 2017년 7월 30일 《연합뉴스》
의 기사 제목이다. 정말 제목이 상큼하게 다가온 것은 석탄 등의 화석연료
에너지가 심각한 피해를 주고 있기 때문이다. 캐나다 정부는 석탄 화력발
전소를 전부 폐쇄하기로 했다. 석탄 화력발전소에서 생산하는 전력을 신
재생에너지로 대체하겠다는 것이다. 아직은 신재생에너지로 발전하는 단
가가 비싸 오르는 전기료를 국민들이 부담해야 한다. 그럼에도 맑은 자연
환경과 좋은 공기를 선택한 캐나다인들의 모습이 얼마나 아름다운가!

　후진국보다 선진국들이 신재생에너지 투자에 앞장서는 것은 깨끗한
환경을 우선하기 때문이다. 여기에 선진국은 막대한 투자비와 기술력, 인
프라가 잘 갖추어져 있기 때문이기도 하다. 먼저 유럽 국가들의 신재생
에너지 정책을 살펴보자. 영국 정부는 일찍이 기후변화에 적극적으로 대
처해왔다. 영국은 다른 나라에 비해 일찍 신재생에너지에 투자했는데 덕
분에 이산화탄소 배출량은 줄고 일자리는 늘었다고 한다. 1990년 기준
으로 이산화탄소 배출량은 42% 감소한 반면, GDP는 67% 증가한 것이
다. 신재생에너지 정책을 비판하는 많은 사람들은 신재생에너지 정책을
펴면 일자리가 줄어들고 나라 경제가 어려워진다고 말한다. 그러나 영국
은 기후변화 대응 노력을 통해 창출되는 신기술, 비즈니스, 일자리 등이
엄청나게 늘어난다는 것을 증명했다. 그러니까 신재생에너지 정책을 통
해 오히려 경제 성장이 가능하다는 것이다. 영국은 기후변화 대응 및 저
탄소 경제 성장을 달성하기 위한 중장기 정책을 수립했다. 첫째, 기업 및

가정의 냉난방 에너지 효율 개선, 둘째, 저탄소 운송수단 확대, 셋째, 청정하고 저렴한 에너지원 기반의 전력 생산 등이 그것이다. 에너지 효율 개선을 위해 2021년까지 저탄소 난방 혁신 기술에 45억 파운드(한화 6조 7,162억 500만 원)를 배정했다. 이산화탄소 포집 및 저장CCS, Carbon Capture and Storage에 1억 파운드(1,492억 4,900만 원), 2030년까지 기업과 가정 에너지 효율 개선에 36억 파운드(5조 3,729억 6,400만 원)를 투자하겠다고 한다. 저탄소 운송수단을 확대하기 위해 전기차 충전소 인프라 확대에 8,000만 파운드(1,193억 9,920만 원)도 배정할 예정이라고 한다. 마지막으로 청정에너지 전력발전 목표 달성을 위해, 2019년 재생에너지 차액계약제도 CfD, Contracts for Differenc 경매사업에 5억 5,700만 파운드(8,313억 1,693만 원) 보조금을 지원한다는 내용도 들어 있다.

프랑스도 영국 못지않게 신재생에너지에 대한 확고한 정책을 수립하고 집행해나가고 있다. 프랑스는 2040년까지 모든 경유·휘발유 차량의 국내 판매를 중단하기로 했다. 또 화력발전소는 2020년까지 모두 폐쇄하기로 했다. 또 2040년부터 자국 영토에서 원유와 천연가스 채굴과 생산을 중단하기로 했다. 프랑스 영내에 있는 원유와 천연가스 유전 63곳을 2040년 전면 폐쇄하기로 하는 법안을 각료회의에서 의결한 것이다. 이 법안에는 셰일(퇴적암층)가스 탐사와 시추도 완전히 금지한다는 내용이 포함되었다. 환경까지 고려한 정책이다. 에마뉘엘 마크롱Emmanuel Macron 대통령이 이끄는 프랑스가 이 같은 파격적인(?) 정책을 펼치는 것은 화석연료 의존을 줄이고 신재생에너지 개발의 선봉에 서겠다는 강한 의지의 표현이다. 마크롱 대통령은 "2015년 파리 협정을 주도했던 프랑스가 기후변화 문제에서 리더십을 발휘하는 것은 매우 중요하다. 재생에너지가 우리의 에너지 수요를 충족할 중요한 원천이라는 점을 절대 신뢰한다"고 주장할 정도다.

독일은 화석연료에서 배출되는 온실가스가 환경과 지구 생태계를 교란시켜 엄청난 피해를 주기 때문에 신재생에너지 정책에 적극적이다. 독일의 경우 현재 30%에 달하는 신재생에너지 의존도를 2050년까지 80%로 끌어올리기로 했다. 2018년 7월 12일 《한겨레신문》의 보도 내용을 소개한다.[7]

"세계 26개국에 걸쳐 활동하는 기후변화 분야 커뮤니케이션 전문가 네트워크인 '글로벌 전략 커뮤니케이션협의회GSCC'는 12일 독일에너지수자원협회BDEW가 최근 2018년 상반기 독일 총전력의 36.3%가 수력을 포함한 재생에너지로 생산되어 석탄 발전량 비중 35.1%를 넘어섰다는 분석 결과를 발표했다고 전했다.[8] 재생에너지 발전량 36.3%는 육상풍력 14.7%, 태양광 7.3%, 바이오가스 7.1%, 수력 3.3%, 해상풍력 2.9% 등으로 구성되었다. 재생에너지와 석탄을 제외한 나머지 발전원은 천연가스 12.3%, 원자력 11.3%, 기타 5% 등이었다. 독일에서는 5년 전까지만 해도 석탄 발전량이 풍력과 태양, 바이오매스 발전량의 거의 2배를 차지했다. 지난해 같은 기간에는 38.5%를 기록해 재생에너지 발전량(32.5%)을 앞섰다. 독일에너지수자원협회는 재생에너지 및 석탄 회사들의 연합체로, 이들이 내는 통계는 높은 신뢰도를 갖고 있다."

얼마나 재생에너지에 대한 확고한 정책인지 정말 부럽기만 하다.

네덜란드는 재생에너지, 특히 풍력발전에서 선두주자로 알려져 있다.

---

7 http://www.hani.co.kr/arti/society/environment/852998.html#csidx53e9d28d8a82ef38b5bc99108aab998

8 https://www.montelnews.com/en/story/german-renewables-overtake-coal-in-first-half-of-2018--bdew/916513

네덜란드는 재생에너지, 특히 풍력발전에서 선두주자로 알려져 있다. 이들은 독특하게도 기차를 풍력에너지로 운행하고 있다. 네덜란드는 2018년부터 전기로 움직이는 모든 기차를 오로지 풍력에너지만 이용해 운행하기 시작했다.

이들은 독특하게도 기차를 풍력에너지로 운행하고 있다.[9] 다른 나라 기차의 동력원은 여전히 화석연료로 얻는 전기를 사용한다. 우리나라도 2만 5,000볼트의 고압전류를 사용하는 KTX가 철도 수송의 핵심을 맡고 있다. 따라서 현재의 기차는 일단 자동차에 비해 친환경적인 교통수단이라고 할 수 있다. 물론 전력이 무엇으로 만들어졌는가가 문제다. 전기 동력을 화석연료가 아닌 재생에너지에서 얻는다면 그야말로 친환경에너지다. 네덜란드는 2018년부터 전기로 움직이는 모든 기차를 오로지 풍력에너지만 활용해 운행하기 시작했다. 네덜란드 철도 수송의 대부분을 책임지고 있는 NS^Nederlandse Spoorwegen는 지난 2015년 전력기업 에네코^Eneco와

9 https://qz.com/882923/dutch-railways-one-of-the-largest-train-companies-in-europe-now-runs-entirely-on-wind-power/

협약을 맺어 네덜란드 전기기관차의 재생에너지 사용률을 2016년 75%, 2018년 100%까지 끌어올리기로 했었다. 2018년부터 모든 기차가 풍력에너지만 사용해 운행하는 것이 가능해진 것은 애초의 목표 시기를 1년이상 앞당겼기 때문이다.

세계 최대 석유수출국인 사우디아라비아도 재생에너지에 적극적으로 투자하기 시작했다. 2017년 1월 17일《연합뉴스》에 따르면 석유부자 사우디아라비아가 태양열·풍력발전 등 재생가능에너지 개발에 최대 550억 달러를 투자한다는 것이다. 칼리드 알-팔리흐Khalid Al-Falih 사우디 에너지장관이 대규모 태양열·풍력발전 프로그램을 국제입찰할 예정이라고 밝혔다는 것이다. 이 프로그램에 대한 예상 투자 금액은 2030년까지 300억~500억 달러(약 35조 5,000억~59조 2,000억 원)나 된다. 사우디아라비아는 '태양열에너지 강국'이 되겠다는 것으로 재생가능에너지 프로젝트를 통해 2023년까지 10GW(기가와트) 상당의 전력 생산 능력을 갖추겠다는 것이다.

● 우리나라의 신재생에너지는?

그럼 우리나라는 어떤가? 우리나라의 신재생에너지 비중은 6%다. 여기에는 폐기물 소각도 포함되어 있기 때문에 국제에너지기구IEA, International Energy Agency가 인정하는 신재생에너지만 보면 2.2%다. 연료전지, 수소 등을 뺀 순수 재생에너지는 채 1%도 안 된다. 부끄럽게도 OECD 꼴찌 수준이다. 박근혜 정부에서 실패한 것 중 하나가 신재생에너지 정책이다.

문재인 정부는 원전과 석탄화력 비중을 줄이고 신재생에너지를 확대하는 에너지 전환을 적극 추진하고 있다. 정책의 방향은 옳지만, 문제는 비용이다. 에너지 전환은 기후변화에 대응하는 가장 효과적인 방법이지만 비용이 많이 들어 전기요금에 직접 영향을 미친다. 2018년 폭염으로 전기 사용이 늘어나면서 국민들의 전기요금 반응 때문에 전기요금을 한시적으로 인하할 수밖에 없었다. 그러니까 전기요금 인상을 좋아할 국민은 아무도 없다는 것이다. 당장 투표를 의식하는 정치인들 입장에서는 누구도 전기료 인상을 말하지 못한다. 우리나라는 에너지 소비에서 전력이 차지하는 비중이 24.5%로 미국보다 높다. 그런데 우리나라 전기요금은 OECD 32개 국가 중 31위다. 전기요금이 엄청 싸다는 말이다. 전력 가격이 싸다 보니 전력 소비 증가율은 OECD 국가 중 2위를 기록할 정도로 빠르다. 문제가 아닐 수 없다.

전문가들은 전기야말로 가장 비싼 에너지라고 말한다. 1차 에너지인 석탄 등을 원료로 가공해 얻는 2차 에너지이기 때문이다. 전력 생산은 원료비 외에 가정이나 공장으로 전기를 보내는 송배전과 계통 운영비도 만만치 않다. 국회 보고서에 따르면, 2015~2035년 추정 전력 생산 비용은 500조 원이 넘는다고 한다. 정부는 신재생에너지 비중을 2030년까지 20%로 끌어올리겠다는 계획을 발표했다.

한 가지 우리나라의 정책 담당자들이 알았으면 하는 것이 있다. 전 세계적으로 재생에너지의 발전 단가가 획기적으로 낮아지고 있다는 점이다. 지금까지 재생에너지 산업이 지지부진했던 것은 발전 단가가 화석연료보다 비쌌기 때문이다. 그러나 최근 전 세계적으로 재생에너지의 발전 단가가 하락하고 있다. 국제재생에너지기구IRENA, International Renewable Energy Agency의 보고서[10]는 "재생에너지 발전 비용은 꾸준히 감소했으며, 앞으로

---

10 IRENA, "Renewable Power Generation Costs in 2017", IRENA, 2018.

태양광, 풍력 등 재생에너지 산업의 규모는 커질 것"으로 봤다. 이 보고서에서 나타난 재생에너지 발전 비용의 감소를 알아보자. 먼저 2010년 이후 태양광Solar Photovoltaics의 발전 단가 하락은 매우 크다. 2010년 약 0.36 USD/kWh에서 2017년 0.10USD/kWh로 73%나 하락했다. 국가별로 봐도 태양광 발전 단가는 조사 기간 동안 40%에서 75%에 이르기까지 고르게 감소했는데, 이탈리아 시장의 감소 폭이 75%로 가장 컸다. 또 다른 태양에너지인 태양열CSP, Concentrating Solar Power 발전 사업의 발전 단가는 상대적으로 비슷한 흐름을 유지했다. 다만 2013~2014년의 태양열 발전 단가는 2009~2012년 기간 대비 약 20% 이상 하락했다. 세 번째가 풍력 발전Wind Power이다. 1983~2017년 기간 동안 세계 육상풍력 발전 단가를 살펴보면, 1983년 0.40USD/kWh에서 2017년 0.06USD/kWh로 85% 큰 폭으로 감소했음을 보여준다. 해상풍력도 2010년과 2017년 사이 발전 비용이 지속적으로 하락해서 2017년에는 0.14USD/kWh를 기록했다. 마지막으로 지열발전Geothermal Power Generation의 경우 정확한 통계가 어려워 감소 추세를 파악하기 어렵다. 그러나 분석에 따르면, 전체 설치 비용의 감소와 함께 지열발전의 발전 단가 또한 하향 추세로 접어드는 것으로 나타났다.

우리나라의 탄소 배출량 중 40% 정도가 발전 부문에서 나온다. 그러다 보니 감축 노력은 발전 부문에 집중되어 있다. 결과적으로 전력 분야는 약 9,000만 톤의 탄소를 감축해야 한다. 문제는 재생에너지의 확장성에 한계가 있다는 인식과 앞으로 원전 비중을 축소하겠다는 정책이 있다. 따라서 앞에서 본 유럽 선진국 같은 획기적인 방안이 나오지 않는다면 실현이 어렵지 않겠느냐는 생각이 든다.

다행인 것은 우리나라의 전기 품질은 세계 최고라는 것이다. 전력 손실

일반 전기차는 주행거리가 짧고, 충전 시간이 길다는 것이 단점이다. 그러나 수소전기차 넥쏘는 한 번 충전으로 600km를 갈 수 있고 충전에 걸리는 시간도 5분밖에 되지 않는다. 일반 전기차에 비하면 정말 획기적이다. 문제는 수소전기차를 위한 새로운 충전 인프라를 대대적으로 확충해야 한다는 것이다. 우리나라에 일반 전기차 급속 충전기는 1,500기 정도 보급되어 있는데, 수소 충전소는 14곳뿐이다.

률은 3% 수준으로 세계에서 제일 낮고 정전시간, 주파수 등에서도 최고 수준이다. 여기에 에너지와 IT 융합을 통한 에너지 절약 솔루션 부문에서 소프트웨어와 하드웨어 전부 높은 경쟁력을 가지고 있다. 지능형 계량기와 전기저장장치ESS, 전기자동차, 스마트빌딩, 스마트시티 등에서 에너지의 효율적 사용과 절감이 가능하다는 점이다.

2018년 2월 2일 문재인 대통령이 고속도로에서 현대자동차가 만든 수소전기차 넥쏘에 시승했다. 자율주행 기능을 장착한 최고 성능의 차였다. 일반 전기차는 주행거리가 짧고, 충전 시간이 길다는 것이 단점이다. 그러나 수소전기차 넥쏘는 한 번 충전으로 600km를 갈 수 있고 충전에 걸리는 시간도 5분밖에 되지 않는다. 일반 전기차에 비하면 정말 획기적인 것은 맞다. 문제는 수소전기차를 위한 새로운 충전 인프라를 대대적으로 확충해야 한다는 것이다. 우리나라에 일반 전기차 급속 충전기는 1,500기 정도 보급되어 있는데, 수소 충전소는 14곳뿐이다.

아직 화석연료에 많이 의지하는 우리나라 형편에서는 수소전기차가 한 방법일 수 있다. 선진국들도 수소전기차에 관심이 많다. 가정용 연료전지 시장의 선두주자인 일본과 유럽 내 가장 많은 수소 인프라를 갖춘 독일, 캘리포니아를 친환경 도시로 만드는 실험을 하는 미국, 친환경 규제 강화와 함께 수소 관련 시장 1위 등극을 노리는 중국 등이다. 그러나 우리나라는 세계 최초로 수소전기차 양산에 성공한 나라다. 정부는 '수소경제'의 기반을 마련하는 시점을 2020년으로 설정하고 있다고 한다. 계획처럼 이루어졌으면 좋겠다.

제3장
기후변화의 피해를 줄이는
4차 산업혁명

"우리는 지금까지 우리가 살아오고 일하던 방식을 송두리째 바꿀 기술 혁명 직전에 와 있다. 4차 산업혁명은 그 속도와 파급 효과 측면에서 이전의 혁명과 비교도 안 될 정도로 빠르고 광범위하게 일어날 것이다."

2016년 1월 스위스 다보스에서 열린 세계경제포럼WEF, World Economic Forum 에서 독일 경제학자 클라우스 슈밥Klaus Schwab은 '미래는 4차 산업혁명의 시대가 될 것'이라고 주장했다. 슈밥의 주장 이후 4차 산업혁명은 전 세계 정치지도자, 경제학자들의 화두가 되었다.

그렇다면 4차 산업혁명이란 무엇을 말하는 것일까? 슈밥이 창시한 이 이론은 인공지능AI, Artificial Intelligence, 빅데이터big data, 로봇공학robotics, 사물 인터넷IoT, Internet of Things 등이 주도하는 새로운 산업 혁명을 뜻한다. 그런데 4차 산업혁명을 가장 잘 활용할 수 있는 분야가 기상·기후 분야다.

2018년 다보스 포럼에서는 향후 10년간 경제 분야에 미칠 상위 10대 글로벌 리스크를 발표했다. 이때 영향력 부문 1위로 '극심한 자연재해'를 꼽았다. 전 세계가 기후변화로 인한 극심한 자연재해로 엄청난 리스크

2018년 다보스 포럼에서는 향후 10년간 경제 분야에 미칠 상위 10대 글로벌 리스크를 발표했다. 이때 영향력 부문 1위로 '극심한 자연재해'를 꼽았다. 전 세계가 기후변화로 인한 극심한 자연재해로 엄청난 리스크가 발생할 것이라는 것이다. 유엔 IPCC(기후변화에 관한 정부 간 협의체)는 해결 방안으로 인공지능, 빅데이터 및 사물 인터텟 기술을 제시했다. 4차 산업혁명만이 기후변화에 성공적으로 대응할 수 있다는 말이다.

가 발생할 것이라는 것이다. 유엔 IPCC(기후변화에 관한 정부 간 협의체)는 해결 방안으로 인공지능, 빅데이터 및 사물 인터텟 기술을 제시했다. 4차 산업혁명만이 기후변화에 성공적으로 대응할 수 있다는 말이다. 리스크를 최소화하기 위한 전제조건인 기상예보 정확도 제고와 4차 산업혁명에 연관된 기상 연관 산업 이야기를 살펴보도록 하겠다.

● 기상예보 정확도를 높이려면 4차 산업혁명을 활용하라

4차 산업혁명에 동참하기 위한 기상 분야의 가장 큰 과제는 예보 정확도 향상이다. 예보가 정확해지기 위해서는 관측 정확도와 관측소 증가가 필수적이다. 그러나 인력과 예산 등의 문제로 기상관측소 확장은 매우 어렵다. 이럴 때 유용한 것이 사물 인터넷을 이용한 관측자료 확장 방법이다. 예를 들어보자. 서울에서 기온, 강수를 실시간으로 측정할 수 있는 기상관측소는 30개소뿐이다. 이 정도의 기상관측소로 정확한 국지 기상을 예측하는 데는 한계가 있다. 그러다 보니 서울에서 운행 중인 택시를 활용해보자는 의견이 있다. 택시에 탑재한 '운행기록 자기진단장치OBD, On Board Diagnosis'의 센서를 통해 기온과 기압, 강수 등 외부 기상정보를 실시간으로 획득하는 방법이다. 이 같은 상세한 데이터를 확보하면 실시간 기상예보 정확도를 높일 수 있다. 로봇공학 기술을 활용하는 방법도 있다. 도시 열 관측을 위해 열 감지 카메라를 방재용 드론에 설치한다. 여기에 초소형 고대기 오염 측정 센서도 부착한다. 이것을 이용하여 국지적 기온이나 미세먼지 농도를 측정할 수 있다.

정확한 관측이 이루어지면 이 자료를 이용하여 예보를 생산하게 된다. 현재는 슈퍼컴퓨터를 활용하여 생산된 수치예보 자료가 기상예보의 원재료다. 이제는 인공지능을 활용한 날씨예보로 가야만 한다. 인공지능은 오랫동안 축적된 기압 배치와 날씨 현황 빅데이터 속에서 오늘과 유사한 기압계를 찾아낸다. 인공지능분석자료와 수치예보자료, 그리고 인간 예보관이 상호 보완하는 예보는 획기적으로 예보 정확도를 향상시킬 것이다. 현재 CNN의 기상영상 판별 수준은 빅데이터와 인공지능을 결합해 인간의 수준을 뛰어넘는 수준이라고 한다. 이런 기술도 접목한다면 기상

도시 열 관측을 위해 로봇공학 기술을 활용해 열 감지 카메라를 방재용 드론에 설치하는 방법도 있다. 여기에 초소형 고대기 오염 측정 센서도 부착한다. 이것을 이용해 국지적 기온이나 미세먼지 농도를 측정할 수 있다.

예보 정확도를 향상시킬 수 있다. 단기예보뿐만 아니라 산업계에 많은 도움을 주는 장기 및 중기예보의 정확도도 매우 높아질 것이다.

정확한 예보가 만들어지면 위험기상에 대한 영향력 분석이 필요하다. 위험기상(폭염, 한파, 태풍, 집중호우, 폭설 등)이 사람과 산업에 미치는 최악의 시나리오를 인공지능과 빅데이터를 이용해 분석한다. 산출된 분석 정보들을 정확하고 빠르게 전달하는 사물 인터넷과 표시 기술을 활용한다. 지금은 지진, 산사태, 홍수 등 자연재난 때마다 전화, 인터넷 검색, 기상안내 시스템이 마비되고 있다. 인공지능을 활용해 개선해나간다면 통보만이 아닌 상담 서비스까지 가능해질 것이다. 일본 기상청의 지진예측 및 감지, 전파 시스템이 좋은 예다. 이들은 빅데이터와 인공지능, 사물 인터넷, 그리고 최고의 통신을 결합해 지진 피해를 최소화하고 있다. 4차 산업혁명과 날씨를 잘 매칭시킨 기업이 IBM이다. IBM은 인공지능, 드론, 클라우드 플랫폼Cloud Platform[11]을 통한 기상정보 수집·예보 기반을 구축하고 있다. 여기에 인공지능 왓슨Watson을 이용한 미세먼지 최적의 예측 모델을 제시해주고 있다. 이 자료를 이용한 예보관이 검토 및 최종 판단하여 예보하도록 돕는 것이다. 날씨 콘텐츠 제작에 디지털 기술(CG 등)을 활용해 표현의 한계를 극복한 실감형 콘텐츠로 발전하여 새로운 고부가가치를 만들어낸다. 인공지능 딥러닝 방식을 적용한 기상예보활동은 예측 오차를 점차적으로 줄여주면서 예보의 효율성을 높여줄 것이다. 기상예보관은 4차 산업혁명 시대에서 가장 유용한 직업이 될 것이다. 미래에 살아남는 직군은 사회적·창의적 능력을 요하는 직군이 될 것이다. 불확실한 상황 하에서 의사결정을 해야 하는 일이나 창의적 아이디어를 개발해야 하는 직군들이기 때문이다. 업무에 정통한 '핵심 역량core competency'을 가진 사람들이라고도 할 수 있는데, 바로 기상예보관이 이런 업무를 담당하기 때문이다.

● 4차 산업혁명을 활용하는 기상산업

"비가 오는 날 여성들이 가장 많이 찾는 상품은 무엇일까?" 세계적인 유통업체 월마트Wal-mart는 오랜 기간의 날씨와 판매 빅데이터를 분석해보았다. 그랬더니 비가 오는 날 주 고객은 중년 주부들이었다. 그런데 비 오는 날 매장에 나온 중년 주부가 가장 많이 사는 것은 자줏빛 립스틱이었

---

11 클라우드 플랫폼은 SNS 소셜 미디어 채팅 내용을 실시간으로 분석하여 기상정보와 결합해 고객사에게 분석된 내용을 제공한다.

다. 더 재미있는 것은 자줏빛 립스틱을 산 주부는 다른 물건도 많이 사는 경향이 있었다. 그러자 월마트는 비가 오는 날에는 중년 주부가 좋아하는 자줏빛 립스틱 등을 지게차를 이용해 전면에 배치했다. 이것 하나만으로 매출의 12%가 증가했다. 중년 주부의 돈지갑을 열게 만든 날씨 마케팅의 좋은 예다. 이 사례는 빅데이터를 활용한 3차 산업혁명의 한 단면을 보여준다. 그러나 4차 산업혁명은 인공지능과 사물 인터넷, 로봇공학을 활용해 최적의 시간에 최적의 제품을 전시하는 것까지를 말한다. 인공지능에는 주부들의 뇌의식 분석을 가미한 뉴로 마케팅neuro marketing도 포함된다.

4차 산업혁명에 따른 기술의 발전은 기상예측 및 의사결정 지원 기술의 개발을 촉진하고 있다. 이로 인해 더 많은 부가가치를 만들어내고 있다. 기상서비스 제공 및 의사결정 지원 관련 민간 기상기업도 혁신에 앞장서고 있다. 민간 기상기업들은 기상정보를 사용자의 요구에 따라 해석하기 쉽게 가공하여 제공한다. 이를 위해 시각화 도구 및 플랫폼 등을 활용하여 사용자의 운영체계와 통합하여 서비스를 제공하는 것이다. 예를 들어 '주문형 맞춤 기상정보 서비스'를 제공하는 기업들은 모바일 기기를 사용하여 사용자의 위치 기반에 따른 기상정보를 제공한다. 대표적인 기업이 아큐웨더AccuWeather로 사용자 위치에 따른 기상예보를 자동으로 제공하는 기술에 대한 특허 출원을 가지고 있다.

많은 기업은 날씨와 관련된 행동을 스마트폰을 활용하여 자동화하는 것에 큰 경제적 잠재력이 있다고 보고 있다. 기상예보 솔루션 기업인 슈나이더Schneider는 자사 가정용 온도조절장치에 기상정보를 통합했다. 이를 통해 자동으로 가정용 및 기업용 에너지 사용량을 조절·제어할 수 있게 했다.

빅데이터가 제공하는 잠재력이 엄청나다는 것을 기업들이 인식하고 있다. 기상산업 역사상 최대 규모로 IBM과 몬산토^{Monsanto}가 기상기업을 인수한 것은 이 때문이다. 2016년 1월에 IBM의 The Weather Company(TWC) 인수가 이루어졌다. IBM의 인공지능 프로그램 왓슨과 전 지구적 클라우드 서비스를 TWC의 풍부한 기상정보 플랫폼과 융합하겠다는 것이다. 이 클라우드 플랫폼은 대량의 정보를 신속하게 수집하기 위한 목적으로 구축되었다. 일평균 4,000만 대의 스마트폰과 5만 대의 비행기에서 생성되는 30억 건의 기상 데이터를 분석할 수 있다. 앞으로 IBM은 왓슨을 통해 전 세계에서 수집되는 방대한 양의 데이터를 더 심층적으로, 더 조직적으로 분석하게 되었다. 기상정보와 경영정보의 결합을 통해 엄청난 이익을 만들겠다는 것이다.

몬산토의 기후회사 클라이밋 오퍼레이션^{Climate Corporation} 인수도 마찬가지다. 기상·수문·기후정보를 기타 농업정보와 융합하고 이를 통해 이익을 최대화하기 위해서다. 인수를 통해 종자 및 화학비료 기업에서 데이터 및 과학서비스 기업으로 진화하고자 하는 몬산토의 장기적인 플랜에 따른 것이었다. 장차 많은 민간 기상기업들이 1차 기상관측자료, 운영자료, 스마트 기기, 머신 러닝^{Machine Learning}[12], 애널리틱스^{Analytics}[13] 등 기술을 활용하여 관련 기관에 맞춤형 기상예보 및 의사결정 지원 서비스를 제공할 것으로 예상된다.

세계적인 전자가전회사가 날씨회사로 바뀌었다. 일본의 파나소닉 회사

---

[12] 머신 러닝은 인공지능의 한 분야로, 1959년 아서 사무엘은 머신 러닝(기계학습)을 "컴퓨터에 명시적인 프로그램 없이 배울 수 있는 능력을 부여하는 연구 분야"라고 정의했다. 즉, 사람이 학습하듯이 컴퓨터에도 데이터들을 줘서 학습하게 함으로써 새로운 지식을 얻어내게 하는 분야다.

[13] 애널리틱스란 빅데이터를 분석하는 기술 전반을 가리킨다. 디지털 마케팅에서는 이를 통해 다양한 고객들의 행동을 분석하고 또 예측할 수 있다.

Panasonic Corporation의 이야기다. "열대 4D[14]가 포함된 파나소닉Panasonic의 글로벌Global 4D 일기 예보 제품군을 통해 항공, 해운, 해상, 재생 가능 및 탐사 에너지 시장, 보험 및 필수품 등 정부 및 날씨에 민감한 산업 내에서 파트너의 작업을 지속적으로 지원할 것입니다"라고 파나소닉 날씨 솔루션의 관계자가 2016년 초에 의욕적으로 밝혔다. 이들은 세계적으로 항공·해운·탐사에너지 시장 등에서 날씨예보의 부정확으로 매년 수십 억 달러의 비용이 사라지고 있다고 분석했다. 그리고 최고의 빅데이터, 사물인터넷, 드론을 포함한 로봇 기술, 슈퍼컴퓨터를 활용한 모델, 여기에 인공지능까지 가미한 파나소닉 웨더 솔루션Panasonic Weather Solutions을 만들었다. 이 솔루션은 세계에서 유일하게 맞춤형으로 개발된 전 세계 기상 모델링 플랫폼을 보유하고 있다. 기상 예측 기능은 4차원(경도, 위도, 고도, 시간)의 상세한 대류권 데이터를 연속적으로 공급하는 등 파나소닉의 독점 대기 데이터 세트를 최대한 활용하고 있다. 기상예보 분야에서 최신 기술을 이용하여 많은 돈을 벌 수 있다는 것을 잘 보여주는 사례다.

● 스마트한 신기후·신환경 패러다임으로의 전환

4차 산업혁명의 핵심은 소프트웨어 중심 운영 서비스다. 사물 인터넷으로 광범위하게 수집된 데이터를 분석해 고부가가치를 만들어내는 것이 핵심이다. 바이오·제조·금융 분야와 융합해 새 비즈니스 모델들이 많이 나오고 있는데, 기후변화 대응도 융합 기술에 적합한 분야라고 할 수 있

---

14 열대 4D는 파나소닉의 독점적인 대기 데이터 세트를 최대한 활용하는 업계 최고의 글로벌 일기 예보 플랫폼인 파나소닉의 글로벌 4D 웨더(Global 4D Weather)를 기반으로 한다.

다. 예를 들면, 세계 가스 발전소가 1%만 연료비를 줄여도 연간 30억 달러가 절감된다. 기후변화 대응 4차 산업혁명 기술이 이를 가능하게 해준다. 운영뿐만 아니라 기후변화 적응 분야에서도 재난 유형을 예측해서 조기 경보에 이용할 수 있다. 일사량, 강수량, 농작물 경작 현황, 산림·해양을 포함한 다양한 기후변화 적응 영역에서 아주 유용한 기술이다.

4차 산업혁명 기술 기반의 기후산업을 육성하려면 세 가지가 요구된다. 첫째, 에너지, 지리, 기후 등 관련 데이터의 안정적인 확보다. 온실가스 감축을 위해서는 대규모 설비 중심의 에너지 효율성 분석 체계가 필요하다. 둘째, 데이터 공유 체계다. 4차 산업혁명 유관 기술과 융합된 기후산업은 공유된 정보에 따라 발전한다. 정보의 양과 품질이 우수할수록 기후산업은 확장될 수 있다. 중요한 것은 공공 영역 중심으로 다방면에서 공유할 수 있는 플랫폼을 만드는 것이다. 셋째는 비즈니스 혁신 모델 창출이다. 최근 기후변화 대응 이슈는 세계적이다. 따라서 4차 산업혁명 기술을 이용한 뉴비즈니스 기회가 창출될 것이다. 기후산업에 특화된 정보기술^{IT} 서비스 및 기후 기술 관련 프로젝트 사업 개발 및 엔지니어링 컨설팅 사업 등은 중소기업 진출이 유망한 분야다. 이를 국가에서 정책으로 장려해야 한다. 우리나라 경제는 4차 산업혁명 기술을 활용해 국가 신성장 동력을 확보해야 한다. 지식 기반 산업을 통한 고급 일자리 창출이 이루어질 것으로 기대해본다.

최근 제조·서비스업과 에너지 기술·인프라 등이 융합한 에너지 신산업이 빠르게 성장하고 있다. 에너지 신산업은 기후변화에 대응하는 최적의 산업이다. 이 분야에서도 산업 간 영역 파괴를 핵심으로 하는 4차 산업혁명이 확대되는 양상을 보이고 있다. 한 예로 구글^{Google}은 최근 신재생에너지에 15억 달러 투자를 결정했고, 애플^{Apple}은 태양광에너지 사업을 담당하는 애플 에너지Apple Energy를 설립했다. 테슬라Tesla는 미국 최대 태양광발전업체 솔라 시티Solar City를 인수했다. 이들은 스마트 센서를 부착한 사물 인터넷을 통해 수집한 빅데이터를 인공지능과 결합해 에너지 효율성을 극대화하고 있다.

기상 분야에서 인공지능과 빅데이터, 사물 인터넷과 최상의 전파기술력이 합쳐진다면, 기상은 산업과 경제에 엄청난 도움이 될 것이다. 날씨와 관련된 유통, 건설, 방재, 의류, 금융 및 보험, 식량, 의약, 건강 분야의 리스크는 줄어들고 수익은 크게 증가할 것이다. 기상 분야에서도 기상장비 및 관측기기 개발, 기상경영 컨설팅, 기상생명과학, 기상조절기술, 법기상학, 기상미디어, 기상감정 등 모든 날씨 분야는 지금보다 획기적인 발전이 이루어질 것이다. 세계기상기구는 기상산업에 투자하면 10배 이상의 이익을 본다고 공식 발표했다. 그러나 4차 산업혁명과 동반되는 기상에 투자하면 100배 이상의 이익을 보지 않을까 희망적인 생각을 해본다.

우리나라도 인공지능, 사물 인터넷, 로봇공학 기술, 정보통신기술이 주축이 된 4차 산업혁명 기술을 적극 도입할 필요가 있다. 스마트한 신기후·신환경 패러다임으로의 전환이 필요한 때다.

제4장
기후변화와 환경 대응에
블록체인을 활용하라

극심한 기후변화를 '검은 코끼리Black Elephant'로 비유하는 학자도 있다. 검은 코끼리는 '검은 백조Black Swan'와 '방 안의 코끼리elephant in the room'를 합성한 말이다. '검은 백조(블랙 스완)'는 도저히 일어나지 않을 것 같은 일이 발생해 엄청난 충격을 몰고 오는 사건을 말한다. 2009년 글로벌 금융위기를 일으킨 서브프라임 모기지subprime mortgage가 대표적인 예다. 그렇다면 '방 안의 코끼리'는 무엇일까? '방 안의 코끼리'는 모두가 알고 있지만 애써 무시하는 문제를 의미한다. 이 두 가지 의미가 합쳐진 '검은 코끼리'는 엄청난 결과를 가져올 사건이라는 것을 누구나 인지하고 있지만, 모두 모르는 척 해결하지 않는 현상을 말한다. 극심한 기후변화라는 검은 코끼리는 이미 우리 눈앞에 와 있다. 그런데도 '방 안의 코끼리'처럼 애써 무시하다가는 크게 당한다. 우리는 방 안의 검은 코끼리를 모른 척해서는 안된다. 이를 위해 다양한 방법을 도입할 필요가 있다. 그중 하나가 블록체인blockchain을 활용하는 것이다.

● 블록체인은 기존의 산업 생태계를 바꾼다

많은 사람들이 블록체인을 단순히 암호통화의 수단이라고만 생각한다. 그러나 그렇지 않다. 이제 블록체인은 4차 산업혁명의 핵심 기술 중 하나다. 공공, 물류, 유통, 의료서비스, 에너지 산업, 기후와 환경에서도 새로운 혁신 방법으로 활용이 가능하다.

그렇다면 블록체인은 무엇을 말하는 것일까? 블록체인은 거래를 관리하는 중앙기구가 없더라도 모든 거래하는 사람들이 인터넷으로 상호 연결되어 거래정보를 공유한다. 그리고 거래 결과가 보증되는 분산형 네트워크라 할 수 있다. 여기에서 블록이란 거래하는 사이에서 이루어진 거래정보를 저장한 덩어리(단위)를 말한다. 이루어진 거래를 기록한 새로운 블록이 거래 시간 순서에 따라 순차적으로 만들어진다. 각 블록에는 새롭게 이루어진 거래 내용과 함께 앞에서 거래된 내용이 기록되어 있다. 조작하기가 거의 불가능한 안전한 거래로 보면 된다. 이렇게 블록 전체가 순차적으로 연결되어 거래의 전 과정이 파악되기에 블록체인이라 부르는 것이다. 블록체인은 암호화폐와 같이 누구나 참여할 수 있는 공개형 블록체인public blockchain과 인증 과정을 통해 권한이 부여된 거래자만이 거래할 수 있는 폐쇄형 블록체인private blockchain 기술로 구분한다.

세계는 블록체인을 이용하여 기업 혁신을 만들어가고 있다. 예를 들어 보자. IBM과 머스크Maersk가 2018년 1월 16일 세계 무역을 위한 디지털 솔루션을 개발하고 판매하는 합작법인회사를 만들었다. 그런데 이 회사는 블록체인 기술을 사용해 물류 공급망에 참여하는 기업들에게 투명한 글로벌 무역 네트워크를 촉진할 수 있는 통합 서비스를 선보일 예정이라고 한다. 이 블록체인 기술을 활용할 경우 거래에 참가하는 기업들은 실시간으로 운송정보를 안전하고 정확하게 교환할 수 있다. 또 통관 및 화물 이동에 드는 시간도 줄일 수 있다. 물론 블록체인 기반 스마트 계약을 통해 승인 절차를 앞당기고 실수를 줄이면서 비용을 크게 줄일 수 있는 것이다. 영국의 에버레저everledger는 블록체인을 이용한 다이아몬드 유통산업의 혁신을 가져왔다. 다이아몬드 감별사 없이 진품을 확인하고 거래가 가능해졌기 때문이다. 현재 150만개 이상의 보석이 에버레저 블록체인 네트워크에 등록되어 있고 이 서비스는 빠르게 성장하고 있다.

● 기후변화 대응을 위해 블록체인 기술을 활용한다

"오늘 주제는 블록체인 기술을 에너지 절약에 결합하는 것이며 기후변화 대응을 위해 우리가 창출한 모든 지식과 기술을 결합해야 한다."

2018년 7월 5일 '서울 기후-에너지회의 2018(CESS 2018)'에서 강창희 기후변화센터 이사장이 한 말이다. 그는 "블록체인은 4차 산업혁명을 일궈낸 핵심 기술로 우리가 당면한 과제 해결에 결합하는 것은 너무나 당연하다. 기후변화 대응과 에너지 절약에 선도적인 역할을 할 수 있고, 우수한 기술을 가진 우리 기업이 새로운 사업 기회를 확보할 수 있을 것이다"라고 주장했다.

최근 기후변화 문제가 심각해지면서 정보통신기술ICT로 이를 해결하려는 움직임이 시작되었다. 그중 주목받는 분야가 '기후정보과학'으로 통계, 머신 러닝, 데이터 마이닝data mining 등 데이터 관련 기술과 기후과학을 결합한 분야다. 기후정보과학은 기온이상 등 지구온난화 상황을 수치로 제공해서 정부나 사람들이 기후변화를 정확하게 알고 대비하도록 지원한다. 예를 들어, 머신 러닝 기법으로 기온이나 강수량이 어떻게 변화했

기후환경 분야에 블록체인 기술을 적용하려는 움직임이 크게 늘어나고 있다. 블록체인 기술을 이용하면 국가와 기업은 안전하고 효율적으로 탄소배출권을 쉽게 거래할 수 있다. 각국 정부는 온실가스 배출을 추적할 수 있으며, 가정에서 남는 전기를 저렴하게 판매하는 개인 간 에너지 거래도 가능해진다.

는지를 보여주고 앞으로의 변화를 예측한다. 이것이 가능해진 것은 빅데이터와 머신 러닝, 클라우드 등 관련 기술 발달로 방대한 기후 데이터 축적과 분석이 가능해졌기 때문이다. 이런 기후정보과학도 블록체인 기술을 결합하면 더 정확하고 효율적인 데이터가 된다. 기후정보과학은 최근 기상이변 시스템 학습을 목표로 발전하고 있다.

블록체인을 활용한 암호경제학^{Cryptoeconomics}[15]은 기후환경 분야에도 적

---

15 암호경제학이란 새로운 종류의 시스템이나 어플리케이션, 네트워크를 디자인할 때 인센티브와 암호학을 활용하는 것을 말한다. 암호경제학은 새로운 것을 만드는 데 특화되어 있고, 수학과 경제학의 영역 중에서도 메커니즘 설계와 가장 유사하게 많은 공통점을 갖고 있다. 암호경제학은 경제학의 하위 분야보다는 경제적 인센티브와 경제학적 이론에 암호학을 접목한 영역이라고 할 수 있다. 비트코인, 이더리움 등 공개형 블록체인은 이러한 암호경제학의 산물이다.

용 가능하다. 엄청난 기후환경 데이터를 수집하고 측정하는 데 사물 인터넷과 빅데이터가 광범위하게 활용되어야 한다. 그런데 중요한 것은 기후환경 문제는 에너지 사용자들의 능동적인 참여가 필요한 전 지구적 문제라는 점이다. 이런 이유 때문에 기후환경 분야에 블록체인 기술을 적용하려는 움직임이 크게 늘어나고 있는 것이다.

예를 들어보자. 블록체인 기술을 이용하면 국가와 기업은 손쉽게 탄소배출권을 거래할 수 있다. 아주 안전하고 효율적으로 말이다. 각국 정부는 온실가스 배출을 추적할 수 있으며 가정에서 남는 전기를 저렴하게 판매하는 개인 간 에너지 거래도 가능해진다. 2017년에 스페인 바르셀로나Barcelona에서 국제배출권거래제협회IETA, International Emission Trading Association 이사회가 열렸다. 이때 블록체인을 활용한 국제 탄소거래 체결이 주요 안건으로 다뤄졌다. 기업들도 많은 관심을 보인다. IBM은 중국의 블록체인연구소와 함께 중국의 탄소배출권 거래 제도를 최적화하는 연구를 하고있다. 블록체인을 이용하면 기업들은 정부의 거래 인증 없이도 기업 간에직접 탄소배출권을 거래할 수 있기 때문이다. 호주의 파워 레저Power Ledger 사는 블록체인 기술로 개인들끼리 태양광에너지를 거래하는 플랫폼을만들었다. 이 회사는 태양광에너지를 거래하게 만들어주고 비용을 암호화폐로 계산한다. 영국의 에너지 마인Energy Mine 은 에너지를 절약하는 개인들에게 토큰으로 보상해주는 블록체인 기반 플랫폼을 운영한다. 개인들은 토큰을 에너지 비용이나 전기자동차 충전에 사용할 수 있다. 이것은블록체인과 암호경제학이 손잡은 결과다.

● 블록체인 기술을 농업에 활용한다

"파보^{Pavo}, '농업 IoT 블록체인 솔루션' 캘리포니아 진출". 2018년 5월 17일자 《글로벌 경제신문》의 기사 제목이다.[16] 기사 내용을 요약하면 다음과 같다. 5조 달러 이상의 가치를 지닌 현대 농업은 기후변화 및 각종 규제로 어려움에 처해 있다. 날씨와 기후변화는 농업에 절대적인 영향을 미친다. 기후변화는 한 지역 전체 곡물을 파괴할 수 있고 규제에 얽매인 기존 농업 기술로 세계 수요를 더 이상 충족할 수 없다. 따라서 농부들은 수요를 충족시키기 위해 어그테크^{AgTech}[17]를 받아들이기 시작했다. 어그테크 에코 시스템의 사물 인터넷 블록체인 솔루션인 파보^{Pavo}가 미국 농장 기술 출시를 가속화함에 따라 현대 농업 관행이 개선될 것이다. 파보는 종자에서 시작해서 마트에 진열된 상품이 되기까지 농산물이 생산되고 유통·소비되는 전 과정을 사물 인터넷을 통해 관리할 수 있는 혁신적인 농업 플랫폼이다.

파보의 블록체인 솔루션은 무엇일까? 곡물 품질과 수익률을 개선하기 위한 최적화된 재배 전략이다. 파보는 iOS와 안드로이드 앱을 통해 토양과 재배 환경에 대해 모니터링하는 사물 인터넷으로 운용된다. 앱을 사용하면 농부들은 실시간으로 온도, 습도, 흙, 습기 등의 정보를 볼 수 있다. 이런 어그테크 시스템은 최근 미국 스톡턴^{Stockton}, 딕슨^{Dixon}, 캘리포니아^{California} 등의 농장에 설치되어 운용되고 있다. 딕슨 농장은 7에이커 규모

---

16 http://www.getnews.co.kr/news/articleView.html?idxno=69952

17 농업(Agriculture)과 첨단기술(Technology)를 결합한 합성어로, 빅데이터, 클라우드 등을 통해 농업 효율성을 끌어올리는 동시에 농가 소득을 향상시키기 위해 농업생명공학기술, 정밀농업, 대체식품, 식품 전자상거래 등을 아우르는 분야다.

아몬드 농장과 10에이커 규모 아몬드·호두 농장이다. 아몬드 재배자들은 이 시스템을 이용해 계절 패턴과 온도를 측정할 수 있다. 이용자는 아몬드에 물을 줄 가장 좋은 시간을 찾을 수 있고, 작물이 얼마만큼의 물을 흡수하는지도 측정할 수 있다. 2018년 초에 북부 캘리포니아에서는 갑작스런 한파로 올해 농작물의 80%가 피해를 입었다. 그러나 파보의 사물 인터넷 시스템을 이용한 농부들은 기후변화에 대비할 수 있었다.

"운전기사 없이 맥주를 수송하는 데 성공했다구요?" 2016년 12월 차량공유 서비스 업체인 우버Uber가 자율주행 트럭을 이용한 맥주 운송에 성공했다. 실제 도로 상황에서 자율주행 트럭을 운용하기는 이번이 처음이다. 버드와이저 맥주 2,000상자를 싣고 120마일(190km) 구간을 2시간 동안 달렸다. 자율주행은 4차 산업혁명에 필수적인 분야다. 이젠 자율주행이 현실로 다가오고 있다.

자율주행에 역량을 쏟아붓는 나라가 일본이다. 이들은 무인농기계와 함께 농업용 정보통신기술IC을 활용한다. 농기계가 자동으로 농지를 경작하는 자동주행 시스템을 만들었다. 농지 모양을 입력하여 논밭에 따라 기계가 자동으로 경작하고 파종할 수 있게 한 것이다. 이를 위해 무인트랙터가 도로 주행을 할 수 있도록 법 개정을 청원하고 있다. 대표적인 기업 중의 하나가 도요타다. 쌀생산법인용 IT 솔루션 농작계획을 수립하고, 스마트폰으로 전체 경작 상황을 관리하는 프로젝트를 수행하고 있다. 구보타 회사는 2018년 무인운전트랙터 및 팜 파일럿palm pilot(자율주행)을 개발 중이다. 얀마 회사는 카메라, 통신기능 탑재로 원격 조작하는 자동주행 트랙터를 2018년에 상용화할 계획이다. 야마하 발동기회사는 2018년부터 신기술을 적용한 드론을 제작·판매할 계획인데, 기존의 5배 이상 성능이 우수하다고 한다. 이런 기술들은 4차 산업혁명 기술의 핵심이다. 그러나 이런 기술을 블록체인 기술과 결합하면 더 효율적인 결과가 만들어질 것이다.

식량부족 문제를 해결하기 위해 농업 스타트업 운동이 시작되었다. 미국 실리콘밸리에서 데이터 분석, 클라우드 컴퓨팅, 모바일 앱 등 최신 컴퓨팅 기술을 농업에 적용시키는 방안들이다. 사물 인터넷의 발전에 기반을 둔 것이다. 고급 정보로 농사 자원을 줄이고, 빅데이터를 이용해 최적의 물과 비료를 준다. 고기 소비를 줄이기 위해 식물에서 추출한 단백질로 고기를 만든다. 대도시의 30~40층의 건물 안에서 식물을 재배하는 식물농장도 있다. 또 소비자에게 안전한 식품이 공급되는 솔루션도 여기에 포함된다. 마지막으로 농사 로봇을 투입해 농사 인력을 줄인다. 여기에 블록체인 기술을 결합하면 농산물이 어떻게 생산되었고 어떤 가공 및 유통 과정을 거쳐 소비자에게 도달했는지 그 경과를 세밀하게 기록하여 농산물 공급 체인의 투명성을 꾀할 수 있다. 이는 안전하고 정직한 농산물을 원하는 소비자에게 농산물 안전성에 대한 믿음을 줄 뿐만 아니라 공정 거래에도 기여할 것이다.

사실 기후변화로 인한 식량 감산은 농민의 힘으로 해결하기는 어렵다. 정부는 농업을 단순히 경제적인 측면에서만 봐서는 안 된다. 농업은 미래의 블루오션일 뿐만 아니라 우리의 생존과 직결되어 있기 때문이다. 혁신적인 정책과 함께 정부나 학교, 연구소에서 공동으로 식량생산 기술을 개발해나가야 한다. 기업들의 역할도 중요하다. 세계적인 기업인인 빌 게이츠Bill Gates가 식량에 관심을 가지는 것, 세계적인 종자기업인 몬산토가 기후변화에 많은 투자를 하는 것을 눈여겨보아야 한다. 이들은 농업이 미래에 최고의 블루오션이 될 것으로 보기에 엄청난 투자를 하는 것이다. 우리도 농업에 대한 패러다임을 바꾸어야 한다. 그러기 위해 정부는 4차 산업혁명의 핵심 기술인 블록체인 기술 개발에 투자를 아끼지 말아야 하고 이를 농업 분야에 적용하기 위한 정책을 마련해야 할 것이다.

제5장
기후변화와 환경보존을 위한
기술이 필요하다

오늘날 자연환경은 인간의 탐욕으로 망가지고 있다. 필자는 자연환경 보호는 자연 그대로 두는 것이 가장 좋은 방법이라고 믿는다. 예를 들어보자. 갯벌, 사구, 맹그로브 숲 등은 그대로 두면 환경도 보전되고 자연도 살아나고 경제적 이익도 커진다. 맹그로브 숲을 파괴하고 새우양식장을 만들면 푼돈은 번다. 그러나 새우양식장은 5년 정도가 지나면 바다에 진흙이 쌓이고 황산화물 같은 강한 독성 물질이 생성된다. 따라서 또 다른 맹그로브 숲을 파괴하고 새우양식장을 다시 만들어야 한다. 결국 해변에 있는 맹그로브 숲은 다 사라진다. 2008년 미얀마를 강타한 태풍 '나르기스'로 18만 명이 죽었다. 강한 태풍이 아니었는데도 엄청나게 많은 사람이 죽은 것은 해안의 맹그로브 숲을 없앴기 때문이다. 강력한 폭풍해일이 해안가를 강타하면서 피해가 상상보다 컸던 것이다. 세계자연기금WWF은 태국의 맹그로브를 보호하고 이용하면 헥타르당 최고 3만 6,000달러의 수익을 올릴 수 있다고 한다. 그러나 맹그로브를 갈아엎고 그곳에 새우양식장을 만들면 헥타르당 고작 200달러의 수익만 올릴 수 있다는 것이다.

해변뿐만 아니라 내륙의 강도 그대로 두는 것이 낫다. 프레드 피어스 Fred Pearce는 그의 책 『강의 죽음』에서 강의 죽음을 초래한 것은 물을 가두는 댐공사였다고 말한다.[18] 1950년부터 지구상에는 날마다 대형 댐이 2개씩 건설되었고, 그 결과 전 세계 강바닥의 60%가 깎여나갔다는 것이다. 저자는 "댐을 건설해서 얻는 이익보다 손해가 몇 배 더 크다"고 말한다. 용수 확보, 홍수 예방, 수력 발전 등 댐 건설의 목적으로 내세운 것들은 결국 전부 실패했다는 것이다. 홍수는 더 자주 강하게 일어나고 습지가 사라지고 생태계가 파괴되었다는 것이다. 짧게 보면 이익이었을지 몰라도 길게 보면 훨씬 손해였다는 것이다. 독일의 라인Rhein강 홍수 조절 댐은 건설 이후 더 많은 홍수가 발생했다. 미국의 미시시피Mississippi강의 댐 토목사업도 실패했다. 그러다 보니 많은 나라에서 쌓았던 제방과 댐을 다시 허물어 자연 상태로 강을 되돌리자는 움직임이 일고 있다. 그런데 자연은 그대로 보존하는 것이 가장 좋은 방법이기는 하지만, 이미 배출된 이산화탄소나 미세먼지 등은 없애는 기술 개발이 필요하다.

● 이산화탄소 활용 광촉매 개발 및 미세먼지 제거 기술

대구경북과학기술원DGIST는 2018년 8월 7일 그들의 블로그에 이산화탄소를 줄이는 기술 개발을 소개했다.[19] 에너지공학전공 인수일 교수 연구팀이 이산화탄소를 메탄이나 에탄처럼 활용 가능한 에너지로 선택해 전

---

18 프레드 피어스, 김정은 역, 『강의 죽음: 강이 바닥을 드러내면 세상에 어떤 일이 벌어질까?』, 브렌즈, 2010.

19 blog.naver.com/dgist_korea/2213343472

환할 수 있는 광촉매를 개발했다는 것이다. 범국가적 환경 문제를 해결하기 위해 이산화탄소와 물을 탄화수소계 연료로 전환하는 데 필수인 광촉매에 대한 연구가 각광받고 있다. 인수일 교수 연구팀은 안정적이고 효율적인 방법으로 환원된 이산화티타늄에 그래핀을 씌워 이산화탄소를 메탄(CH_4)이나 에탄(C_2H_6)으로 전환할 수 있는 고효율 광촉매를 개발했다고 한다.

연구팀이 개발한 광촉매는 기체상에서 이산화탄소를 선택적으로 메탄과 에탄으로 전환할 수 있는데, 메탄 및 에탄 생성량은 각각 259umol/g, 77umol/g이며 기존의 환원된 이산화티타늄 광촉매보다 5.2%, 2.7% 높아진 전환율을 나타냈다. 에탄 생성량의 경우 비슷한 실험 조건에서 세계 최고 효율을 나타낸 결과다. 연구팀이 개발한 촉매 물질은 태양광을 이용해 선택적으로 더 높은 차수의 탄화수소계 물질을 생성함으로써 향후 고부가가치 물질 생산 등 다양한 분야에 응용이 가능해졌다고 한다. 이렇게 되면 지구온난화 문제 및 에너지 자원 고갈 문제 해결에 활용할 수 있을 것으로 기대된다는 것이다. 이번 연구 결과는 에너지 분야 국제학술지《에너지 & 인바이런멘탈 사이언스Energy & Environmental Science》2018년 7월 19일자 온라인판에 게재되었다.[20]

대기오염 중에 가장 나쁜 물질인 미세먼지를 없애는 기술이 최근에 많이 개발되고 있다. 그중 몇 가지를 소개한다. "국내에서 헤파 필터Hepa Filter보다 미세먼지를 더 잘 잡는 '나노섬유 필터' 개발". 한국생명공학연구원 스마트IT융합시스템연구단이 전남대학교와 공동으로 초미세먼지를 효

---

20 Su-Il In et al., "High-Rate Solar-light photoconversion of CO_2 to Fuel", *Energy & Environmental Science*, 2018.

율적으로 걸러낼 수 있는 나노섬유 필터를 개발했다. 현재 시중에서 팔리는 미세먼지 헤파 필터는 수십 마이크로미터(㎛) 크기의 섬유를 기반으로 하는 필터링 방식이다. 미세먼지 포집 효율이 좋아 가장 많이 사용되고 있다. 그러나 필터 입구와 출구의 압력차로 나타나는 압력 손실이 높다. 이로 인해 공기를 정화하는 데 필요한 송풍장치의 전력소모량이 크고 소음과 진동 등이 발생한다. 연구팀은 '반응성 이온 에칭 공정 기술RIE, Reactive Ion Etching'을 전기방사된 고분자 나노섬유 소재에 적용했다. 이를 통해 섬유의 두께를 줄이면서 주입된 산소 가스를 통해 미세먼지가 더 잘 붙도록 표면을 처리했다. 기존 헤파 필터보다 미세먼지를 잡는 포집 성능이 약 25% 높아졌다. 압력 손실은 30% 낮출 수 있었는데, 이를 차량용 공기청정기로 활용한 실험을 해보았더니 낮은 소비전력으로도 약 70 $\mu g/m^3$의 농도로 오염된 자동차 실내를 16분 만에 효과적으로 정화할 수 있는 것으로 나타났다. 한국생명공학연구원은 "차량용 공기청정기 필터뿐만 아니라 스마트 마스크, 윈도우 필터 등에 응용될 수 있다"며 "고효율 이차전지 필터나 특수 의료용 섬유 소재 등 다양한 분야로 확장할 수 있을 것"으고 전망하고 있다.

필터에 대한 기술은 끝이 없다. "KIST 연구진, 초미세먼지 재사용 필터 개발". 2018년 4월 한국과학기술연구원KIST 연구진이 고온의 열로 태워 재사용이 가능한 필터를 개발했다. 미세먼지를 포함한 일반적인 유기 미립자들은 350℃ 이상으로 가열하면 연소되어 이산화탄소와 물로 분해된다. 연구진은 초고온(레이저, 플라즈마)에서 900℃까지 타지 않는 고품질의 질화붕소 나노튜브로 필터를 제조했다. 세계 최초로 기공에 걸린 미립자를 태워서 제거하고 필터를 재활용하는 것이 가능한 기술을 개발한 것이다. 개발된 필터는 아주 미량(약 100mg)의 나노튜브만으로도 명

함 크기의 필터 제조가 가능하다. 또한 초미세입자를 99.9% 이상 제거할 수 있는 우수한 성능을 가지고 있다. 여기에 더해 미립자에 의해 막힌 필터를 태워서 재생하는 반복 공정 후에도 우수한 입자 제거 효율이 유지된다. 이런 필터링 기술은 미세먼지 제거에만 활용되는 것은 아니다. 바이러스 정제, 수처리, 식품 등 대량 정제 공정 등에 적용할 수 있는 뛰어난 기술이다. 이번 연구는 KIST의 주도 하에 한국과학기술원의 공동연구로 이뤄졌으며 연구 결과는 국제학술지인《저널 오브 멤브레인 사이언스 Journal of Membrane Science》에 게재되었다.[21]

산업체에서 가장 많이 발생하는 미세먼지를 잡아주는 스마트 집진기도 있다. 에어릭스AERIX라는 환경기업은 포스코POSCO에서 나오는 미세먼지를 성공적으로 잡아주는 필터 집진기를 개발했다. 포스코의 포항·광양제철소에는 1,700대가 넘는 에어릭스 회사의 백필터 집진기가 쉬지 않고 가동되고 있다. 이 회사는 백필터 집진기의 핵심 설비인 필터 개발과 신기술 도입 등에 꾸준히 투자하여 큰 성과를 거두고 있다. 에어릭스의 '집진기 스마트 정비 시스템'은 사물 인터넷과 빅데이터(에어릭스는 4차 산업혁명의 핵심 기술인 사물 인터넷과 결합한 스마트 관제 시스템 'ThingARX' 플랫폼을 2017년에 개발했다) 등과 결합하여 온라인을 통한 실시간 데이터 측정과 이상 상태를 사전에 점검한다. 원격제어를 통해 최적의 운전상태를 유지하면서 에너지 절감까지 가능해진 것이다. 하루 속히 이런 기술들이 널리 상용화되었으면 한다.

---

21 임홍진, "High-Performance, Recyclable Ultrafiltration Membranes from P4VP-Assisted Dispersion of Flame-Resistive Boron Nitride Nanotubes", *Journal of Membrane Science*, 2018.

● 지구공학 기술도 개발해야 한다

2010년 나고야^{名古屋}에서 열린 유엔 생물다양성협약$^{CBD, Convention on Biological}$ ^{Diversity} 회의에서 지구공학^{geoengineering}22 문제가 논의되었다. 태양복사열을 조절하는 방법, 대기 중에서 온실가스를 흡수하는 방법 등이다. 2012년에 부산에서 열린 IPCC 총회에서도 지구공학 이야기가 나왔다. "대기 중에 미세 입자를 뿌린다. 지구 궤도에 거대 거울을 설치해 햇빛을 차단한다. 대기 중 이산화탄소를 분리해 심해나 암반에 저장한다"는 내용 등이다.

"지구를 구하는 일곱 가지 지구공학"이라는 보도가 한 언론에 실렸다.

"구름의 밀도를 높여 태양 광선의 반사율을 높인다. 황산 입자를 상공에 올려 태양빛을 차단하는 구름을 만든다. 지구와 태양 사이의 궤도에 원반을 설치하여 태양빛을 굴절·변류시킨다. 대기 중의 탄소를 모아 저장한다. 바다에 철을 뿌려 플랑크톤의 생장을 촉진시켜 이산화탄소를 흡수하게 한다. 바이오 숯을 다량 땅에 묻어 이산화탄소를 빨아들인다. 사막을 하얗게 만들어 지구를 식힌다."

하나같이 쉽지는 않은 방법이다. 기술적인 문제도 있고 비용도 엄청나다. 그러나 이런 아이디어나 연구가 제안되는 것은 지구온난화로 인한 기후변화가 심각하기 때문이다. 이 중에서 우리나라가 그나마 연구한 것은 인공강우 기술이다.

2015년 봄 가뭄이 심각할 당시 비가 내렸다. 도대체 비의 경제적 이익은 얼마였을까? 국립기상과학원은 약 2,500억 원 정도라고 했다. 비가

---

22 지구공학은 최근 지구온난화를 막기 위해 인위적으로 기후 시스템 조절 및 통제를 목적으로 하는 새로운 과학기술의 한 분야다. 대표적인 예로 해양 비옥화, 인공구름, 인공강우, 인공나무, 우주거울, 이산화탄소 제거 등이 있다.

지구공학 기술 중 하나인 인공강우는 응결핵과 빙정핵 역할을 하는 구름씨를 뿌려 구름이 비를 쉽게 내리게 만드는 것이다. 구름씨를 뿌리기 위해 지상 장치 혹은 항공기나 로켓이 동원된다. 일반적으로 온도가 0℃ 이하인 한랭구름에는 빙정핵으로 요오드화은을, 냉각물질로 드라이아이스를 사용한다. 지구온난화로 인해 가뭄은 앞으로 더 자주 강하게 발생할 것이다. 이에 대비해 우리나라도 인공강우 등의 기상변조 기술에 많은 투자를 해야 한다. 이것이 미래 기후변화 시대의 생존 기술이 될 것이기 때문이다.

내리면 가뭄에 대비해 수자원을 확보할 수 있으며, 미세먼지나 매연물질을 씻어주고, 산불을 방지하는 효과도 있다. 그렇다면 인공적으로라도 비가 내리면 그것은 곧 돈이다.

　미국은 가뭄이 심각한 중서부 지방의 약 10개 주에서 매년 인공강우를 내리게 한다. 인공강우로 내린 비는 450만 6,490톤 정도다. 비용은 총 59만 4,349달러가 들었다. 물 1톤당 150원 정도다. 물부족 현상이 심각한 호주도 매년 인공강우를 실시한다. 인공강우로 내린 비는 2,444만 톤이다. 인공강우에 들어간 비용은 64만 5,000달러다. 물의 단가는 톤당 35원이다. 미국보다 오히려 더 싸다. 우리나라 식수가격이 톤당 300원인 것과 비교해보면 정말 싸다. 인공강우의 경제적 효과가 매우 뛰어나다는 말이다. 물부족과 오염이 심각한 중국은 인공강우로 물 문제를 해결하려 한다. 티베트 고원에 한반도 8배 크기의 인공강우 시설을 구축한다는 것이다. 티베트 고원의 산봉우리마다 고체연료를 태울 수 있는 연소실과

굴뚝을 설치해서 인공강우를 내리게 한다. 이를 통해 중국 총물소비량의 7%에 해당하는 100억m³의 비를 매년 내리게 하겠다는 것이다.

지구온난화로 인해 가뭄은 앞으로 더 자주 강하게 발생할 것이다. 이를 어떻게 극복할 것인가? 우리나라도 인공강우 등의 기상변조 기술에 많은 투자를 해야 한다. 이것이 미래 기후변화 시대의 생존 기술이 될 것이기 때문이다.

● 별 볼 일 없어 보이는 기술이 인류를 행복하게 한다

아프리카의 많은 어린이들이 오염된 물로 죽어가고 있다. 이를 안타깝게 여긴 덴마크 올보르 대학Aalborg University 두 대학생이 환경적인 휴대용 물 정화장치를 만들었다. 솔라색Solar Sack이라는 이름의 이 제품은 물을 담아 햇빛에 놓아두면 자외선으로 물을 살균·정화해준다. 4리터를 정화하는 데 4시간이면 되고 정화 처리된 물을 다 쓰고 나면, 다시 물을 채워 재사용할 수 있다. "겨우 그런 기술로!"라고 비웃던 과학자들보다 아프리카 어린이들에게 생명을 준 두 대학생이 얼마나 대단한가! 복잡하고 값비싼 고급기술 대신 저렴하고 단순한 기술로 문제 해결책을 찾아 제시해주는 기술을 적정기술이라고 한다. 고급기술 제품을 구입할 여력이 없는 저개발국 주민들에게는 복잡하고 값비싼 첨단제품보다 이런 적정기술 제품이 훨씬 쓸모가 있다.

지자체나 주민들의 힘이 아닌 개인의 힘으로 환경을 바꾼 청년이 있다. 네덜란드 청년 보얀 슬랫Boyan Slat이다. 어느 날 다이빙을 하던 그는 바다에 가득한 플라스틱 쓰레기를 보고 큰 충격을 받는다. '모든 지구인이 바다에 쓰레기를 버리고 치우지 않으면 지구는 어떻게 될까?' 고민하던 그

아프리카의 많은 어린이들이 오염된 물로 죽어가는 것을 안타깝게 생각한 덴마크 올보르 대학 두 대학생이 개발한 친환경 휴대용 물 정화장치 솔라색. 솔라색에 물을 담아 햇빛에 놓아두기만 하면 자외선이 물을 살균한다. 이는 태양열과 UVA와 UVB를 이용해 병원성 박테리아균을 제거하는 방식으로, 최대 용량은 4리터이고 4시간이면 99.999% 정화가 가능하다. 정화 처리된 물을 다 쓰고 나면 다시 물을 채워 재사용할 수 있다.

는 태평양에는 쓰레기로만 이뤄진 거대한 섬이 존재한다는 사실도 알게 되었다. 이 쓰레기를 처리하는 데만 7만 8,000년의 시간과 수백억 달러가 투입된다는 이야기에 잠시 절망한다. 그러나 그는 누구도 생각하지 못했던 방법을 생각해낸다. 해류가 일정한 방향으로 흐르고 있는 것을 이용해 쓰레기를 한곳에 모을 수 있다는 것이다. 그는 해류 소용돌이 길목에 길이 100km, 높이 3m 정도 되는 V자 모양의 플라스틱 막대를 설치하는 방법을 고안했다. 해류에 의해 쓰레기들은 스스로 V자 꼭짓점을 향해 모이게 되고, 이를 배로 수거해 재활용하는 방식이다.

이 방법을 생각해냈을 때 그의 나이는 겨우 17살이었다. 그는 2012년에 TED^{Technology Entertainment Design} 강연에서 아이디어를 발표했다. 많은 후

원금과 격려로 2013년 비영리단체 '오션 클린업^{Ocean Cleanup}'을 설립했다. 그는 자신이 고안한 방법으로 수거된 쓰레기를 되팔아 수익을 올린 후 다시 재투자했다. 2014년 그는 유엔 환경계획^{UNEP, United Nations Environment Program}이 주는 지구환경대상 역대 최연소 수상자로 선정되었다. 만일 슬랫이 어린 학생이라는 이유로 포기했다면 태평양 쓰레기는 영원히 지구 환경과 우리를 위협했을 것이다. 그의 환경에 대한 관심과 열정, 포기하지 않고 실천하는 노력이 지구 환경을 얼마나 크게 개선시켰는가!

이처럼 지구 환경을 지키고 개선시키려는 노력은 거대한 것에서부터 시작되지 않는다. 주변 환경에 대한 작지만 진지한 관심이 오염된 물로 죽어가는 어린이들을 살리고 쓰레기로 몸살을 앓는 지구 환경을 개선하는 데 어마어마한 힘을 발휘한다는 것을 외국의 사례들을 통해 우리도 배워야 한다.

제6장
이제는 행동해야 할 때다

우리나라는 이산화탄소 배출량 세계 9위다. 그럼에도 이산화탄소 배출을 줄이거나 환경보존 노력은 부족한 듯하다. 최근 경제가 어렵다 보니 환경보다는 경제 회복에 중점을 두는 정책을 펼친다. 예를 들어, 기업의 부담을 고려해 탄소배출권 거래제를 완화하는 정책으로 나간다. 그러나 이런 정책은 단견이 아닐까 한다. 우리에게 부메랑으로 되돌아올 것이다. 과감한 저탄소 정책과 재생에너지 확대 정책이 필요하다. 국민과 기업들은 저탄소와 기후변화 적응에 공동으로 대응해야 한다. 대체에너지 개발, 이산화탄소 포집 및 저장 기술 개발, 주거환경의 패러다임 혁신, 저탄소 제품과 서비스의 개발, 획기적인 식량증산 기술 개발, 물 문제의 근본적인 해결, 산림이나 해안사구, 갯벌 등 자연환경의 적극적 보존, 에너지 및 물소비 감소 등이 그것이다.

● 생활 속에서 자원 소비를 줄여나가자

인류는 산업혁명과 이어진 IT 기술의 혁명으로 풍요를 누려왔다. 그러나 지금 지구온난화라는 큰 위기를 맞고 있다. 그렇다면 위기를 극복하기 위해서 우리가 해야 할 일은 무엇일까? 이산화탄소 저감이다.《포브스Forbes》지는 미래는 저탄소 사회가 지배할 것이라고 말한다. 여기에서 저탄소 사회는 '탄소가 모든 것을 컨트롤하는 세상'이다. 기업 입장에서는 탄소의 생산성이 기업경영을 좌우하게 된다. 이노베이션과 자원 생산성의 향상이 절대적으로 필요하다는 것이다. 국민들은 저탄소형 소비 패턴으로 가야 한다는 것이다. 그런데 인류는 풍요로운 삶을 포기하고 생산과 소비의 절대량을 축소하면서 탄소 저감을 하려 하지 않을 것이다. 그래서 절대량을 줄이기보다는 우리 생활 가운데서 조금씩 절제하고 소비를 줄이는 것이 현실적이다. 기업은 제품을 생산할 때의 자원을 줄이고, 국민들은 제품을 사용할 때의 자원 소비를 줄여나가야만 한다.

우리 주변에서 자원 소비를 줄이는 방법은 엄청나게 많다. 다 소개하기는 지면이 허락하지 않으므로 필자는 몇 가지 사례만을 소개하도록 하겠다. 먼저 일회용 종이컵 사용을 억제해야 한다. 서울대학교에서 열렸던 환경세미나에 연사로 참가한 적이 있다. 그때 텀블러를 만드는 조그만 회사의 젊은 사장이 나와서 종이컵을 사용하지 말자는 발표를 했다. 종이컵 사용으로 인한 환경파괴와 이산화탄소 배출은 필자의 상상 이상이었다. 일회용 종이컵은 이산화탄소 배출의 주범으로 종이컵 하나를 만들기 위해 배출되는 이산화탄소의 양은 11g이나 된다. 그런데 우리나라에서 일회용 종이컵은 연간 약 120억 개가 사용되고 있다. 종이컵 120억 개를 생산하려면 펄프 7만 톤, 벙커씨유 5,500톤이 소요된다. 이렇게 되면 13만 2,000톤의 이산화탄소가 배출되는데, 이것은 200톤 유조차 200대 분량의 원유 연소량과 맞먹는다.

일회용 종이컵을 만드는 데 배출되는 이산화탄소의 양이 엄청난 것도 문제지만, 일회용 종이컵을 만드는 데 많은 나무들이 사용된다는 것도 큰 문제다. 일회용 종이컵 728개를 만들려면 20년생 나무 20그루가 필요하다. 그러니까 우리나라에서 소비되는 일회용 종이컵을 만드는 데 20년생 나무 약 220만 그루가 사용되는 것이다. 필자는 직원들에게 개인컵을 사용하자고 말한다. 머그컵이나 텀블러로 일회용 종이컵을 대신하면 이산화탄소의 양은 11분의 1로 줄어들기 때문이다.

두 번째로 물 사용을 줄였으면 한다. 국제인구행동연구소PAI, Population Action International는 전 세계 국가 중 물이 부족한 국가를 '물 부족 국가'로 분류한다. 강수량을 인구수로 나누어 1인당 물을 사용할 수 있는 양이 1,000㎥ 미만이면 '물 기근 국가', 1,700㎥ 미만이면 '물 부족 국가'다. 우리나라는 1,327㎥로 남아프리카 공화국과 아이티와 같이 '물 부족 국가'다. 그럼에도 물을 펑펑 쓰고 있다. 엄청난 자원 낭비이고 환경에 악영향을 미치는데도 말이다.

물 부족을 해결하기 위한 방법으로는 '해수의 담수화', '인공강우' 등이 있다. 여기에 더해 생활에서 조금씩 물 사용을 줄여나가는 것이 필요하다. 예를 들어 빗물과 지하철 용출수를 이용하는 것이다. 빗물 이용 시설을 설치해 화장실 물로 사용하거나 세정·청소용수, 조경수로 활용하는 방법이 있다. 중수도를 사용하는 것도 좋은 방법이다. 중수도는 한번 사용한 허드렛물을 생활용수나 공업용수로 다시 쓸 수 있도록 하는 시설을 말한다. 가정에서 할 수 있는 일은 설거지할 때 설거지통을 사용하는 것, 그리고 쌀 씻은 물을 2차적으로 사용하기, 화장실 변기 물통 안에 무거운 벽돌을 넣거나 용량이 적은 변기를 사용하기 등이 있다.

외국의 한 기업에서 물 절약에 성공한 사례를 소개한다. 청바지 제조업체인 리바이스Levi's가 좋은 예다. 이들은 워터리스Waterless 라는 청바지 혁신

우리나라에서 일회용 종이컵은 연간 약 120억 개가 사용되고 있다. 일회용 종이컵 120억 개를 생산하려면 펄프 7만 톤, 벙커씨유 5,500톤이 소요된다. 이렇게 되면 13만 2,000톤의 이산화탄소가 배출되는데, 이것은 200톤 유조차 200대 분량의 원유 연소량과 맞먹는다. 또 우리나라에서 소비되는 일회용 컵을 만들려면 20년생 나무 약 220만 그루가 필요하다. 머그컵이나 텀블러로 일회용 종이컵을 대신하면 이산화탄소의 양은 11분의 1로 줄어들 뿐만 아니라 자라는 데 오랜 시간이 걸리는 나무들을 보존할 수도 있다.

공정을 만들었다. 청바지의 질감을 완벽하게 내려면 한 벌을 만드는 데 약 42리터의 물이 필요하다. 그런데 리바이스 사에서는 혁신 공정으로 물의 사용량을 최대 96%까지 줄였다고 한다. 그렇게 만든 워터리스 청바지가 보통 청바지보다 더 잘 팔린다. 소비자가 그린 경영을 하는 기업이라고 생각하기 때문이다. 지구의 자원을 보존하고 환경을 지키는 이런 노력이 우리나라 기업에서도 많이 나타났으면 한다. 그리고 우리나라 국민 모두 일상생활에서 물을 절약하는 것이 몸에 배였으면 좋겠다.

또 전기를 절약하는 것 역시 지구온난화를 막고 환경을 보존하는 길이다. 우리가 생활에서 할 수 있는 전기 절약 방법을 간단히 소개해보겠다. 첫째, 커튼을 열고 햇볕이 들어오게 한다. 가급적 자연광을 이용하면 하루의 전기 사용량을 크게 줄일 수 있다. 색이 연한 커튼이나 블라인드를 사용하면 빛이 통과하면서도 프라이버시를 지킬 수 있다. 둘째, 전구 바꾸기로, 일반 백열등을 LED 전구로 교체하면 에너지가 많이 절약된다. 백열등은 사용하는 에너지의 98%를 열로 방출하는 반면, LED 전구는 에너지 효율이 훨씬 뛰어나고 몇 배 더 오래간다. 셋째, 불필요한 조명 끄기로 가장 간단하고 많이 사용하는 전기 절약 방법으로 정말 효과가 있다. 꼭 필요한 조명이 아니면 끄는 것이다. 넷째, 사용하지 않는 가전제품 코드 뽑기다. 멀티탭을 사용하면 편리하다. 가전제품의 코드를 일일이 뽑을 필요없이 멀티탭 스위치만 끄면 된다. 다섯째, 오래된 가전제품을 에너지 절약 모델로 교환하기다. 새로 나온 가전제품은 에너지를 절약하도록 만들어져 있어 전기요금을 내려준다. 여섯째, 집 단열하기다. 문과 창문 틈새를 잘 막으면 에너지 비용이 많이 절약된다. 제대로 단열하면 여름에는 냉방을 한 공기가 새어나가지 않고 겨울에는 따뜻하게 난방을 한 공기가 외부로 새어나가지 않는다.

전기 절약에 성공한 실제 사례를 소개해보겠다. 한성여중은 절전소 활동으로 2014년 1~9월 전년 대비 11.5%의 전기를 절감했다. 교사 컴퓨터에 전원차단기를 설치했고 중앙 조절식 냉난방 자동 시스템도 도입했다. 가장 중요한 변화는 학생들에게서 나타났다고 한다. 스위치 켜는 순서를 정한 스티커나 전기 절약 행동지침 같은 것을 만들어 교실에 붙였다. 환경축제에도 참가하면서 학생들의 생각이 점차 변해갔다는 것이다. 환경동아리 회원인 한 학생은 "최소한의 전기만 쓰는 것이 불편해도 참게 되었다. 환경이 나빠진다고 곧바로 영향을 받지 않기 때문에 친구들이 불편을 감수하려고 하지 않지만 에너지 절약 활동을 하면서 생각을 바꾸게 된다"고 말한다. 이들을 지도하는 선생님은 "환경 문제가 따분하고 피곤한 것이 되지 않도록 유익하고 긍정적인 면을 부각해야겠다고 생각했다. UCC에서 보듯 스스로 즐겁게 참여하는 과정이 중요한 것 같다"고 말한다. 그렇다. 전기 절약도 스스로 즐겁고 긍정적인 마인드로 하는 것이 중요하다. 무엇보다 큰 변화를 이뤄내기 위해서는 생활 속 작은 행동 하나하나가 중요하다는 것을 이 사례를 통해 배울 수 있다. 생각으로만 그치고 행동하지 않으면 변화는 없다.

가장 실천하기 어려운 것 중의 하나가 식사량을 줄이고 고기를 덜 먹는 것이다.《한겨레 신문》에 실린 고기를 덜 먹자는 기사가 흥미롭다.[23] 식량 생산 과정에서 나오는 온실가스는 인류가 배출하는 온실가스의 4분의 1~3분의 1에 이른다. 이 가운데 80%가 축산에서 나온다. 축산은 단백질을 공급해주지만, 대신 지구 환경을 더럽힌다. 온실가스를 배출해 기후변화를 유발하고, 숲을 파괴하며, 식량과 물 부족을 부르고, 수질을 악화시킨다. 소고기를 생산하는 데는 같은 칼로리의 곡물을 생산할 때보다 160배 더 넓은 땅이 필요하다.

지구촌에는 모두 35억 마리의 반추동물이 있다. 이 가운데 소가 15억 마리에 이른다. 이들이 방귀나 트림을 통해 배출하는 메탄가스는 연간 1억 톤에 이른다. 소들이 내뿜는 메탄가스의 온실효과는 전 세계 차들이 내뿜는 배출가스의 온실효과보다 크다. 그래서 지구인들이 육식을 조금

---

23 http://www.hani.co.kr/arti/science/science_general/776097.html#csidxf732ad4f69 1b752a188da5526239e29

씩만 줄여도 지구온난화와 환경파괴를 막을 수 있다는 것이다. 세계보
건기구에서 권장식단HGD은 하루 최소 다섯 접시(400g)의 과일과 채소,
50g 이하의 설탕, 43g 이하의 붉은 고기로 구성되어 있다. 완전채식이
아닌 권장식단 정도만 실천해도 초원과 숲은 회복되고 지구의 온실가스
흡수 능력이 높아진다. 물론 생물 다양성도 회복된다. 우리 생활 속에서
고기의 양을 조금씩 줄이고 채식을 늘려 나가보자.

● 환경을 보존하는 운동에 동참하자

이젠 플라스틱이 환경오염에 많은 영향을 끼치고 있다는 것을 많은 사람
들이 알고 있다. 그러나 편리함으로 사용량은 계속해서 늘어나고, 그로
인해 지구 환경은 파괴되고 있다. 바다로 흘러 들어간 플라스틱은 물고기
의 생명만 위협하는 것이 아니다. 물고기에 연계된 수많은 생명체도 위험
해진다. 우리 인간 또한 피해자가 될 수 있다는 사실을 잊어서는 안 된다.

이젠 플라스틱 사용을 줄이는 운동을 펼쳐야 할 때다. 2018년 3월 11
일 《데일리 라이프》에 실린 "플라스틱 사용을 줄이는 좋은 방법 10"[24] 중
에서 필자가 더욱 공감한 것을 여기에 소개해보겠다. 첫째, 재활용의 생
활화다. 음료수나 생수 등이 담겨 있던 플라스틱병을 가지고 조금의 수고
만 더하면 미니 화분을 비롯해 컵홀더, 수납함 등을 만들 수 있다. 가능하
면 텀블러나 보온병, 물병 등에 물을 담아 외출을 하는 습관도 중요하다.
둘째, 포장이 간소한 식품을 구매하기다. 마트에 가면 육류, 과일, 채소 등

---

24 https://m.post.naver.com/viewer/postView.nhn?volumeNo=13563344&memberNo
=15460571&vType=VERTICAL

의 식품류가 플라스틱 케이스에 담겨 판매된다. 포장이 간소화된 동일 상품을 구입하거나 장바구니를 활용하는 것도 환경오염을 막는 데 도움이 된다. 셋째, 유리 반찬통 사용하기다. 환경을 생각한다면 유리로 만들어진 반찬통을 사용하는 것이 좋다. 요즘에는 유리로 만들어진 오븐 용기도 판매되고 있다. 넷째, 천연·유기농 섬유로 만든 옷 입기다. 섬유와 의복을 세탁하고 기계로 건조하는 과정에서 미세 플라스틱이 발생하게 되는데, 화학섬유 옷은 한 번 세탁할 때 무려 70만 조각의 미세 플라스틱이 발생한다고 한다. 따라서 합성섬유 대신 천연·유기농 섬유 옷을 입으면 미세 플라스틱의 발생을 줄일 수 있다. 다섯째, 리필형 세제 사용하기다. 주방세제, 세탁세제를 비롯해 다양한 형태의 세제들이 이미 리필형으로 출시되어 판매되고 있다. 리필형 세제에는 뚜껑이 달려 있기 때문에 큰 불편함 없이 사용할 수 있다. 여섯째, 플라스틱 식기 사용 자제다. 습관적으로 플라스틱 식기와 수저 등을 사용하는 사람들이 있는데, 조금 귀찮더라도 환경을 위해 사용을 자제하도록 하자. 일곱째, 미세 알갱이가 들어 있는 화장품 사용을 자제하자. 화장품에 미세 플라스틱 알갱이가 많이 들어간다. 미세 플라스틱 알갱이에는 폴리에틸렌 또는 폴리프로필렌 등이 포함되어 있을 수 있다. 화장품을 선택할 때는 반드시 이러한 성분들이 있는지 꼼꼼히 확인한 후 구입하자. 여덟째, 카페에서 텀블러 사용하기다. 카페에서 커피나 음료를 테이크아웃할 경우 플라스틱 컵에 담아 준다. 직접 텀블러를 가져가면 플라스틱 사용도 줄이고 또 일부 프랜차이즈 카페에서는 할인을 해주기도 한다.

자연환경에서 보존해야 하는 중요한 것 중의 하나가 산호초와 열대우림이다. 지구온난화는 해저 생태계의 건강도를 알려주는 산호에 치명적이다. 산호가 다 죽은 바다에서 우리는 무엇을 얻을 수 있을 것인가? 산

이제는 플라스틱이 환경오염에 많은 영향을 끼치고 있다는 것을 많은 사람들이 알고 있다. 그러나 편리함으로 사용량은 계속해서 늘어나고, 그로 인해 지구 환경은 파괴되고 있다. 바다로 흘러 들어간 플라스틱은 물고기의 생명만 위협하는 것이 아니라, 물고기에 연계된 수많은 생명체를 위협한다. 우리 인간 또한 피해자가 될 수 있다는 사실을 잊어서는 안 된다. 환경을 보호하려는 생활 속 작은 행동 하나하나가 모일 때만이 큰 변화를 이뤄낼 수 있다는 것을 알아야 한다. 생각으로만 그치고 행동하지 않으면 변화는 없다.

호는 해수 온도 상승으로 야기되는 스트레스에 자신의 세포 일부를 죽임으로써 반응한다. 그러나 높은 해수 온도가 차츰 내려가면 스스로 회복단계로 들어선다. 인류의 이산화탄소 저감 운동이 필요한 이유다. 각 개인은 생활 속에서 이산화탄소 사용을 줄여나가야 한다.

산호초를 보존하기 위한 국제적인 노력을 여기에 소개해보겠다. 2018년 4월 29일. 맬컴 블라이 턴불Malcolm Bligh Turnbull 호주 총리는 대산호초를 살리기 위해 무려 4,000억 원을 투입하겠다고 발표했다. 턴불 총리는 산호초를 살리는 것이 자연보호에도 중요하지만 호주 경제에도 도움이 된다는 것이다. 100만 명의 관광객을 끌어들여 호주 경제에 매년 64억 호주달러(5조 2,000억 원)에 기여하는 중요한 국가 자산이라는 것이다. 그러므로 대산호초를 살리는 것이 호주인의 환경과 경제이익이 된다는 것이다.

열대우림 파괴는 지구온난화와 환경파괴에 직접적인 영향을 미친다. 열대우림을 파괴해 경제적 도움을 얻으려는 국가에 돈을 제공하여 열대우림을 보존하려는 국가가 있다. 노르웨이는 아마존 열대우림 지역에 위치한 콜롬비아가 삼림벌채를 못하도록 경제 지원을 추가로 하기로 했다. 2020~2025년까지 총 2억 5,000만 달러(약 2,678억 원)를 추가 지원하겠다는 것이다. 에르나 솔베르그Erna Solberg 노르웨이 총리와 후안 마누엘 산토스Juan Manuel Santos 콜롬비아 대통령은 2018년 7월에 협력 방안을 발표했다.

자연을 살리는 일에 우리도 더욱 적극적으로 나서야 할 때다. 지구온난화로 인한 심각한 기후변화와 환경파괴는 인간이 만든 재앙이다. 2018년 전 세계는 인간이 만든 재앙을 온몸으로 경험했다. 살인적인 혹한과 폭염, 가뭄, 모든 것을 순식간에 태워버린 대형 산불, 강력한 슈퍼 태풍과 허리케인, 생활 터전을 완전히 초토화시킨 강진과 쓰나미, 플라스틱으로 오염된 바다, 인간의 생명을 위협하는 미세 플라스틱, 화석연료 사용으로 인한 미세먼지……. 그야말로 재앙의 종합세트를 경험한 것이다. 인간이 저지른 지구온난화로 인한 기후변화와 환경파괴는 쉽게 되돌릴 수는 없겠지만, 지금이라도 전 세계인이 지구온난화와 환경파괴에 더 많은 관심을 갖고 지구 환경을 보존하고 복구하기 위해 행동한다면 우리에게 아직 희망은 있다.

"지구가 온난화로 뜨거워진다고 하는데, 이렇게 춥네요!" 2016년 미 대통령 후보로 뉴욕 유세 중 도널드 트럼프가 한 말이다. 지구온난화는 중국의 사기극이라고 그는 말한다. 일국의 대통령이 된 사람치고는 정말 상식이하의 말이다. 매년 겨울 미국이 극심한 혹한과 폭설로 엄청난 피해를 입고 있는 원인이 지구온난화 때문인데 말이다.

트럼프는 대통령이 되자 전 세계인이 합의했던 파리기후변화협정을 탈퇴해버렸다. 지금까지 가장 많은 이산화탄소를 배출한 나라의 책임 따위는 없었다. 당장 내 주머니에 돈이 들어오지 않는 것은 필요 없다는 사고에서 비롯된 행동이다.

그러다 보니 그를 비난하는 목소리도 크다. 2016년 88회 아카데미 영화시상식에서 남우주연상을 받은 레오나르도 디카프리오는 "〈레버넌트〉는 사람이 자연과 호흡하는 과정을 다룬 작품이다. 2015년은 세계 역사상 가장 더운 해였다. 인류 모두가 직면한 위협이다. 전 세계의 지도자들은 환경오염을 일으키는 사람들에게 맞서야 한다. 목소리가 묻혀버린 사람들에게 관심이 필요하다"라고 말해 박수를 받았다. 그는 기후변화를 부정하는 사람들이 지도자가 되어서는 안 된다고도 말한다. 2018년 미스 아메리카로 선발된 캐러 먼드Cara Mund는 "미국을 파리기후변화협약으로부터 탈퇴시킨 것은 트럼프 대통령의 잘못이다"라고 돌직구를 날렸다.

2017년 10월 미국은 3개의 초강력 허리케인으로 휘청거렸다. '하비', '어마', '마리아', 이 3개 허리케인으로 입은 피해액은 세계 자연재해 최고 피해액을 초과했다. 2018년 초부터 미국은 엄청난 혹한과 폭설로 연방정부가 세 번이나 셧다운당하는 피해를 입었다. 여름에는 기록적인 폭염과 가뭄 피해가 심각했다. 그리고 초유의 대형 산불로 엄청난 산림이 사라졌다. 1,600mm 이상의 폭우를 쏟아부은 허리케인 플로렌스는 결정타였다. 트럼프는 계속 비상사태를 선포해야만 했다. 그럼에도 그는 지구온난화 때문이 아니라고 강변한다.

"기후변화로 미국에는 강력한 폭풍과 홍수, 산불, 가뭄 등이 더 빈번하게 발생하고 있다. 기후변화로 인한 대가는 앞으로 더욱 늘어날 것이다."

2017년 10월 23일 미 회계감사원GAO이 밝힌 자료 내용이다.[1] 미 회계감사원은 지난 10년간 자연재난을 지원하기 위해 미 연방정부가 350억 달러 이상을 지출했다고 주장했다. 이 보고서에는 미국 역사상 최대 피해를 기록한 것으로 확실시되는 2017년 10월의 3개 허리케인 재난 지원액은 포함되지 않았다. 이 보고서는 지구온난화로 인한 기후변화로 미 연방정부의 재난 지원 규모가 천문학적으로 늘어날 것으로 예측했다. 2050년이면 지금보다 10배 이상 늘어나 매년 350억 달러에 달할 것이라는 거다. 이건 미국만의 문제가 아니다. 전 세계의 심각한 문제다. 그럼에도 당장 눈앞의 이익만 추구하는 트럼프 미 대통령의 바보 같은 사고가 전

---

1 https://www.gao.gov/products/GAO-17-720

지구를 재난으로 이끌고 있는 것이 안타깝다.

역사학자 유발 하라리Yuval Noah Harari는 최신작 『21세기를 위한 21가지 제언』에서 기후변화는 전 지구적 차원에서 해결해야 한다면서 다음같이 말한다.

"우리는 재활치료에 들어가야 한다. 내년이나 다음 달이 아니라, 오늘 말이다. '여보세요, 저는 호모 사피엔스인데요, 화석연료 중독입니다.'"

다행히 우리나라를 이끌고 있는 현 정부는 기후변화와 환경 문제에 대한 마인드가 올바른 것이 감사할 뿐이다. 지구온난화로 인한 기후변화와 환경파괴는 엄연히 현재 진행 중이고, 이러한 문제들은 한 나라에 국한되지 않고 전 세계에 영향을 미친다. 따라서 전 지구적 차원에서 이 문제들을 해결해야 한다. 긴밀한 국제적 협력과 각국의 적극적인 행동이 필요한 것은 바로 이 때문이다. 당장의 이익에 눈이 멀어 지구온난화로 인한 기후변화와 환경파괴 문제를 '검은 코끼리' 보듯 무시하면 엄청난 대가를 치러야 할 것이다. 천체물리학자 스티븐 호킹이 생전에 "지금처럼 온실가스 배출이 계속되면 지구도 머지않아 금성처럼 뜨거워져 더 이상 사람이 살 수 없는 지옥과 같은 곳이 될 것"이라고 경고한 것을 다시 한 번 되새겨볼 필요가 있다.

반기성

권세중 외,『2030 에코리포트』, 도요새, 2017.

권원태, "한반도 기후 100년 변화와 미래 전망", 기상청, 2013.

기상청·국립재난안전연구원, "한반도 폭염일수 변화에 관한 연구", 기상청, 2017.

김옥진 외, "미세먼지 장기 노출과 사망", 서울대학교 보건대학원, 2018.

김범영,『지구의 대기와 기후변화』, 학진북스, 2014.

나오미 클라인, 이순희 역,『이것이 모든 것을 바꾼다: 자본주의 대 기후』, 열린책들, 2016.

남재작,『기후대란 ― 준비 안 된 사람들』, 시나리오친구들, 2013.

남종영,『지구가 뿔났다: 생각하는 십대를 위한 환경 교과서』, 꿈결, 2013.

남준희 외,『굿바이! 미세먼지 PM_{10}, $PM_{2.5}$의 위험성과 대책』, 한티재, 2017.

마리우스 다네베르크 외, 박진희 역,『기후변화에 대응하는 재생가능에너지』, 다섯수레, 2014.

마크 라이너스, 이한중 역,『6도의 악몽』, 세종서적, 2008.

명준표, "미세먼지와 건강 장애", 가톨릭대학교 의과대학, 2015.

미국심장협회(AHA), 동맥경화증, 혈전증, 혈관 생물학 저널, 미국심장협회, 2017.

박영숙 외,『세계미래보고서 2018』, 비즈니스북스, 2017.

배현주, "서울시 미세먼지(PM_{10})와 초미세먼지($PM_{2.5}$)의 단기노출로 인한 사망영향", 한국환경보건학회지, 2014.

＿＿＿, "기후변화와 대기오염으로 인한 건강영향 연구", 한국환경정책평가연구원, 2011.

안영인, 『시그널, 기후의 경고』, 엔자임헬스, 2017.

윌리엄 F. 러디먼, 김홍옥 역, 『인류는 어떻게 기후에 영향을 미치게 되었는가』, 에 코리브르, 2017.

이유진, 『기후변화 이야기』, 살림, 2010.

이철환, 『뜨거운 지구를 살리자』, 나무발전소, 2016.

이혜성·김용진, "우리나라 미세플라스틱의 발생잠재량 추정 -1차 배출원 중심으로", 한국해양학회, 2017.

이혜원, "심뇌혈관질환에 따른 사망과 미세먼지와의 관련성 연구", 인제대학교 대학원, 2017.

인천대학교산학협력단, "기후변화와 꿀벌집단 이상현상에 미치는 요인분석 및 적응 대책(Analysis of factors affecting colony disorders of honey-bees caused by climate change and adaptative measures)", 농촌진흥청, 2017.

임태훈, 『소방귀에 세금을? 지구온난화를 둘러싼 여러 이야기』, 탐, 2013.

임홍진, High-Performance, Recyclable Ultrafiltration Membranes from P4VP-Assisted Dispersion of Flame-Resistive Boron Nitride Nanotubes, *Journal of Membrane Science*, 2018.

재레드 다이아몬드, 김진준 역, 『총, 균, 쇠』, 문학사상사, 2013.

질병관리본부, "Developing Prevention System of Overseas Infectious Disease Based on MERS and Zika Virus Outbreak", 2016.

질병관리본부, "지카바이러스에 대한 오해와 진실", 2016.

최윤정 외, "서울지역 미세먼지 고농도에 따른 천식사망자 사례일의 종관기상학적 분류", 인제대학교 환경공학과, 2017.

트루디 E. 벨, 손영운 역, 『사이언스 101 기상학』, 이치사이언스, 2010.

프레드 피어스, 김정은 역, 『강의 죽음: 강이 바닥을 드러내면 세상에 어떤 일이 벌어질까?』, 브렌즈, 2010.

한국기상학회, 『대기과학개론』, 시그마프레스, 2006.

한현동, 『이상기후에서 살아남기1, 2』, 아이세움, 2009.

해양수산부, "2016년 연근해에서 생산된 어획량", 해양수산부, 2017.

홍윤철, 『질병의 탄생 : 우리는 왜, 어떻게 질병에 걸리는가』, 사이, 2014.

환경부, "바로 알면 보인다. 미세먼지, 도대체 뭘까?", 2016.

MBC·CCTV, 『AD 2100 기후의 반격』, 엠비씨씨앤아이, 2017.

Agostino Goiran et al., "Industrial Melanism in the Seasnake Emydocephalus annulatus", *Current Biology*, 2017.

Alan J. Jamieson, Tamas Malkocs et al., "Bioaccumulation of persistent organic pollutants in the deepest ocean fauna", *Nautre ecology & evolution*, 2017.

Ann H Opel, Colleen M Cavanaugh et al., "The effect of coral restoration on Caribbean reef fish communities", *Marine Biology*, 2017.

A. Ganopolski, R. Winkelmann and H. J. Schellnhuber, "Critical insolation – CO_2 relation for diagnosing past and future glacial inception", *Nature*, 2016.

Camilo Mora, Bénédicte Dousset et al., "Global risk of deadly heat", *Nature Climate Change*, 2017.

C. Donald Ahrens, *Essentials of Meteorology*, Cengage Learning, 2008.

Celine Le Bohec et al., "Climate-driven range shifts of the king penguin in a fragmented ecosystem", *Nature Climate Change*, 2018.

Christopher Nicolai Roterman et al., "A new yeti crab phylogeny: Vent origins with indications of regional extinction in the East Pacific", *PLoS ONE*, 2018.

Christoph Marty, Sebastian Schlögl, Mathias Bavay, and Michael Lehning "How much can we save? Impact of different emission scenarios on future snow cover in the Alps", *The Cryosphere*, 11, 517-529, doi:10.5194/tc-11-517-2017, 2017.

Daniel Obrist, Yannick Agnan et al., "Tundra uptake of atmospheric elemental mercury drives Arctic mercury pollution", *Nature*, 2017.

David Archer, Michael Eby et al., "Atmospheric Lifetime of Fossil Fuel Carbon Dioxide", The University of Chicago, 2009.

Dirga Kumar Lamichhane, Jia Ryu, Jong-Han Leem et al., "Air pollution exposure during pregnancy and ultrasound and birth measures of fetal growth: A prospective cohort study in Korea", *Science of*

The Total Environment, 2018.

Dries S. Martens, Bianca Cox, Bram G. Janssen, "Prenatal Air Pollution and Newborns' Predisposition to Accelerated Biological Aging", *JAMA*, 2017.

EPA, "State Of The Climate In 2017", United States Environmental Protection Agency, 2018.

Erin Christine Pettit and Shad O'Neel et al., "Unusually Loud Ambient Noise in Tidewater Glacier Fjords: A Signal of Ice Melt", *Geophysical Research Letters*, DOI:10.1002/2014GL062950, 2015.

Esprit Smith, "Climate Change May Lead to Bigger Atmospheric Rivers", NASA Global Climate Change, 2018.

Eun-Soon Im et al., "Deadly heat waves projected in the densely populated agricultural regions of South Asia", *Science Advances*, 2017.

Felicia Chiang, Omid Mazdiyasni and Amir AghaKouchak, "Amplified warming of droughts in southern United States in observations and model simulations", *Science Advances*, 2018.

Felix Gad Sulman, *Health, Weather and Climate*, S. Karger, 2007

Fiorenza Rancan, Qi Gao, Christina Graf et al., "Skin Penetration and Cellular Uptake of Amorphous Silica Nanoparticles with Variable Size, Surface Functionalization, and Colloidal Stability", Humboldt Universität Berlin, 2012.

Florian Sévellec, Sybren S. Drijfhout, "A novel probabilistic forecast system predicting anomalously warm 2018-2022 reinforcing the long-term global warming trend", *Nature Communications*, 2018.

Gerado Ceballos et al., Accelerated modern human-induced species losses Entering the sixth mass extinction, *Science Advances*, 2015.

Hina Gadani and Arun Vyas, "Anesthetic gases and global warming: Potentials, prevention and future of anesthesia", National Center for Biotechnology Information(NCBI), 2011.

Hong Chen, Jeffrey C Kwong, et al., "Living near major roads and the incidence of dementia, Parkinson's disease, and multiple sclerosis: a population-based cohort study", *The LANCET*, 2017.

IPCC, "Climate Change 2014: Synthesis Report", IPCC, 2014.

IRENA, "Renewable Power Generation Costs in 2017", IRENA, 2018.

Jamie N. Womble et al., "Harbor seal(Phoca vitulina richardii) decline continues in the rapidly changing landscape of Glacier Bay National Park, Alaska 1992－2008", *Marine Mammal Science*, DOI: 10.1111/j.1748-7692.2009.00360, 2010.

Joel Berger et al., "Legacies of Past Exploitation and Climate affect Mammalian Sexes Differently on the Roof of the World － The Case of Wild Yaks", *Scientific Reports*, DOI:10.1038/srep08676, 2015.

Jong-Seong Kug et al., "Reduced North American terrestrial primary productivity linked to anomalous Arctic warming", *Nature Geoscience*, 2017.

Julien Nicolas, "Central West Antarctica among the most rapidly warming regions on Earth", *Nature Geoscience*, 2017.

Kazuhisa Tsuboki et al., "Future increase of supertyphoon intensity associated with climate change", *Geophysical Research Letters*, 2015.

Kerry Emanuel, "100 years of progress in tropical cyclone research", MIT, 2017.

Kevin A. Reed et al., "The human influence on Hurricane Florence", 2018; https://cpb-us-e1.wpmucdn.com/you.stonybrook.edu/dist/4/945/files/2018/09/climate_change_Florence_0911201800Z_final-262u19i.pdf

Luiz A. Rocha1, Hudson T. Pinheiro et al., "Mesophotic coral ecosystems are threatened and ecologically distinct from shallow water reefs", *Science Journals*, 2018.

Martha E. Billings, Diane R. Gold, Peter J. Leary et al., "Relationship of Air Pollution to Sleep Disruption: The Multi-Ethnic Study of Atherosclerosis (MESA) Sleep and MESA-Air Studies", *ATS Journal*, 2017.

Mònica Guxens, Mònica Guxens, Małgorzata J. Lubczyńska, "Air Pollution Exposure During Fetal Life, Brain Morphology, and Cognitive Function in School-Age Children", *Biological Psychiatry Journal*, 2018.

NOAA, "North Arctic Report Card", NOAA, 2018.

OECD, "Air pollution to cause 6-9 million premature deaths and cost 1% GDP by 2060", OECD, 2016.

_____, "Green Growth Indicators 2017", OECD, 2017.

Paul J. Crutzen and Eugene F. Stoermer, "The 'Anthropocene'", International Geosphere-Biosphere Programme(IGBP), 2000.

Prof Kenji Kamigya, Kotaro Ozasa et al., Long-term effects of radiation exposure on health, *The Lancet*, 2015.

Qian Di, MS; Lingzhen Dai, ScD; Yun Wang et al., "Association of Short-term Exposure to Air Pollution With Mortality in Older Adults", *JAMA*, 2017.

Rick D. Stuart-Smith, Christopher J. Brown et al., "Ecosystem restructuring along the Great Barrier Reef following mass coral bleaching", *Nature*, 2018.

Robin Birch, *Watching Weather*, MarshallCavendishChildren'sBooks, 2009.

Sherri A. Mason et al., "Synthetic polymer contamination in bottled water", FREDONIA, 2018.

Stephanie Jenouvrier, "Marika Holland et al., Projected continent-wide declines of the emperor penguin under climate change", *Nature Climate Change*, 2014.

Steven Ackerman and John A. Knox, *Meteorology*, Cengage Learning, 2006.

Suchul Kang, Elfatih A. B. Eltahir, "North China Plain threatened by deadly heatwaves due to climate change and irrigation", *Nature Communications*, 2018.

Su-Il In et al., "High-Rate Solar-light photoconversion of CO_2 to Fuel", *Energy & Environmental Science*, 2018.

Tamma A. Carleton, "Crop-damaging temperatures increase suicide rates in India", *Proceedings of National Academy of Sciences(PNAS)*, 2017.

Terry P. Hughes, James T. Kerry et al., "Global warming transforms coral reef assemblages", *Nature*, 2018.

Terry P. Hughes, Kristen D. Anderson1 et al., "Spatial and temporal patterns of mass bleaching of corals in the Anthropocene", *Science Journals*, 2018.

The Core Writing Team, Rajendra K. Pachauri, Leo Meyer, "Climate Change 2014 Synthesis Report", IPCC, 2014.

Thomas L. Frölicher, Erich M. Fischer & Nicolas Gruber, "Marine heatwaves under global warming", *Nature*, 2018.

UNISDR, "The human cost of weather-related disasters", UNISDR, 2015.

U. S. Environmental Protection Agency, *Particulate Matter Research Needs for Human Health Risk Assessment to Support Future Reviews of the National Ambient Air Quality Standards for Particulate Matter*, Bibliogov, 2013.

Will Steffen, Johan Rockström et al., Trajectories of the Earth System in the Anthropocene, *Proceedings of the National Academy of Sciences of the United States of America(PNAS)*, 2018.

William J. Ripple et al., Ruminants, climate change and climate policy, *Nature Climate Change*, 2014.

William R. Cotton and Roger A. Pielke, *Human Impacts on Weather and Climate*, Cambridge University Press, 2007.

WWF, "Impact of Climate Change on Species", WWF Report, 2016.

인간이 만든 재앙,

기후변화와
환경의 역습

초판 1쇄 발행 2018년 11월 9일
초판 2쇄 발행 2020년 9월 4일

지은이 반기성
펴낸이 김세영

펴낸곳 프리스마
주소 04035 서울시 마포구 월드컵로8길 40-9 3층
전화 02-3143-3366
팩스 02-3143-3360
블로그 http://blog.naver.com/planetmedia7
이메일 webmaster@planetmedia.co.kr
출판등록 2005년 10월 4일 제313-2005-00209호

ISBN 979-11-86053-10-2 03450